危機に立つ食糧・農業・農協
―消えゆく農業政策―

危機に立つ食糧・農業・農協／目次

農協改革とTPP交渉……………………………………7
　1．ここまで来た農協つぶし　7
　2．狙いは企業による農村市場の席巻　9
　3．終末に近いTPP交渉　13
　4．はじめににかえて　15

第1部　農業予算と地方自治
第1章　求められる政策転換……………………………18
　1．90年代財政構造改革のなかの予算編成　18
　2．農業予算の特徴と98年度予算　21
　3．地方自治体の農業関係費と地方債依存の限界　25
　4．求められる政策の転換　29
第2章　三位一体改革にゆれる地方自治体………………30
　はじめに　30
　1．三位一体改革とは　31
　2．財源不足とその補塡措置——借金の増大　33
　3．都道府県と市町村の財政　36
　4．市町村合併が最後の切り札　45
第3章　縮小される自治体農政……………………………48
　1．三位一体改革は一段落したが　48
　2．農業関係と三位一体改革　50
　3．際立つ農業の公共事業の削減　55
第4章　農業所得の減少と地域間格差—始まった集落の消滅…62
　1．価格政策の消滅と農業予算の縮減　62
　2．農業生産額と農業生産所得の現状　66
　3．地域別特徴と農外所得・年金等収入の動向　75
　4．農業生産組織と集落の後退　82

第5章　ストックマネジメントとなった農業の公共事業 ……86
　1．財政に振り回された農業の公共事業　86
　2．土地改良法の改正と土地改良長期計画　88
　3．農業農村整備事業の変容　93

第2部　政策転換となった諸問題
第1章　地方分権化と農業・農地・食糧自給 …………………100
　1．農業と地方分権一括法　100
　2．地方分権一括法と農振法の改正　101
　3．地方分権化と転用規制問題　103
　4．転用の実態と転用規制緩和の過程　104
　5．新たな農業基本法と食糧の安全保障・自給　110
第2章　株式会社の農業全面参入と農地の土地商品化
　　　—農地制度の大改革 ……………………………………114
　1．財界等が要求し続けた農地法改正　114
　2．地租改正・農地改革につぐ農地制度の大改革　117
　3．法改正をめぐる問題点　122
第3章　消費税増税問題と農業
　　　—農業の位置づけに関連して ……………………………124
　はじめに　124
　1．ヨーロッパで始められた付加価値税　124
　2．逆進性緩和策を避けた日本の消費税　128
　3．東日本大震災と復興特区——農業と漁業の位置づけについて　137
第4章　TPP問題と日本農業 …………………………………147
　1．アメリカから求められ参加したTPP　147
　2．TPP参加検討とその狙い　150
　3．農業のWTO対策——安上がり農政の展開　154
　4．アメリカの農産物自由化対応と市場開放政策　161
　5．TPP対策は出せるのか　164

第3部　農業政策の変容
第1章　農業政策の再構築は出来るか
　――民主党マニュフェストと農業政策 …………………170
　　1．農業のマニフェストとINDEX　170
　　2．マニフェストと10年度農業予算　179
　　3．農業の公共事業の政策転換　187
　　4．農政の方向は変わるか　195
第2章　農業予算の理念と構成の変化 …………………197
　　1．経済構造の変化と農業政策　197
　　2．農業予算の構造変化　199
　　3．マニフェストへの期待と失望　210
　　4．2011年度予算の地平　214
第3章　民主党の財政運営と安倍政権の財政出動 ………217
　　1．財務省の手の内で　217
　　2．完全自由化を前提とした農政　220
第4章　安倍政権下における農業政策――TPP妥結を前提 ……224
　　1．90年代以後の農業の変貌　224
　　2．関税撤廃を前提にした農業政策　227
　　3．「攻めの農業水産業」――安倍農政の4つの政策　236
　　4．米政策の転換と流通の変貌　243

TPPと農協改革――おわりに ……………………………251
　　1．日米の協議事項と農業の現実　251
　　2．農協改革――今こそ協同の力を　256

あとがき ……………………………………………………261
初出一覧 ……………………………………………………262

農協改革とTPP交渉

1．ここまで来た農協つぶし

（1）合意事項の4つの柱

 15年2月9日、政府・自民党と全中は今国会に提出される農協改革法案などの骨格について合意した。その内容は、①全国農協中央会（以下、全中）を19年までに一般社団法人とする。②全中がJA全国監査機構の下に行っている監査制度を全中から分離し、公認会計士法に基づく監査法人を新設し、資金量200億円以上の農協は、新たな監査法人化か一般監査法人を選択し、公認会計士の監査を受ける。③都道府県農協中央会は連合会化を意図する。④農協法8条の目的に農協が「農業所得の増大その他の農業者の利益の増進を図らなければならない」とし、「的確な事業活動により利益をあげ、その利益を事業の成長発展を図るための投資や組合員への利用高配当に充てる」などを求めている。

 今回の農協改革は、当初、全中・都道府県中央会の解体を求めるものではなかった。むしろ全農と農協の関係の、組織上の役割を検討し、変更することにあった。したがって、14年6月10日の与党の取りまとめ案では「事業や組織のあり方については農協内の検討を踏まえる」としていたのである。したがって農協改革を提言した規制改革会議のワーキンググループ（WG）による13年9月からの検討においても、全中の農協指導などについては問題があるとの指摘はない。

 また、14年6月の政府の「規制改革実施計画」にも、「中央会は経済活動を行ってはいず、信用事業についてはJAバンク法によって農林中金に指導権限が移っていることから、農協間の連絡調整・行政対応などの役割を明確にすべき」とされている。ところが6月24日の農林水産業・地域の活力創造

本部で、安倍首相は「農協法に基づく中央会制度は存続し得ないことになる」と述べ、全中廃止を明らかにし、農協改革の目玉としたのである。この前後に規制改革会議のWG委員、本間正義東京大学教授は朝日新聞に「全中廃止で農協間競争を促す」と言っているが、ここでもその根拠は明らかにされていない。

(2) 矛盾だらけの合意事項

　今回の合意事項は矛盾に満ちている。第1に全中を一般社団法人とする理由がないこと。第2に全中・都道府県中央会が農協法に基づき行ってきた自主監査制度を全中からはずし、200億円以上の貯金量の農協は、公認会計士による会計監査を義務付けることとしている。農協の自主監査制度は戦前から行われ、農協法の下にあって監査連合会で行われたことがあるが、全中成立とともに中央会の業務とされている。2007年の金融自由化での農協改革でも当時の若林農水大臣は「中央会における農協指導と監査は車の両輪となって有効に機能している」と評価し、13年9月の自民党への政府資料でも「全中監査の独立性は確保」とされ、「(会計)監査の質も確保」されているとされた。このたび、一般監査法人との選択制となったとはいえ、その必然性はない。

　次に問題なのは農業協同組合法（農協法）8条の改正である。これまでの8条は組合員および会員のために最大奉仕を目的とし、協同組合原則に基づき「営利を目的としてその事業を行ってはならない」としていたが、それに替わって「農業所得の増大その他の農業者の利益の増進を図らなければならない」となった。監査の際の主要な項目として、永らく非営利の事業展開の確保を目指していたが、このような変更は協同組合原則の否定である。しかも「農業所得と利益の増進を図らなければならない」と強要している。ここでいう農業者は認定農業者・農業生産法人などで、これは農協に選別を強制している。そのうえ、その目的を達成するため「的確な事業活動により利益を挙げ、その利益を投資や組合員への利用高配当に充てる」と言わずもがなの指摘である。1995年国際協同組合連盟（ICA）は新たな協同組合原則を定

め、①各組合員への剰余金の還元のために利用高配当と、②組合員が認める活動を支援するための剰余金の充当（蓄積）を認めた。しかし、これは利益を目的とするものではない。このような法改正案は農協の経営も協同組合の知識もない者が書いたに違いない。協同組合原則を踏みにじってまでも、農協は政府の政策を支援せよと言うに等しい。農水省は農業基本法が成立した60年以後、担い手農家育成を掲げているが、実現は困難さを増している。農協はこの間集落営農に着目し、農地の維持と生産量の確保を図ってきたが、同時にそのことによって地域社会を維持してきたとも言えよう。農協の現状と地域の実情を把握すらせず、その廃止をもくろんでいるとしか思えない改正である。

2．狙いは企業による農村市場の席巻

(1) 全農と農協の経済事業が標的

　第2期安倍内閣の農政は「攻めの農林水産業」とされているが、財界の求める農政を鵜呑みにしたもので、TPP妥結を前提とした政策である。農協改革はその柱の一つなのである。その口火は規制改革会議が提言し、具体策をそのワーキンググループ（WG）が示していたもので、全中解体は最初、14年5月13日に出されている。しかし、与党の農協改革案の中心は全農と単位農協との分断に狙いがあったため、6月10日の与党内の検討で全中問題は「農協内の検討を踏まえる」とされている。

　6月に出された与党取りまとめの改革案では、農協改革の目的は、第1に「農業者、特に担い手から見て、農協が農業者の所得向上に向けた経済活動を積極的に行える組織となると思える改革とすることが必須」となっている。第2は「高齢化・過疎化が進む農村社会において、必要なサービスが適切に把握できるようにすること」。第3は「農業者が自主的に設立する協同組織という農協の原点を踏まえ、これを徹底することが重要」。第4は「農協批判を収束させ、今後は安定的な業務運営が行えるようにすることも重要」としたのである。

この目的の第1は農水省の主張であり92年以後、農政の対象を認定農業者と農業生産法人に絞ったときから農協に同調を求めてきたものである。また第2、第3は農協に地域社会での貢献を求め、協同組合主義の高揚を求めているが、近年は政府が農協の地域社会への運動を制限する動きに出ているのが現実である。第4の農協批判云々は、財界等企業サイドからのものが圧倒的で、農村市場への進出を狙う企業等の批判は抑えられていない。

(2) 農協事業のあり方は

　与党取りまとめの改革案では農協事業のあり方として、農産物の販売事業と生産資材等の購買事業に視点が充てられている。販売事業では単位農協の「買取り販売」を提言している。農協の販売事業は戦後、経済統制撤廃とともに農産物の市場価格の乱高下によって買い取りによる不良資産化により倒産が相次ぎ、整備促進法の対象となって再建した経験を持ち、その結果「委託販売」を原則としてきている。10数年前、全酪連が生乳の買取りを行っていたことから破綻に瀕したことは記憶に新しい。農産物価格の投機性を回避する方策として採られている委託販売方式を買い取り販売とする理由はなにか。企業との競争裡に農協を曝すことにあるのであろう。そこで農協が淘汰されることを待ち望んでいるのかもしれない。

　生産資材については農家が全農・経済連と企業との徹底比較のうえ、もっとも有利な選択をするよう記されている。飼料・肥料・農機具に至るまで長く農村市場においては企業との競争の下にあり、並存しているのが現実で、農業者は十分選択している。それゆえ飼料・肥料・農機屋さんが農村に存在している。農協も比較優位な事業を展開しなければ立ち行かなくなっている。

　金融・共済事業については、農林中金・信連への事業譲渡、農協の農林中金等への支店・代理店化を促している。この方向はJAバンク法制定以後出されているものの、農協から金融・共済事業を分離することが目指されており、すでにこれら事業が分離された生協・漁協等の経営実態をみると容易に奨励すべき措置とはいえないのが現実であろう。しかも代理店化した場合、営農事業資金の調達が必要となり、問題が多いのである。

また、農協の理事の構成に付き、認定農業者や農産物販売などの経営のプロも求めている。しかし、こうした理事への登用もすでに必要に応じて行われており、若手・婦人の参加も随時行われている。農業生産法人への企業参入の場合と同様、有無を言わさず企業参入の権限を得ようとの意図と思われる。これも協同組合の理念から程遠いものと言えよう。

　さらに准組合員を正組合員との関連で制限する方向が出され、組織の株式会社化・生協への変更が可能としている。これらは今後の都市農協等の対処方針となるのであろうが、協同組合からの離脱である。

（3）連合会・中央会のあり方

　農協に加えて全中、全農・経済連をはじめ農林中金・信連、全共連、厚生連についても改革案は言及している。全農・経済連については「農産物の有利販売に資するため、大口需要者との安定的取引関係を構築」、農協が全農・経済連を通じる販売にするかを選択させる。農業・食品産業の発展に資する経済活動を経済界と連携して積極的に実施する、という。現在、農協による系統利用に強制はなく選択とされており、食品産業への参入は可能な場合は実施されている。大口対策は協同組合原則を柱に農協法成立から行われていることである。あえてこれを強調することは小規模・兼業農家などへの協同組合の経営特性を否定することになりかねない。政府・与党としてとるべき対応策なのだろうか。また、食品産業への出資等については、六次産業化を含め、条件のそろったところでは取り組まれており、取り立てて奨励の要もない。政府による農村への企業進出を促すためのものでしかない。

　農林中金・信連、全共連については事業譲渡をここでも促しているが、協同組合の金融の本質は当座貸越にあり、協同組合金融では特に北海道に見る組合員勘定、どこの農協でも行われている購買事業における掛売りがその典型である。協同組合金融は農協内はもちろん、これまでも幾たびとなく、破綻に瀕した農協を相互扶助の原則で全国の農協が支援し、再建してきている。90年代に入り金融自由化の下で、農協は資金量による合併を繰り返し、その結果1県1農協の出現ともなっているが、これは協同組合の否定である。こ

こでいう農協による金融事業の事業譲渡は農林中金1本となる金融合理化ともいえ、農業・協同組合金融にそぐわない。しかも農協の金融事業分離に直結することは自明であり、農協経営そのものの破綻に結びつくものとなろう。

　連合会・中央会の組織のあり方では、特に全農については株式会社への転換を可能とすることを明記している。全農は独占禁止法の適用除外の排除による影響を検討し、問題なき場合は株式会社への移行を検討することとなっている。農林中金、全共連も民間金融機関・金融庁との検討を行い、農協出資の株式会社に転換することを可能にする方向を示している。

　これらを見ると全中のみならず、全国機関としての各連合会も農協の協同組合としての存続が危ない。5年後どのようになるのか、見当が付かない。まさに農業協同組合廃止の方向なのである。

（4）5年間の集中推進期間と農業委員会の改革

　農協改革の与党案の内容は以上のようなもので、これを今後5年の集中推進期間をおいて検討することとした。農業政策ではすでに転作廃止など米対策廃止の時期と同時である。そして農業委員会（農委）の改革も出されている。

　農委は2009年の農地法改正により、その権限が大幅に縮小され、農地の取得、賃貸借、転用に関わる業務が都道府県知事、市町村長等に移行したため、今回の改革案では農委の業務は担い手への農地の集積・集約化、耕作放棄地の発生防止・解消、新規参入の促進とされている。農地転用違反に対しても「権限を持つ都道府県知事への行使の請求が出来る」とまで縮小されている。農業委員会の委員は、これまで公共性を旨として公職選挙法に基づく選出方法をとっていたが、改革案では市町村議会の同意を要件とする市町村長選任制と成り、委員会の過半を認定農業者とすることとしている。農業委員会は農地制度の大幅変更により其の役割りを変じ、東畑精一がかつて産業組合とともに「農業政策の別働体」と位置づけた農業団体は消滅に近づいている。

　農協・農委の先行する団体はいずれも日清戦争前後に設立されている。1899年地主の団体として大日本農会が、1900年自作農を中心に漁業者、中小

商工業者を含めた協同組合として産業組合が作られている。農会はその後、帝国農会として農産物の振興と小作問題、戦後は農地法の下で農地の管理運営を担ってきた。他方、産業組合は経済の発展とともに中小企業の協同組合が分離し、戦後は農協、漁協、林業組合、生協と、より一層の機能分化してきている。

　農業政策は、大正の米騒動、小作争議の頻発により米価政策、自作農創設維持政策が講じられるようになり、世界的な農業恐慌の影響も受けた1930年代には救農土木事業、小作を含めた集落組織の育成、戦時下では食管法の成立となって農業団体も農業会に統一される。戦後の農政は米の食管と農地法を柱に運営され農協・農委ともまさに農政の別働隊として機能してきたが、1990年代以後の農政の転換から食糧自給を柱とする政策が消え、農地法も廃されることとなった。TPP交渉をまえに農業政策が消滅し、農業団体も必要とされなくなったと言うしかない。

3．終末に近いTPP交渉

（1）「方程式合意」

　TPPへの日本の参加は2013年の日米首脳会談・共同声明で始まり、2011年11月のTPP首脳声明を前提に交渉は行われている。14年4月の日米首脳会談で、オバマ大統領は日本の農産物に対する関税撤廃の要求をおろし、関税撤廃を前提としない交渉方式、「方程式」方式に合意したと言われている。「方程式」方式とは関税率だけを話し合ったり、先に決めたりせず、他の要素とセットで協議し、一括して決める方式で、着地点を見出していくこと、とされている。関税率の引き下げ幅、その期間、セーフガードないし関税割り当てなどの組み合わせで合意点を求めていく方法である。14年9月の日米閣僚協議では、日本は4月に行ったオーストラリアとのEPA交渉の結果、より譲歩した案をアメリカに提示したようだが、アメリカの受け容れるところとはなっていない。日豪のEPA合意は15年1月15日に発効しているが、その内容は、たとえば牛肉については、国産牛と競争しうる冷蔵牛肉につい

て関税率の削減は長期間（15年）かけて段階的に行い、最終税率は冷凍牛肉（19.5％）よりも高い水準を確保。急に輸入が増えた場合、関税率を38.5％に戻しセーフガードを導入すると言うものである。また、乳製品については今回、バター、脱脂粉乳については除外し、加工用チーズについては、国内需要増加分の輸入とし国産チーズの使用を義務付け、関税割り当てを設定することで守っている。

　日豪EPA後の国会ではこれを受けて、今後TPP交渉では「日豪EPA交渉の大筋合意がぎりぎりの超えられない一線（レッドライン）であったことを明確に認識した上で、先の総選挙・参議院選挙での党の公約および衆参農林水産委員会におけるTPP対策決議に関する決議を遵守し、毅然とした姿勢を貫くよう厳しく申し入れる」（抜粋）との決議を行っている。しかし、14年9月の日米閣僚協議ではアメリカの強硬姿勢により物別れとなっている。

　日本の牛肉のセーフガード発動水準を、アメリカがBSE発生以前の年間40万tを主張したことによると見られている。日豪EPAによるセーフガード発動水準もすでに消費水準がピークとされている現在、セーフガード発動の可能性が危ぶまれており、より以上の発動水準の引き上げは発動なしの状態となることを意味している。その後アメリカでは対中国対策として、オバマ大統領は議会にTPA（貿易促進権限）を求めており、より一層の攻勢をかけてきている。

（2）　マスコミの報道と不安

　2015年に入り、アメリカでは1月下旬の公聴会でフロマン代表がTPPの現状を「最終的な輪郭が見えてきた」とのべ、日本でも甘利大臣が2月初旬交渉の進展を明らかにしている。これにあわせるように1月下旬から日本ではマスコミでの重要品目等に関する報道が目立っている。

　それによると米についてはアメリカ産米を主食用米として20万tに拡大。あるいはミニマムアクセス米（MA米）とは別にSBS米を5万t特別輸入枠として新設、政府備蓄として同量買入れる案を検討中という。なお、このような動きに対し、ベトナム、オーストラリアも米についての関心を示してお

り、アメリカの特別枠が明らかになれば同様の扱いを迫られるのであろう。日本の米生産量が760万t以下になろうとしている中、80万tを越える米輸入は生産者にとっての恐怖となろう。

　豚肉については日豪TPAで、低価格品の1kg当り最高482円の関税を10年かけて50円前後に引き下げる。セーフガードについては関税水準を100円程度に引き上げることで検討することとし、高い豚肉への4.3%の関税は長期間かけて撤廃する。

　乳製品について、バターは国ごとに特別枠を設定、現在の輸入枠に上乗せする案が出され、チーズは種類に応じて無税または低関税で輸入する特別枠を設定する。

　また、米、牛肉、豚肉、乳製品で輸入の低・無関税枠を設定し、枠を超えた場合に関税を引き上げる案を提示していると言う。

　これらの報道は日本のマスコミのみが行い、アメリカでのマスコミ、貿易専門紙では示されていない。アメリカの場合はTPPだけで連邦議会議員に対する説明会を随時開催し、すべての提案について事前に委員会等に提示され、交渉の現状を説明し、その反応を得ることを行っているようだ。しかし、日本ではTPPについて国会遵守の決議を求めているものの、協議への意見、合議がされているとはいえない。80万t以上の米の輸入は水田農業そのものの形態を変えるであろう。

4．はじめににかえて

　TPP交渉が大詰めを迎えているせいか、15年度農林水産予算は前年度比4.8%減の2兆3,090億円と一般会計予算全体は増加しているにもかかわらず、減少している。自民・公明が与党となって初めてのことである。その中にあって、畜産酪農関係では14年度当初の1,853億円から15年度は2,097億円に、14年度補正で271億円を加えている。TPPですぐ影響が出ると思われる事業に対する事前措置とも思われるが、こうした当座凌ぎは農産物自由化の各段階で講じられてきている。しかし、長続きはしないだろう。ガット・ウルグ

アイラウンドにおける公共事業はもちろん、今後は価格支持政策もなく、わずかに収入保険制度の検討がされているに過ぎない。農業政策の喪失のみが進行している。

　筆者が農業団体で働き始めて50年、今ほど農業の危機を感じている時はない。90年代からの新自由主義的経済による財政運営と農業政策の変化も、ここ数年のTPPを含めた動きのなかで食料自給どころか、農業の存続すら危うくなろうとしている。改めて現状を切り啓くためには90年代を想い返し、2000年からの動きと民主党政権以後の政策の展開を整理する必要性を痛感したからである。

　第1部ではこの間における国の財政運営と農業をまとめている。とりわけ都道府県・市町村の地方分権化と財政削減は、農政の根幹を崩すものであり地域に疲弊をもたらすものであった。また、米にかわる政策として農業の公共事業が地方債・地方交付税の導入によって農村を巻き込み、米の価格政策、生産調整対策の縮減が図られ、農村地域の地域間格差の拡大と疲弊がもたらされたことを示している。

　第2部では、農政の大きな貢桿であった地方自治への手直しや農地問題、消費税増税問題など、政策転換の直接の要因となった諸問題をTPPを含め取上げている。

　第3部は2010年以後の民主党政権と第2次安倍政権下の農政問題を分析し、その危険性を明らかにしている。

　TPPに関わる最終の報告は現時点では明らかにされていないが、いずれにしても農業・農協の今後の政策に対する運動が、これからの農業を決めることとなる。農家が結集し、農民組合・農業団体が一体となって農政を変える時が来ている。

第1部
農業予算と地方自治

第1章　求められる政策転換

1．90年代財政構造改革のなかの予算編成

（1）UR対策の見直し

　農業予算は90年代後半の財政構造改革推進で、縮減の対象とされた。その口火として、97年度補正予算の可否をめぐって、ガット・ウルグアイラウンド農業合意対策（UR対策）が俎上に上った。UR対策はもともと92年度に景気対策として組まれており、補正予算で出発している。以来この対策の主要な事業はすべて補正予算で措置されていた。したがって、97年度を補正予算なしとすることは97年度UR対策の中断を意味するものであった。UR対策は結局、98年1月に1,700億円の補正予算として組まれたが、当初、6年間で計画されていた対策は見直され、2年間の延長となり、総額6兆100億円のうち農業農村整備事業とその他の事業費との比率をおおむね5対5とすることとなった。具体的な作業では公共事業を3,750億円、非公共事業では、中山間保全対策538億円等を削って、それを農業構造改善事業として3,150億円を移している。そして新たに棚田地域等保全対策に540億円、他産業から転職して就農する中高年齢者への無利子資金の創設による新規就農対策に60億円、でん粉対策に60億円をつけている。また、これまで6,600億円もあった融資事業に600億円をさらに加え、スーパーL資金とは別に、系統資金を活用した認定農業者育成推進資金（200億円）を3年間の事業として行うこととした。UR対策は発足から、当初予算では600億円から700億円で組まれ、補正で3,000億円以上を上乗せする予算となっていたが、98年度は当初予算で1,735億円と補正のない状態となり、大幅な削減となったのである。

（2）主要食糧関係費の枠の設定と「新たな米政策」

　財政再建推進の流れは、概算要求をひかえた97年6月3日の閣議で「財政構造改革の推進について」が決定され、さらにはずみがついた。公共事業については事業費の縮減と重点整備が求められ、農業予算は主要食糧関係費については「自主流通米助成、生産調整助成金について市場原理の活用等の視点に立って見直すとともに、学校給食用米穀値引きについては廃止の方向で見直し、集中改革期間中（3年間）において主要食糧関係費を引き続き対前年度同額以下とする」とされた。

　主要食糧関係費は80年代の財政再建時大きく縮減され、政府米の売買逆ざやが解消する87年5,000億円台であったものが、新食糧法成立の94年度から当初予算では2,700億円台で推移している。その内訳は米の生産調整で900億円弱、自主流通米助成で1,300億円、あとは管理経費である。補正後では通常生産調整費の加算の増加額があり3〜400億円の追加となっている。この食糧関係費を向う3年間2,700億円以下に抑えることとされたのである。

　しかし、米は97年10月末の持越在庫391万トン、3度目の米過剰が問われるなかで、食糧法の趣旨にもとづき新たな対策が求められることとなった。そして、97年11月、生産調整、稲作経営安定対策、計画流通制度の運営改善の3つを基軸とする、「新たな米政策」を発足することとなった。

　「新たな米政策」は、2年間で適正備蓄水準の上限である200万トンにすることを前提に生産調整面積を96万3,000haに拡大し、生産調整参加者に経営安定のための対策を講ずることとしたものである。その経費は食管会計から1,675億円、一般事業から254億円の合計1,929億円があてられている。98年度食管特別会計の調整勘定繰入れは管理経費を含めると2,434億円なので、食糧関係費は2,691億円となり、財政構造改革の閣議決定に応じたものになっている。

　この政策は、生産調整の助成金と麦・大豆・飼料作物の対策を一般事業予算で行い、生産調整の目標を需給均衡に求めて、農家間の「とも補償」による助成を食管経費で行うことにしたのである。また、自主流通米の価格下落に対する稲作経営安定対策を、基準価格の2％を生産者が拠出し、6％を政

府助成することとし、98年産米では、自主流通米の販売調整のための助成を含め1,221億円を助成するとしている。しかし98年産の支払いが行われるのは99年度に入ってからなので、98年度ではその１割の122億円が計上されているのみである。この122億円の意味は理解に苦しむところだが、生産者にとっては98年度は目に見えない予算となっているため、97年産米に対する自主流通米への価格補填策として406億円、96、97年産米の自主流通米の在庫対策として231億円が用意され、98年産米に対する生産調整への参加と稲作経営安定対策への生産者の参加を誘っている。

　生産調整は食糧法の下で法律に明文化されたものの法律にきめられた補助はなく、予算補助である。食管に組み込まれた需給安定対策と稲作安定対策は、いずれも生産者の拠出を前提に制度が仕組まれている。農家間で収入減を補う「とも補償」が生産調整に入れられたのは、水田農業確立対策からだが、その後消費拡大、調整保管を機に、食管関係では生産者および生産者団体へ負担を求める手法がとられ続けている。財政当局への気遣いなのか、制度に対する生産者への教育のためなのか。稲作経営安定対策も食糧法のもとで自主流通米の低迷が続いた結果、"経営安定"という価格支持策が、受益者負担をともなって発足することとなっている。しかしこの対策は、10％以下の自主流通米の低落を前提としており、98年度への対応が政策としての可否を決めることになろう。実質それ以上の引下げの場合、生産者はどう反応するかが問題である。

　ところで、「財政構造改革の推進について」では学校給食用米の値引きの廃止まで言及していたが、98年度では自主流通米交付金を含め90億円と半額以下に削られている。週２日の米の学校給食がやっと実現した段階でこの削減は将来をみると大きなマイナスである。米対策はWTOをひかえ、課題は大きくなるばかりのなかで、当面受益者負担を進めつつ、主要食糧関係費を98年度は財政構造政策通りに維持したこととなっている。

2．農業予算の特徴と98年度予算

（1）90年度水準に逆もどり

「財政構造改革の推進」ではUR対策、主要食糧関係費のみではなく、公共事業のカット、事業の重点化、連携化も強く求められている。98年度予算ではこれに、地方分権化推進委員会第二次勧告で補助金関係についての勧告も出されている。これらの縮減・合理化への対応を経て98年度農林水産予算は決まっているが、総額3兆3,756億円、水産庁、林野庁を除く農業予算は、2兆5,444億円となった。財政再建後の90年度補正後予算に近い水準に逆もどりしたこととなる。

財政再建後、90年代に入り農業政策はいわゆる「新政策」の時代に入り、農業政策の目標を認定農業者および農業法人の育成におくこととなった。そして、93年度12月にはガット・ウルグアイラウンド農業合意とともに94年には新食糧法が成立し、WTO体制に対応したUR対策が同年から発足している。農業予算も93年度から大幅な伸びを示してきたが、再び98年度縮減されることとなったのである。が、しかし「新政策」とUR対策以後、農業予算は質的に大きく変わっている。主要食糧関係費は10％内外に落ち、かわって農業・農村整備事業が50％近くとなり、一般事業費は低減してきている。UR対策以後予算規模の増加は著しいものの、つぎのような特徴を指摘することができる。

（2）価格政策の低迷と移転支出の増大

第1は、価格政策の極端な後退となったこと。米価はすでに87年、逆ざや解消がはかられているが、順ざやとなったあとも低落が続いている。加えて生産調整奨励補助金の引下げが続いていること、さきにみたとおりである。食糧法成立後もこの傾向は続いているが、米のみならず麦、大豆・なたね、野菜価格、畜産物価格、蚕糸・甘味資源価格にいたるまで低迷している。麦については98年度から制度の見直しを含め改められることになっているが、唯一、価格支持政策として機能していると思われるのは加工原料乳生産者補

給交付金と肉用子牛生産者補給等交付金等で、98年度883億円を占めている。しかも、この2つの事業は一方は輸入差益が他方は食肉関税が財源となっている。

　第2は、一般事業ではほぼ補助金等によって事業が行われているものの、農業構造改善事業等のハコものを除いて生産性向上を目的とした事業等が少なくなり、他方で各種農業団体への補助金や年金等、移転支出的な経費が生産振興や農業改良普及対策などの事業に入って増加していることである。図表1にある農業振興費には98年度では農業委員会費163億2,000万円、農協の組織再編対策等に11億3,000万円が含まれており、移転支出では農林漁業団体職員共済組合費（農林年金）527億9,000万円、農業者年金事業等883億円等となっていて、これら給付費補助のみで1,500億円ほどにのぼっているが、事務費を含めると倍となる。また、事業の名称はともかく農業生産にかかわる事業が少なく、98年度事業で100億円を超える事業は農地流動化促進事業、土地改良負担金総合償還対策事業などで、畜産・果樹を加えても農業生産体制強化対策事業が唯一生産刺激的な事業となっているにすぎない。また、新政策以後特別会計に移された農地流動化対策事業も、農地保有合理化事業、農用地利用集積対策特別事業等については縮小されてきている。

図表1　主要事業（補助金）の推移

（単位：100万円，％）

	91年度		92	93	94	95	96	97
農林漁業金融費	11,895	100.0	107.2	105.6	153.2	235.6	221.4	169.1
農業振興費	79,478	100.0	112.5	154.1	171.2	200.0	183.6	177.4
農業構造改善事業費	43,346	100.0	133.9	280.7	187.3	233.1	145.3	95.5
農業者年金等実施費	40,933	100.0	128.4	150.5	172.1	187.5	156.4	146.8
農産園芸振興費	35,669	100.0	110.4	178.3	151.3	168.6	141.5	114.1
農業改善普及対策費	3,415	100.0	104.3	65.4	70.3	74.3	76.0	91.9
畜産振興費	9,371	100.0	95.1	105.9	135.6	160.7	117.5	138.2
食品流通対策費	13,850	100.0	97.4	90.5	93.1	114.6	109.5	110.9
卸売市場施設整備	8,400	100.0	148.3	147.3	132.9	229.3	137.8	115.3

資料：「補助金総覧」各年版より。農水省本省分のみ。

（3）地方債依存を強める農業・農村整備事業

　第3の特徴は、UR対策を含め農業農村整備事業が増大したことである。95年度に農業の公共事業が農業予算の過半を占めることになるが、91年には名称もそれまでの農業基盤整備事業から農業農村整備事業にかわり土地改良事業のみではない、農村生活整備事業との両建ての事業となっている。しかも地方債との関連を深める事業となっている。それは国の補助事業は別にして、都道府県、市町村が事業を行う場合、自己負担の財源の補塡を地方債によって行い、その元利償還にあたって地方交付税で措置する方法がとられ、農業農村整備事業については、90年代から積極的に導入されている。90年、国営事業にかかわる元利償還金の一部が地方交付税の対象とされ、91年には土地改良法の改正によって都道府県営事業に一般公共事業債の起債が認められ、ここでも元利償還金が地方交付税の対象となっている。事業名が変わってからも、地方債との関係はなお密になり、団体営のうち市町村負担については普通交付税を超える部分に対し特別交付税が導入され、土地改良区や市町村の行なう維持管理費についても、都道府県分については地方交付税に、市町村負担については特別交付税が措置されている。そして、94年度から農業農村整備事業全体に対し地方債の充当率が上がってきて80となり、95年度からは95となっている。なお、農村総合整備事業は発足時から起債で行うこととされていたため、財政再建からはずされて、もともと地方債依存となっている。また、農業集落排水事業についても86年度より都市の下水道と同様、公営企業として位置づけられ、地方負担分は地方債による起債と受益者負担によるものとされている。UR対策後、この傾向はより強まり、起債の充当率は地方負担分の85％、単独分で95％、元利償還金も地方交付税で55％の繰入れができることとなった。

　農業予算の過半に近い農業農村整備事業もUR対策が本格化する93年度より本来の事業である土地改良事業から農村整備事業に中心が移っている。図表2は「補助金総覧」によるもので、北海道・沖縄を除く農水省本省分のみの推移だが、農業生産基盤整備より農村整備事業にウェイトはかかってきつ

つある。

98年度予算では、財政構造改革との関連で、土地改良事業は担い手育成圃場整備事業に重点を置くことにし970億円を確保している。農地流動化促進を条件としたこの事業は、受益者負担金を軽減することにはなるものの、条件が厳しく、しばしばソフト面で苦労がみられる事業である。圃場整備事業に農地流動化施策をセットすることは本当に効果があるのか、今後も注視する必要があろう。生活環境整備についても中山間総合整備に529億円、農業集落排水事業には1,341億円を組んでいる。公共事業が縮減の対象とされ、土地改良長期計画も四年間の延長となったが、98年度の事業に、非公共の事業として「新たな米政策」と関連して、5 ha以上の基盤整備促進事業440億円を創設していること。また、土地改良負担金対策が担い手の経営する農用地面積を30％から20％にし、利子助成限度を2％に引下げていることなどが、目新しい事業となっている。

図表2　農業農村整備事業の推移

(単位：100万円. ％)

年　度	91	92	93	94	95	96	97
農業生産基盤整備	254.900 100.0	302,213 118.6	469,744 184.3	423,390 166.1	374,318 146.8	343,180 134.6	259,387 101.7
農村整備事業	126,666 100.0	349,488 275.9	728,540 733.1	588,963 469.9	535,893 423.1	465,014 367.1	357,288 282.1
農村等保全管理	78,537 100.0	97,999 124.8	155,625 198.2	149,377 190.2	137,934 175.6	124,053 157.9	91,088 159.8

資料：「補助金総覧」各年版より。農水省本省分のみ。

(4) 農業政策から地域政策へ傾斜

第4の特徴は、UR対策後、補正予算が大きな位置を占めるようになったことである。

92年度以後、一般歳出予算では対前年度比ほとんど変らない農業予算が、92年度2,693億円、93年度1兆1,933億円（NTT債返却分5,000億円分含む）、94年度4,622億円、95年度7,654億円、96年度4,086億円、97年度2,964億円とつ

ねに10％以上の補正予算による追加が行われている。98年度は補正を廃する編成とされたが、この4月大幅な増加となる補正予算が予定されており、従来通りの補正がされることになりそうである。

　ところで、補正による事業は公共事業中心にならざるを得ず、景気対策としての政策であることを示している。一般歳出における公共事業の突出とあわせ、農業予算が農業政策上の予算からはずれ、単なる経済対策として組まれてきているといえる。また、農業の公共事業が地方債への依存をますます高めていることを考えると、景気対策の主体が地方自治体に傾斜してきているともいえよう。90年代以後の農業予算は、農業政策としても農基法農政下にあったような農業保護的な色彩は消え、中山間地域への対策や生活環境対策へのアプローチも含め、地域対策的な性格を強くしている。

3．地方自治体の農業関係費と地方債依存の限界

（1）全国的な農地費の伸び

　国の予算を使い、事業を行うのは、都道府県・市町村など地方自治体である。「新たな米政策」の実施にあたっても、生産調整にかかわる「とも補償」の補塡や転作物への助成、施設・設備に対する補助など、各地方自治体ごとに取組まれている。特に29年間にもなる生産調整の実施の過程では、これら地方自治体のフォローなしで進めることはできなかったであろう。

　それはともかく、国の農業予算を受けて地方自治体がどのような農業関係費を組み、農業の振興を行っているかは、関心のあるところである。地方自治体の農業関係費は、総計で国の予算を超えるばかりではなく、都道府県合計でも95年度以後は国の規模を上回っている。そこで、90年代に入ってからの地方自治体の農業関係費をみると、国と同様93年度から上昇している。地方自治法施行規則に基づく歳出予算上の区分によって全体の動きをみると（図表3）、都道府県については、80年度の農業費が農業関係費の33.7％であったものが、96年度では27.4％となり、かわって農地費が58.1％から67.1％と7割近くを占めるまでになっている。ここでいう農地費は畜産業を除く農

図表3　農業関係費の変化（都道府県・市町村）

年　度	75		80		92		93	
項　目	都道府県	市町村	都道府県	市町村	都道府県	市町村	都道府県	市町村
農業関係費	1,098,887	555,789	2,089,199	1,261,638	2,801,586	1,729,103	3,081,429	1,923,559
農　業　費	37.5	49.5	33.7	47.3	27.6	43.7	27.6	44.7
畜産産業	9.5	7.6	8.2	7.0	6.0	5.1	5.7	4.8
農　地　費	53.0	42.8	58.1	45.7	66.4	51.2	66.6	50.4

資料：「地方財政白書」各年度版。

業農村整備事業のことだが、UR対策を機に大きく農地費が増加している。市町村については、農業費の比率が高くなっているが、農業者への直接サービスや国の機関委任事務があることによっている。しかし、ここでも農業費が80年度47.3％であったものが、96年度43.5％となり、農地費が52.1％と農業費を超えている。いずれにしても、財政再建以後、90年度前半から農地費の増大がみられ、UR対策がこの傾向を加速させている。

　都道府県の農業関係費が歳出総額に占める比率はほぼ農業生産が県内総生産に占める比率に準じている。そのなかで、農地費の高い県は、80年度までは土地改良事業の性格から大河川流域をもった県が多かった。いわば、東高西低の傾向にあったが、農業農村整備事業の質的な変化から平準化されてきているのが現状である。

　そこで、都道府県ごとの農業関係費の伸びと農地費をみておこう。92年度から96年度までの都道府県の農業関係費の歳出総額に占める率は5.9％から6.9％と1ポイント上昇している。増加しはじめた93年度から96年度の4年間の増加率は30％だが、全国平均の30％を超える増加の激しかった地域と県は北海道と福島を除く東北各県、長野と北陸、中国では鳥取・島根・岡山、四国で愛媛・高知、九州で大分・宮崎である。増加の原因は農地費の増にあり、農地費の増加が農業関係費の増加を上回る県や増加分の90％以上が農地費による県は、石川、福井、静岡、愛知、三重、広島、愛媛、福岡県となっていて、大河川流域の米作県等と特定できなくなっている。

(単位：100万円.％)

	94		95	96
都道府県	市町村	都道府県	市町村	都道府県
3,259,542	1,978,043	3,522,808	2,060,792	3,641,813
27.2	43.8	25.6	43.5	27.4
5.5	4.6	5.3	4.4	5.1
67.3	51.6	69.1	52.1	67.5

（２）地方債依存とその限界

ところで都道府県平均で7割を占める農地費はどのような財源によって充当され、事業が行われているか、問題である。財政逼迫のなかで、景気対策のため地方債依存を強めるなかでどのように対処しているのだろうか。自治省『都道府県決算状況調』でみてみよう。

投資的経費のうち農業農村整備事業の財源を補助事業、単独事業別に、一般財源と地方債の比率でみる（図表4）。94年度から地方債による充当が多くなり、96年度では補助事業では国の補助が51.9％地方債が23.9％、一般財源で4.8％、あとは市町村負担等となるが、単独事業では地方債で41.9％、一般財源は35.5％と地方債依存が高まっている。96年度では単独事業で地方債の比率が70％を超える県は兵庫、奈良、高知、宮崎県となっている。

図表4　農業農村整備事業の財源（都道府県）

(単位：100万円.％)

	補助事業				単独事業		
	総額	国庫支出金	地方債	一般財源	総額	地方債	一般財源
92年度	1,156,510 100.0	611,749 52.9	143,122 12.4	208,822 18.0	60,859 100.0	6,855 11.2	45,894 75.4
96年度	1,541,864 100.0	801,508 51.9	369,627 23.9	73,661 4.8	158,768 100.0	66,613 41.9	56,372 35.5

資料：自治省「都道府県決算状況調」平成4年版度、8年度版より。

地方債発行にかかわる基準は、公債比率（一般財源総額に対して一般財源で支払う地方債元利償還額である）10％で「黄信号」、15％で「赤信号」ともいわれ、地方債許可基準では起債制限比率20％を超すと災害・学校建設以外一般の事業では発行できない。

　そこで補助事業より事業債依存の高い単独事業で公債比率と公債負担比率をみると、公債比率15％を超える県や公債負担比率が19％にもなる県も多く出てきている。即断はできないが、事業で地方債に依存する比率の高い県は比較的公債比率が低く、公債比率の高い県の地方債の依存はひかえられているとみられる傾向にある（図表5）。

図表5　地方債依存と公債費率・公債費負担比率（96年度）

(単位：％)

	単独事業の地方債比率	公債費比率	交際費負担比率
青　森　県	52.1	17.6	17.5
秋　田　県	47.6	17.4	19.4
長　野　県	63.4	17.2	18.4
富　山　県	36.7	18.8	19.9
島　根　県	41.3	15.4	19.2
岡　山　県	35.7	20.1	19.8
熊　本　県	47.8	17.2	18.4
兵　庫　県	70.1	13.2	14.3
奈　良　県	72.5	14.0	16.4
宮　崎　県	70.8	13.6	14.8

資料：自治省「都道府県決算状況調」（平成8年度版）。
注）単独事業は、農業農村整備事業、公債費負担比率は、一般財源に対する一般財源による地方債充当額の比率。

　地方債発行は農業農村整備事業のみならず他の公共事業にもよるものであり、公債比率等の増減は都道府県の財政状況によるが、地方債発行の限界に近づき始めていることはたしかである。同様な傾向は市町村においてもみられ自治省『財政統計年報』によれば、「市町村建設事業施行状況と財源内訳」でも92年と96年度の推移をみると地方債への依存は補助事業については8.9％から16.1％、単独事業は4.2％から15.9％、県営事業負担金では22.4％から

64.5%と地方債の依存は高まっている。

　UR対策など地方自治体を調査すると、事業受入れの市町村が限定されてきていることを容易に知ることができるまでになっている。

4．求められる政策の転換

　80年代の財政再建以後、農業予算は公共事業中心の予算となり、90年代に入り、それをより明確なものにした。国の段階で過半を占める農業の公共事業は都道府県において7割近いものになり、市町村でも過半となっている。公共事業が優先されること自体、内需拡大、景気対策の一環としての性格は否めず、地方債をはじめ地方交付税など一般財源の逼迫のもとで地方債依存を強めた政策となっている。UR対策は公共事業中心の緊急対策として行われているが、地方債への負担も重くなってきている。98年度からのUR対策では公共事業から農業構造改善事業にシフトされるが、最近、広域合併農協の記念導入事業としてカントリー、ライスセンター、集出荷施設等が建てられるものの、高額な自己負担と管理運営に頭を痛める農協は少なくない。これ以上の農業構造改善事業を農協も消化できるのだろうか。

　「新たな米政策」は、稲作経営安定対策に所得政策へのキッカケを期待するものだが、自主流通米価格形成センターの見直しや政府の米流通への対応をみるとき、自主流通米の低落は予測できるものの、この対策がどのように結果するのか見当がつかない。

　WTOへの対応がすぐ間近に迫っているとき次年度送りの価格支持政策でよいのかが問われるべきであろう。公共事業への傾斜はすでに地方自治体の財政事情に限界が出てくると思われる。公共事業部分を削ってでも、食糧政策にふさわしい財政展開の予算に転換すべき時に来ている。

第2章　三位一体改革にゆれる地方自治体

はじめに

　2004年度は国と地方の税財政改革、いわゆる三位一体改革の初年度を迎えている。それは、地方交付税を対前年比6.59％減の16兆8,900億円とし、国庫補助負担金は06年までに4兆円、初年度は1兆300億円の削減をする。税源移譲については、当初たばこ消費税その他が対象とされたが、結局、所得譲与税を創設することによって得られる4,249億円と税源移譲予定交付金を創設、2,300億円を一般財源化し、合計6,558億円を税源移譲とすることとなった。また、地方債の発行も17兆4,843億円と、前年度比5.4％削減することとした。すでにこの2月末には都道府県の04年度予算が出そろったが、一般会計の合計は49兆2,606億円で、対前年比1.7％減となっている。

　地方財政の危機がさけばれて久しいが、1955年、75年の2回を含めると、今回は3回目にあたっている。55年はいうまでもなく戦後民主化による財政需要の増大とシャウプ税財政改革後の経済復興にともなう、企業再編にあわせた合理化の過程で起こったもので、最終的には町村合併を結果した。75年は石油危機を引き金に、高度経済成長での制度の行詰まりが露呈し、その改変の必要性がもたらしたものであった。

　今回の地方財政危機は、第二臨調による財政改革から続くものではあるが、90年代に入っても続いた公共投資とバブル崩壊後行われた経済対策、とりわけ国にかわる景気対策の地方への転化によって、国のみならず地方の借入を拡大したことによるものである。

　国と地方の財政関係は、税収においては国が3に対し地方は2の割合で、歳出にあたっては逆に国が2で地方が3の比率となっている。財政は国から地方への各省庁を通じた補助金等の配分によって運営されている。2002年の

地方分権一括法によって機関委任事務が廃され、法定受託事務と自治事務に分かれたものの、税源の移譲は伴わず、財政的な裏付けは一切されていない。かえって、バブル崩壊後の不況による景気対策と税収減に加えた減税によって、財政赤字が増大し、税源移譲、補助金の削減と地方交付税の見直しが迫られているのである。

以下では三位一体改革の内容と地方財政の財源不足とその補塡対策をみて、現在の都道府県と市町村の財政状況を分析し、今後の方向を考えることとしたい。

1．三位一体改革とは

三位一体改革とは、2003年6月27日、閣議決定した「経済財政運営と構造改革に関する基本方針2003」、いわゆる「骨太方針2003」に掲げられた政策手法である。閣議決定した方針には「3つの宣言」、「7つの改革」が掲げられたが、宣言3の「将来世代に責任が持てる財政の確立」のところで、第6の改革の課題が「国と地方の改革」とされ、ここで、国庫補助負担金、地方交付税、税源移譲を一体的に改革する方向を出したのである。

三位一体の具体的工程は、第1が国庫補助負担金で、概ね4兆円程度を目途に廃止、縮減の改革を行う、と金額を明示した。これを06年までの3年間で達成させるのだが、およそ20兆円の国庫補助負担金は、社会保障11.1兆円、教育・文化で3.2兆円、公共事業5.1兆円、その他1兆円で、ここから4兆円の削減をすることになる。第2は地方交付税で、地方交付税の機能を財源保障機能と財源調整機能に分け、財源保障機能は全面的に見直し「地方交付税への依存体質から脱却し、真の地方財政の自立を目指す」こととする。このため地方財政計画の段階で、4万人以上の人員純減、投資的経費（単独）を90～91年度水準を目安に抑制、一般行政経費等（単独）を現在の水準以下に抑制する。地方交付税の算定方法にあたっては、すでに02年度から行われている段階補正の一層の見直しや基準財政需要額に地方債の元利償還金を後年度算入する措置についての見直しを各事業の性格に応じて行う。その結果、

不交付団体（市町村）の人口割合を大幅に高めることである。

　第3は税源移譲で、国庫補助負担金の廃止後その8割程度を目安に、地方が実施すべき対象事業について、「基幹税の充実を基本に行い、税源の偏在性が少なく、税収の安定性を備えた地方税体系を構築する」こととしている。そして、最後に、受け皿となる自治体の行財政基盤の強化が不可欠であり05年3月に向けて、市町村合併を引き続き強力に推進することにしている。

　地方財政改革をめぐっては、98年『地方に税源を』（神野直彦・金子勝著東洋経済新報社）で、深刻化する赤字問題の解決に所得税の基礎税率部分10％を地方の住民税に移譲し、消費税の地方配分を増やす、それに見合う補助金をカットする。そして、税源移譲にともなって地方交付税を縮小し、小さな地方政府を実現するとの提案を行っている。この提言は原則的な財政の論理に沿った提案だったが、三位一体改革で政府がとっている方法はこれとは逆の方向である。

　地方分権一括法以後、内閣に設置された地方分権改革推進会議は、地方事務の見直しのみに取り組んでいたものが、2003年5月8日突然、地方分権改革推進会議の小委員長の水口案として「三位一体改革案」が示されたのである。ここではまず補助金削減と地方交付税の削減が優先され、税源移譲は必要性のみが言及されていたにすぎない。そこで、地方制度調査会、全国知事会、全国市長会など地方自治諸団体からの反発が出、6月14日の地方分権改革推進会議の最終報告で、消費税、たばこ税、所得税の移譲が入れられ、19日の経済財政諮問会議では、基幹税移譲が認められたのである。

　しかし、その初年度の税源移譲は基幹税とはなっていず、補助金削減に見合う額にも達していない。その方法は神野・金子提案とはまったく逆の手法で、基幹税による税源移譲にはたどり着けない状態となっている。

　ところで、一刻の猶予のならないとされる財政赤字はどれほどであり、それはどのようにしてできたのだろうか。そこをまず、見ておこう。

2．財源不足とその補塡措置——借金の増大

　地方財政は地方財政計画をもとに運営される、ある種の計画経済的システムになっている。地域間の経済・財政格差を中央政府が是正する仕組みとなっているからである。不況のもとで減税を行ないながら、必要な財政需要を充たすには、適切な財源不足対策が講じられなくてはならない。しかも、地方交付税は地方自治体の基準財政需要と基準財政収入の差額を補塡する制度で、この制度のもとで、90年代を通じ現在に至る財源不足額と補塡措置は図表6のようになってきている。

図表6　財源不足とその補塡措置

		地方財政計画額 A	不足額 B	地方税の増額	特例加算	法定加算	特会借入	対策臨時財政加算	引上げ交付税率	交付金特別	地方特別交付金	計		地方債の増額		対策臨時財政債		B/A
90年度(当初)		671,402	7,600									7,600	100.0					1.3
91 (当初)		708,848	6,300									6,300	100.0					0.9
92 (補正)		779,980	22,882				15,682					15,682	68.5	7,200	31.5			2.9
93 (〃)		856,238	34,272				16,675					16,675	48.7	17,597	51.3			4.0
94 (〃)		828,761	74,421		300	1,760	36,369					40,808	54.8	33,613	45.2			9.0
95 (〃)		896,587	87,722		378	1,810	42,532					48,912	55.8	38,810	44.2			9.8
96 (〃)		871,576	86,278		4,253	4,138	36,897					49,553	57.4	36,725	42.6			9.9
97 (〃)		879,921	69,205		3,221	2,600	18,330					28,865	41.7	40,340	58.3			7.9
98 (〃)		949,820	96,967		7,614	2,800	36,413					53,288	55.0	43,669	45.0			10.2
99 (〃)		928,427	140,461		2,201	3,359	88,580					107,785	76.7	31,563	22.5			15.1
2000 (〃)		916,606	130,177		1,500	6,000	80,881					103,282	79.3	25,537	19.6			14.2
01 (〃)		893,071	143,534			5,983	44,660					97,470	67.9	30,248	21.1	14,488	10.1	16.1
02 (当初)	減税		34,510	1,281		328	14,764		4,246	9,036		28,374	82.2	4,855	14.1			
	通常		112,710			2,978	26,210	34,521				63,709	56.5	19,200	17.0	29,801	26.4	
	計	875,666	147,219	1,281		3,306	40,973	34,521	4,246	9,063		92,082	62.5	24,055	16.3	29,801	20.2	16.8
03 (当初)	恒久減税		32,437	1,250		420	13,880		3,463	8,890		26,653	88.2	4,534	14.0			
	先行減税		6,873				4,463					4,463	64.9	2,410	35.1			
	通常		134,457		1,945		55,416					57,361	42.7	18,400	13.7	58,696		
	計	862,107	173,767	1,250		2,365	18,343	55,416	3,463	8,890		88,477	50.9	25,344	14.6	58,696	33.8	20.2
04 (当初)	恒久減税		33,296	1,179		508	14,797		3,575	8,729		27,619	82.9	4,498	13.5			
	先行減税		6,479				2,958					2,958	45.7	3,521	54.3			
	通常		101,723		2,942		38,876					41,818	41.3	18,000	17.7	41,905		
	計	846,664	141,498	1,179		3,450	17,755	38,876	3,575	8,729		72,395	51.2	26,019	18.4	41,905	29.6	16.7

資料：「地方財政要覧」より作成。

90年代のはじめバブル期にあっては、財源不足は地方財政計画額のわずか1％足らずでこれは100％地方債で補われていた。92年度から2兆円を超える額となり、95年度に8兆7,400億円と地方財政計画額の10％近くにはね上り、99年度に14兆円（同15％）、03年度には17兆3,767億円（20％）にもなっている。これら急激な財源不足に対して、92年度より地方交付税の増額による方法と地方債の発行による2つの補塡の方法がとられている。地方交付税による方法は、地方交付税特別会計への借入によるもの（「特会借入」）で、84年度に一時廃止されていたが90年代に入って復活させたもの。しかも復活させた際、「特会借入」による場合は、元利償還はそれまで全額国の負担によって行われたが、復活後は国と地方の負担を原則とした。しかも国の負担は一般会計からの繰入れである。特例加算、法定加算などがそれである。他方、地方債による方法は80年代、国庫補助負担金の投資分のカットで行われたもので、多くは起債充当率100％、元利償還にあたって全額または一部を基準財政需要額に算入することによる方法である。いわゆる地方交付税措置といわれるもので、交付税の先取りに過ぎない。それに「臨時財政特例債」、減税にともなう「減税補塡債」（赤字地方債）、「減収補塡債」（建設地方債）が加わり、90年代後半には「財源対策債」（建設地方債）「臨時財政対策債」（赤字地方債）、「補正予算債」「緊急地域経済対策債」「緊急経済対策事業債」などが設けられている。不況対策を公共事業で行ない、生じた財源不足を地方債を発行して補い、また公共事業を行う、という悪循環である。

　それぞれの年によって方法は定まっていないが、02年度までは「特会借入」が補塡の3分の2近くを占め、地方債は3分の1程度であった。01年から地方負担分が赤字地方債によることが制度化して、地方債への依存を高めている。ともあれ、財源不足額が10兆円を超えてから、地方債のみならずあらゆる補塡手段が講じられるようになっている。例えば税の面では、99年度たばこ税の移譲に加え地方交付税の法人税率を32％から35.8％に上げ、減収補塡対策として「地方特例交付金」が復活している。また、財源不足に応じた地方単独事業の圧縮や「特会借入」の返還繰上げ等も行われている。いまや財源不足に対する地方財政対策は、通常収支分のみならず減税分（恒久・先行

をも含み、国庫補助負担金の一般財源化、市町村道整備に係る国庫補助負担金の見直しに伴う財源措置等にも及んでいる。そして、それぞれで国と地方の負担別に「特会借入」や地方債措置に振りわけている。地方の負担はこうした地方債による補塡によって増え続けている。

図表 7 のように地方債の借金も、04年度見込みで142兆4,448億円、地方交付税特会借入残高50兆2,233億円（うち地方負担分32兆8,177億円）で、合計すると175兆円となる。バブル崩壊前、90年度は54兆円だったので、わずか14年間で120兆円も増加している。しかも、これに地方自治体のかかえる企業債を加えれば200兆円を超え、国債も入れれば686兆円と年間の国民総生産をはるかに超えた赤字となってきている。これらが徐々に地方自治体財政を圧迫しはじめている。

図表 7　国と地方の借入金残高

（単位：億円）

項目 年度	国債残高 (A)	うち特例債 (B)	地方債残高 (C)	交付税特会借入残高 (D)	うち地方負担分 (E)	(C)＋(E) (F)	企業債残高 (G)	うち普通会計負担分 (H)	(F)＋(H) (I)
90	1,663,379	645,197	521,883	15,221	15,221	537,104	332,763	133,355	670,459
92	1,783,681	626,020	611,313	21,859	21,859	633,172	376,812	156,229	789,401
94	2,066,046	642,272	804,549	74,326	74,326	878,875	435,577	184,305	1,063,180
96	2,446,581	768,770	1,033,313	153,754	143,529	1,176,842	494,500	214,475	1,391,317
98	2,952,491	955,614	1,200,634	211,857	177,872	1,378,506	555,276	249,559	1,628,065
2000	3,675,547	1,418,903	1,280,850	381,318	262,633	1,543,482	593,751	270,323	1,813,805
01	3,924,341	1,591,772	1,308,784	425,978	285,303	1,594,087	617,245	283,228	1,877,315
02	4,210,991	1,750,000	1,340,961	466,561	307,243	1,648,204	612,789	282,435	1,930,639
03	4,590,000	2,070,000	1,386,879	485,277	318,357	1,705,235	614,562	284,441	1,989,676
04	4,830,000	2,340,000	1,424,448	502,233	328,177	1,752,625	611,294	285,095	2,037,720

注）国債は普通国債の残高、15、16年度は年度末見込。地方債、交付税特会借入残高は、2001年度までは実績、02年度は決算見込、03年度は補正後見込、04年度は当初見込。
資料：「地方財政要覧」より。

3. 都道府県と市町村の財政

　かつてない財政赤字に見舞われているのが現在の地方財政である。しかし、その実感は住民に伝わっているのだろうか。後年度負担であと回わしにしながら、借金財政となっていった地方自治体の財政事情なので、現在どのようになっているか、そこをみておこう。

　まず、都道府県・市町村の財政状態を総務省の決算報告でみてみよう（図表8、9）。この10年間の都道府県・市町村を含めた財政規模は純計で100兆円

図表8　都道府県の決算額構成比の推移

（歳入）

		90年度	91	92	93	94	95	96	97	98	99	00	01
	歳入決算額（億円）	434,548	458,016	480,044	500,984	509,337	537,302	536,561	528,875	555,033	550,792	544,149	539,625
一般財源	地方税	39.9	39.3	34.6	31.2	30.1	29.3	31.0	31.9	31.1	29.8	32.1	32.3
	地方税譲与税	1.8	1.8	1.9	2.0	1.7	1.6	1.7	0.7	0.2	0.2	0.2	0.2
	地方特例交付金	—	—	—	—	—	—	—	—	—	0.3	0.5	0.4
	地方交付税	18.2	17.8	17.1	16.1	16.0	15.7	16.5	16.6	16.7	20.2	21.7	20.5
	（小 計）	59.9	58.9	53.6	49.3	47.8	46.6	49.1	49.2	48.0	50.5	54.4	53.5
	国庫支出金	16.8	16.7	18.3	18.4	18.4	18.5	18.2	17.9	18.2	18.3	17.6	17.7
	諸 収 入	7.8	8.2	8.3	9.0	9.6	9.2	9.1	9.4	10.1	9.6	9.4	9.5
	地 方 債	7.3	7.7	10.8	14.5	14.4	16.9	15.1	14.5	15.6	13.9	11.5	12.1
	そ の 他	8.2	8.5	9.0	8.8	9.3	8.8	8.4	9.0	8.1	7.7	7.1	7.2

（歳出＝目的別構成比）

		90年度	91	92	93	94	95	96	97	98	99	00	01
	歳入決算額（億円）	428,885	452,182	474,397	492,580	501,447	528,235	527,676	520,507	546,271	541,912	533,993	529,222
	総　務　費	10.5	10.3	8.6	7.0	6.7	7.3	7.2	5.7	5.5	5.8	6.1	5.6
	民　生　費	6.0	6.1	6.3	6.0	6.5	6.6	6.6	7.1	7.0	7.3	7.7	8.3
	衛　生　費	3.7	3.7	3.8	4.1	4.0	3.8	4.0	4.1	3.6	3.5	3.1	3.1
	農林水産業費	8.6	8.4	9.0	9.7	9.8	10.0	10.0	9.9	9.3	9.0	8.6	8.1
	商　工　費	5.3	5.7	6.1	6.7	7.0	7.1	6.7	6.8	7.9	7.1	6.6	6.6
	土　木　費	20.5	20.8	22.9	23.5	22.3	22.8	22.0	21.0	21.3	20.8	18.1	18.1
	警　察　費	6.1	6.1	6.3	6.3	6.4	6.2	6.4	6.6	6.3	6.3	6.4	6.4
	教　育　費	25.0	24.7	24.5	24.0	23.9	23.1	23.6	24.1	22.8	22.5	22.6	22.8
	公　債　費	7.2	7.1	6.8	7.0	7.4	7.4	8.3	9.3	9.4	10.4	11.7	12.3
	そ　の　他	7.1	7.1	5.7	5.7	6.0	5.7	5.2	5.4	6.9	7.3	8.1	8.7

資料：自治省、総務省、「都道府県決算の報告」より作成。

図表9　市町村の決算額構成比の推移

(歳入)

		90年度	91	92	93	94	95	96	97	98	99	00	01
歳入決算額(億円)		415,819	447,014	481,902	504,686	505,752	533,654	533,345	527,854	541,758	555,075	528,042	529,381
一般財源	地方税	38.7	38.2	37.2	35.6	34.0	33.6	34.7	36.5	34.5	33.5	34.3	34.3
	地方税譲与税	2.1	2.0	2.0	2.1	2.1	2.0	2.1	1.3	0.9	0.9	0.9	0.9
	地方特例交付金	−	−	−	−	−	−	−	−	−	0.9	1.3	1.3
	地方交付税	15.5	15.1	15.5	14.6	14.6	14.5	15.0	15.8	16.2	17.5	18.9	17.5
	地方消費税等	3.0	2.7	2.1	2.0	2.3	2.1	1.7	2.2	3.7	3.5	4.6	4.5
小　　　　計		59.3	58.0	56.8	54.3	53.0	52.2	53.5	55.8	55.3	56.3	59.9	58.5
国庫支出金		8.0	7.9	8.5	8.8	8.6	9.5	9.2	9.1	10.2	11.6	9.1	9.3
都道府県支出金		4.5	4.4	4.5	4.7	4.8	4.9	4.9	4.8	4.8	4.7	4.5	4.4
地　方　債		7.8	8.7	10.6	12.4	14.1	15.1	14.3	12.3	12.1	9.9	9.3	10.1
諸収入等		7.7	7.5	7.1	7.1	7.1	6.9	6.7	6.8	6.7	6.7	7.2	7.1
そ　の　他		12.7	13.5	12.5	12.7	12.4	11.4	11.4	11.2	10.9	10.8	10.0	10.6

(歳出＝目的別構成比)

	90年度	91	92	93	94	95	96	97	98	99	00	01
歳入決算額(億円)	402,114	433,815	468,907	490,712	491,876	519,010	518,986	514,082	523,806	540,181	511,610	514,059
総務費	16.4	15.2	14.3	13.2	13.1	13.1	12.4	12.2	12.0	12.3	12.7	12.7
民生費	15.5	15.8	16.2	17.2	17.7	18.3	18.7	19.7	20.6	22.9	20.4	21.2
衛生費	7.8	8.2	8.4	9.0	9.2	8.9	9.1	9.3	9.3	9.0	9.9	10.2
農林水産業費	4.9	4.8	5.0	5.3	5.4	5.3	5.4	5.0	4.7	4.4	4.3	4.1
消防費	3.0	3.0	3.0	3.0	3.1	3.2	3.3	3.3	3.3	3.2	3.4	3.3
土木費	22.4	23.1	23.8	23.4	22.2	22.1	21.9	21.0	20.6	18.7	18.9	18.1
教育費	14.8	14.7	14.7	13.9	13.6	12.8	12.6	12.4	12.0	11.3	11.9	11.8
公債費	8.8	8.7	8.5	8.6	9.1	9.4	10.1	10.9	11.3	11.6	12.3	12.6
その他	6.4	6.5	6.1	6.4	6.6	6.9	6.5	6.2	6.2	6.6	6.2	6.0

資料：自治省、総務省、「都道府県決算の報告」より作成。

前後で推移している。都道府県と市町村の割合は、ほぼ半々となっている。90年代のはじめ各々43兆円と40兆円程度であった財政規模は、バブル崩壊後の景気浮揚策の繰り返しで93年度に50兆円、98年度には55兆円と急激な膨張を遂げるが、2000年以後は財政構造改革のもとで縮減に移り、04年度は50兆円を切るようになっている。

（1）税収の低迷と義務的経費の硬直化―都道府県財政

　まず、都道府県の歳入からみておこう。この間の最大の特徴は税収の落込みである。90、91年度と40％を占めていた地方税は95年には29％まで落ち込んでいる。都道府県税は個人・法人の事業税と個人・法人・利子割等による都道府県民税より成り立っているが、事業税・県民税とも経済の変動を直接反映するため、不況とともに減収となる。加えて不況対策の法人税・所得税減税によって減収が加速されるからである。90年代はじめ40％であった事業税は2000年度には25％に、個人県民税も20％から15％と落ち込んでいる。

　地方税の低迷による、地方譲与税、地方交付税を加えたいわゆる一般的財源は、90年代半ばで10％以上落ち込んでいる。これを補ったのは地方債である。ただし、99年度以降の地方交付税の増加と地方債の低下は、地方交付税は返済の始まった「特会借入」や地方債の元利償還金を基準財政需要のなかへ算入させたため、地方交付税の絶対額が増えたのである。地方債の低下は公共事業の抑制等によるものである。国庫支出金は構成比として変動がなく、92年度以降18％台を保っているが、整理合理化は続いている。

　他方、歳出をみると、目的別の分類では都道府県では教育費がもっとも大きい。義務教育をはじめ高等学校を抱え、人件費を含んでいるからである。ついで土木費が20％を超えているが、プラザ合意後の公共事業の拡大と単独事業の進捗は90年度末まで衰えていない。経費が少しずつ増加しているのは民生費で、高齢化等による社会福祉費、老人福祉、介護保険の実施によって、2000年前後から上昇してきている。公債費の増加は、地方債の償還が始まってから増加してきている。01年度には歳出の12％を超えるまでになっている。この分だけ事業はできないこととなる。そのなかで農林水産業費は10％前後と、都道府県財政では位置づけは高い。農業農村整備事業など、「優良債」を使える公共事業が、景気対策とともに増加したからである。都道府県の農林水産関係の公共事業は農林水産費の8割近くを占めていて、県の農林水産業はほとんど公共事業といってよい。

　これらを別の視点である性質別決算でみると（図表10）、いわゆる義務的経費と呼ばれる人件費、扶助費、公債費等が90年度後半から増加しはじめて

図表10　歳出決算額の性質別構成比の推移―都道府県

		90年度	91	92	93	94	95	96	97	98	99	00	01
義務的経費	人件費	31.7	31.3	30.6	29.7	29.9	28.9	29.6	30.6	29.2	29.3	29.6	29.2
	扶助費	2.7	2.7	2.7	2.2	2.3	2.3	2.3	2.5	2.5	2.6	2.6	2.7
	公債費	7.2	7.1	6.7	6.9	7.3	7.3	8.2	9.2	9.3	10.4	11.6	12.3
	小計	41.6	41.1	40.0	38.0	39.5	38.5	40.2	42.3	41.0	42.3	43.8	44.8
投資的経費	普通建設事業費	27.4	27.5	31.2	33.2	31.8	33.2	31.8	30.2	30.1	28.1	25.7	24.0
	災害復旧、失業対策費	1.2	1.2	0.8	0.9	0.9	0.9	0.7	0.6	0.7	0.8	0.6	0.5
	小計	28.7	28.8	32.0	34.1	32.7	34.1	32.6	30.8	30.8	28.9	26.4	24.6
その他の経費	補助費等	12.6	12.6	12.1	12.0	12.3	12.1	12.0	12.8	13.8	14.3	16.1	16.5
	物件費	3.2	3.4	3.4	3.5	3.7	3.4	3.5	3.5	3.3	3.3	3.2	3.2
	積立費	5.3	4.9	2.9	1.5	1.7	1.0	1.5	0.7	0.5	1.0	1.2	1.5
	貸付費	6.4	7.1	7.4	8.0	8.3	8.9	8.3	8.0	8.4	8.2	7.6	7.7
	その他	2.1	2.1	2.2	2.1	1.8	2.0	1.9	1.9	2.2	2.0	1.7	1.7
	小計	29.7	30.1	28.0	27.1	27.8	27.4	27.2	26.9	28.2	28.6	29.8	30.6

資料：総務省「都道府県決算の概要」より。

いる。とくに上昇が著しいのは民生費などの社会福祉、生活保護費を含む扶助費である。投資的経費は普通建設事業が大部分だが95年をピークに01年度には24％になった。8％の下落である。事業も補助事業と単独事業が相半ばしていたが、01年度では単独事業が補助事業の7割と減ってきている。しかも起債充当率100％の事業や地方交付税措置への繰入れ率も低くなっている。増えてきている補助費等は、保険料、委託料、負担金、補助・補償にあてられる経費だが、民生費の上昇と同様、介護保険事務会計に対する負担金の増加等による増加である。また、99年度以後の積立金の上昇は雇用対策で行われる緊急地域雇用創出特別基金の造成によるところが多く、不況対策関連の事業である。義務的経費は投資的経費と異なり、経常的経費で賄われるものであり、これらの支出の増加は、直接財政を硬直化させている。

　歳入・歳出から見た都道府県の財政事業は年々厳しさを増している。これ

らを反映して財政構造の弾力性を示す経常収支比率を見ると、92年度77.4％が01年度には90.5となり、大阪府103.1％、愛知県96.8％、神奈川県95.7％と大都市圏を抱える都府県の財政が悪化して、その度合は深刻化している（図表11）。財政運営上15％が警戒ライン、20％が危険ラインといわれる公債費負担比率は、92年度10.3％から98年度に15％を突破し、01年度は18.4％と危険ラインに近づいている。景気対策と財源不足のなかで行われた地方債、地方交付税措置による公共事業の積み重ねが、財政危機に拍車をかけているのである。

図表11　都道府県財政力指数

	都道府県	財政力指数	経常収支比率	起債制限比率
財政指数が1.0以上	東京都	1.02342	90.3	11.6
0.7以上、1.0未満の団体	愛知県	0.83416	96.8	11.0
	神奈川県	0.75261	95.7	7.5
	大阪府	0.72095	103.1	13.0

資料：総務省「都道府県決算の概要」より。
注）財政力指数と起債制限比率は99～01年度の平均。

（2）町村より大都市ほど逼迫―市町村財政

　市町村においても税収減はまぬがれない。市町村民税が法人・個人とも不況の影響を受け、90年度には市町村税のうち54.3％であったものが、01年度には40％ぎりぎりとなった。これを下支えたのは固定資産税で不況下にあって地価が下落したにもかかわらず評価替えや負担調整措置によって、90年度は市町村税の33.8％であったものが、01年度には45.7％に上っている。しかし、固定資産税はむやみに上げらるものでもなく、市町村税全体は横這いとなっている。

　市町村も、都道府県の場合と同じように都市部の財政事情が厳しい。税収は大都市、都市で歳入の40％、町村は半分の20％に過ぎない。しかし、この差を地方交付税と地方債で埋めあわせている。90年代半ばまでは不況対策が地方債と補助金で講じられ、地方交付税の構成比は下っている。しかし、大

都市と町村との歳入構成のうちの地方交付税をみると、大都市は92年度から01年度で5.2％から8.4％、都市は11.1％から15.3％と高くなっている。逆に地方債は大都市では13.4％から11.3％、都市は9.3％から8.9％と比率を下げている。ただ、町村の地方債への依存と較べると高い。大都市・都市の財政運営は、地方債・地方交付税による依存度を強めている。

　歳出にあたっては市町村も都道府県と傾向は同様である。市町村では土木費が2割を超え第1位であるが、最近、公共事業の抑制で減ってきている。農林水産業費は5％前後で推移しているが、99年度以降は減ってきて4.1％と低い。増えているのは、民生費・衛生費で、社会福祉、介護、生活保障への支出が増えている。これを再び大都市、と市町村に区分して性質別歳出決算でみると、大都市では扶助費が01年度12.6％と伸びてきており、逆にこれまで増加していた普通建設事業費は落ちて20％を割っている。町村の扶助費は4％程度とほとんどかわらず、普通建設事業費は相変わらず25％と高い水準である。しかも補助事業と単独事業との割合でみると単独事業が3分の2を占めている。

　市町村の財政構造は全体でみると経常収支比率が92年度、01年度で72.3％から84.6％。公債費負担比率は11.5％から16.7％、起債制限比率は9.6％から10.9％と上ってきている（図表12）。しかし、大都市では01年度で経常収支比率が90.3％、公債費負担比率は19.4％と危険状態となってきている。他方、町村は経常収支比率も81.7％、公債費負担比率は16.9％と警戒状態である。

　全体の起債制限比率は9％とほとんどがかわっていない。大都市では90年代を通じ単独事業で公共事業を行ってきたツケが顕在化してきているのだ。町村はそれに比較し、事業を地方交付税措置をもったものを多く行っているため、償還にあたっての負担が軽減されているのである。が、いずれにしても大変な逼迫度である。

図表12　経常収支比率の推移

		92年度	95年度	97年度	99年度	01年度
市町村	経常収支比率	72.3	81.5	83.5	83.9	84.6
	起債制限比率	9.6	10.1	10.5	10.9	10.9
	公債費負担比率	11.5	13.5	15.1	16.3	16.7
	財政力指数	0.41	0.42	0.42	0.41	0.40
大都市	経常収支比率	75.3	87.4	88.2	90.7	90.3
	起債制限比率	11.3	12.4	13.0	13.8	14.6
	公債費負担比率	11.8	14.4	15.9	18.1	19.4
	財政力指数	0.87	0.87	0.85	0.80	0.78
町村	経常収支比率	68.5	75.9	78.6	79.5	81.7
	起債制限比率	9.2	9.3	9.3	9.2	9.0
	公債費負担比率	12.6	14.4	15.7	16.5	16.9
	財政力指数	0.33	0.34	0.34	0.34	0.33

資料：総務省「市町村決算の概要」より。

（3）かなり厳しい地方交付税の削減

　決算報告の結果からみた地方自治体の財政事情はかなり厳しい。現実的にはどのように対応しようとしているのだろうか。ごく一般的な2つの市と町を紹介しておこう。

　東北はI県E市である。人口3万4,000人ほどの市で、過疎、農工、山村、低開発等の地域指定を受け、80年代、90年代を通じ過疎債、辺地債を中心に地方債と地方交付税措置のある事業を積極的に導入してきた市である。予算規模は公共事業導入によって変動があるものの、93年度の170億円から98年度には200億円を超え、99年度220億円のピークを迎えて、以後210億円台に減りはじめている。

　毎年の地方税収入の歳入は14から15％だったが、2000年度から12％台に落ちている。地方交付税は90年代半ばまで37％から38％と高く、地方債も通常は16％から18％を占め96年度では21.2％と高い。残高も270億円と通常の歳

出予算を超える水準である。

　歳出の内容をみると土木費が2000年度までは20％を超えていたが02年度には10％を割るような事態となっている。教育費なども、小中学校の建設がされているときは15％を上回っていたが、現在は7～8％を保っている。増加しつつあるのは民生費で、生活保護費や雇用に対する支出が増えている。扶養家族をかかえながら職のない人への生活保護世帯の増加は、他の地方都市で、最近何処でも聞くことである。

　E市の04年度予算編成は深刻である。税収が伸び悩むなかで地方交付税が段階補正、単位費用の見直しで減額されており、04年は54億5,000万円で、対前年比普通交付税のみで10％減となる（図表13）。一般財源のうちで地方交付税が6割を占めるなかで、普通建設事業費を最低に見積っても7億円の不足が生じ、財政調整基金より4億円の繰入れをし、予算規模も107億円に縮減して当面を切り抜けることとしている。したがって歳出にあたって経常的経費を15％削減、補助金の10％縮減を打ち出している。起債も元利償還金の範囲内にとどめるようにしている。02年度決算の経常収支比率は86.2％、公債費負担比率は20.8％と危険度を超えている。起債制限比率が9.2％と低いのは過疎債など地方交付税措置のある事業を選択して実施してきた結果である。

図表13　E市の地方交付税の推移

（単位：100万円）

	94年度	95年度	96年度	97年度	98年度	99年度	00年度	01年度	02年度	03年度	04年度
普通交付税	5,647	5,852	5,978	6,074	6,249	6,681	6,863	6,562	6,200	6,055	5,450
特別交付税	537	548	576	582	630	712	752	725	694	595	535
計	6,184	6,400	6,544	6,656	6,879	7,393	7,615	7,287	6,894	6,650	5,985

2000年地方交付税総額：7,615百万円
2003年地方交付税総額：6,650百万円（対00年度965百万減、△12.7％）

　E市は農村部で積極的に工場誘致をはかり公共事業をたくみにとり入れてきた自治体である。農業の関係でいえば中山間地の直接支払い制度にも積極

的に対応してきている。目的別歳出で農林水産業は通常でも10％近くあり、農業基盤整備など公共事業を入れるとその倍近くになっている。その事業は一般財源による単独事業は畜産関係の繁殖牛雌牛更新事業など、一事業当り100万円から200万円のものがいくつかあるに過ぎない。中山間地の直接支払い制度でも交付金額は7億5,000万円にのぼり、市の負担は2億円近いものになっている。04年度の市予算は、財政調整基金からの繰り入れによって編成したものの、財政調整基金も残り少なく、市町村合併によって合併特例債でしのぐにも、周辺の富裕な2町村の参加が望めず、この2、3年で赤字団体への危機をはらんでいる。

つぎに山陰のT県N町。広島・岡山・島根3県の交わるところにある農山村で、人口6,000人。老齢化率41％の過疎地の山村である。山振、過疎、特定農山村、市町村圏などの地域指定を受けている。一般会計の予算規模は90年代はじめは55億円、景気対策がはじまる90年代半ばから70億円を前後している（図表14）。地方税は4億5,000万円から5億円、歳出額の7％に過ぎない。

図表14　N町の町財政の推移

（単位：100万円）

	歳 入					歳 出					
	町税	普通交付金	特別交付金	町債	歳入合計	人件費	物件費	補助費	公債費	投資的経費	歳出合計
90年度	401	2,296	323	611	5,464	841	450	396	658	2,454	5,395
92	429	2,698	345	596	6,219	945	492	489	728	2,412	9,070
94	450	2,708	355	1,194	7,290	1,027	572	550	850	3,082	7,141
96	492	2,828	377	913	6,827	1,122	703	659	840	2,294	6,721
98	489	3,045	2,083	541	6,774	1,174	815	615	1,075	1,738	6,584
2000	480	3,176	2,087	1,061	7,245	921	817	821	1,066	2,252	6,955
01	497	3,121	2,071	2,309	9,257	887	837	839	1,088	4,238	8,891
02	505	2,867	1,943	1,345	7,222	881	911	976	1,137	2,130	7,021
03	501	2,609	2,019	1,665	7,523	861	911	903	1,149	2,489	7,523

資料：各年度決算報告より作成。

財政力指数は0.15％。したがって、地方交付税はつねに30億円から35億円をかぞえ、歳入額の構成比は50％を超えている。ただし、01年度からたよりの地方交付税が単位費用、段階補正などで減りはじめ、03年度は26億円とピーク時2000年度の4億3,000万円減となった。国庫支出金・県支出金はあわせて16から17％前後で、地方債は8％程度である。

目的別歳出をみると農林水産業費が24.5％を占め、きわめて高い。内容は林業と農業だが、町有林2,300haをもつ当町としては植林と関連産業の育成にあてられている。事業は公共事業関係が多く、国・県の補助と補助残は起債をもってあて、地方交付税措置で解決する。民生費等は大きな変化はなく、介護にかかわる事業は特別会計で行い、扶助費等も増えていない。だが、公債費は16％にもなっていて実行予算のかなりの圧迫となっている。

経営収支比率は87％をこえている。公債費負担比率は22.3％、起債制限比率は10.9％と低い。ただ、起債制限比率が低いといっても、地方債残高100億円を上回わる中でこれ以上の起債は困難な状況である。ここ3年ほどが我慢のしどころなのだが、E市同様財政調整基金はあと1、2年で払底する。人口は減り続け、年間の出生人数はわずか20人、保育所・幼稚園経営、小中学校の新たな統合の必要性など課題は多い。周辺町村は合併に応じる気配はなく、職員のリストラ、給与引下げなどで対処しようとしている。

4. 市町村合併が最後の切り札

三位一体改革をもたらした財政危機は、財源不足への補塡対策に現われているように、赤字国債による財政調整策で果し得ない弥縫策が招いたものである。これを受ける地方自治体も安易さのなかで借入を累積してきている。その行先は、市町村合併である。合併を1年後にひかえた市では、04年度の予算で財政調整基金を使い切ってあとは99年の合併特例法改正による地方交付税の特例で、と語っていた。99年の特例法では、95年の合併特例法で普通交付税算定の特例期間を5年にしたものをさらに10年に延長し、その後の5年間は激変緩和措置をつけることにした。加えて、臨時的な財政措置に対す

る交付税措置や合併特例債が創設され、合併後10年間は充当率95％、元利償還の普通交付税措置70％で、まちづくりのための建設事業に対する財政措置も用意している。そのうえ市町村合併補助金や指導する都道府県への補助金も整備されている。99年の特例法は、現在財政危機に陥っている市町村を合併期限である05年3月末の合併に追い込む最後の手段なのだ。しかも、その方法は地方債と地方交付税措置である。合併特例法を受けたとしても、15年後の地方交付税はゼロになる。このあと自立できる市町村はあるのだろうか。かえって不安を感じないわけにはいかない。

　市町村合併への促進をはかるべく特例法が改正されたのは98年だが、このとき地方交付税は小規模団体等への基準財政需要額への段階補正を改め、締めつけは始まっている。国庫補助負担金についても整理合理化のみならず、一般財源化、統合補助金化も進んでいる。厳しさのなかでより厳しく、最後の切札として、市町村合併を用意している。

　そのうえ、2003年11月13日、第27次地方制度調査会が「今後の地方自治制度のあり方に関する答申」を出し、都道府県・道州制についての検討を提言している。今回の市町村合併にあたっては、人口1万未満の小規模な市町村に対する対応が問題とされていた。そこでは現在でも機能し、将来とも発展させねばならないコミュニティを今後どうするかが問題とされたが、「地方自治組織」として、合併市町村に限り旧市町村単位に一定期間存続することができるとしている。ただ、このようにして残される農山村の集落はこの先どのようになるのだろうか。

　にもかかわらず三位一体改革に対する提言があいついでいる。さきの地方制度調査会も「当面の地方税財政のあり方についての意見」で、「税源移譲を含む税源配分の見直し」をいい、国と地方の税源を1対1の配分とし、国庫補助負担金の廃止・縮減に伴う税源移譲は、個人住民税の拡充・比例税率化や地方消費税の拡充を中心に進めるべきとしている。ここでは税源移譲を中心に財政改革を行う方向を示している。地方自治体も6団体すべてが見解を出し、国と地方の税源配分の見直し、住民税・地方消費税の充実による税源移譲を主張している。また、地方交付税については、なし崩し的に削減が

進められているなかで、地域間格差是正のため財源保障機能は必要と訴えている。

市町村合併については、全国町村会が小規模市町村への地方交付税の段階補正の削減など財政的なペナルティ措置に反対し、何で1,000市町村なのか、なぜ人口1万人未満なのか、を問うている。そして今後の合併市町村法に対し、人口規模の如何にかかわらず、市町村を基礎自治体として位置づけるべきとしている。合併によらない市町村連合の構想を示し、小規模な特例的団体、地方自治組織制度の導入を歓迎している。

地方自治体の提言等にもかかわらず、地方交付税削減と国庫補助負担金の整理合理化を伴いつつ三位一体改革が進められている。その先は市町村合併・道州制へ進もうとしている。

規模のメリットのみを追及して困難に陥っている例は、足元に農協がある。60年代の農協合併は町村合併の終わった時点での出発点だったが、今回の市町村合併は、農協合併がほぼ終局にある段階での進行である。地域の経済団体である農協と行政組織を単独に比較できないことは承知しているが、いずれも明治以来家族と集落に根ざしてそこを基盤にした組織である。92年の新政策以来、農政はいち早く集落からの脱却をはかり市町村合併と同じ方向を走り始めている。農協は集落を離れきれないなかで業務の合理化を行ない失敗を重ねている。実際、農協はいま新たなコミュニティの再編と経営の合理化を同時に遂行することが求められており、そこに生産と消費を通じた協同の理念をどう定着させるかを模索している。いずれにしてもコミュニティの活性化は不可欠なのである。

しかし今回の市町村合併は、経済合理性のみを追及し、自治体にも競争原理の導入をはかるもので、集落は消え行く組織として位置づけられている。

公共経済学のなかでは、自治体のサービスが悪ければ住民が自治体を選択する、とされている。地域に定着せず容易に自治体を選択できる住民とはどのような住人か、地域を動くことのできない住民はどうするのか。地方財政の危機は市町村の危機にもなっている。

第3章　縮小される自治体農政

1．三位一体改革は一段落したが

　2000年を迎えると同時に、農政も地方財政も大きな転換期を迎えることとなった。
　農政ではすでに90年代前半、WTO体制への移行に前後して新農政が始まり、つづいて食管から食糧法への転換と新農業基本法の成立がなされている。農政の対象を認定農業者・法人に矮小化し、価格政策に替わる直接所得補償政策等の政策を目指しているが、短兵急な価格政策の放棄とグローバリズムにあわせた規制緩和の中で農政の縮小のみが続いている。そして2000年に入ってより一層この政策が進んできている。
　地方財政では2000年の地方分権一括法の成立後まもなく、2001年6月経済財政諮問会議で財政再建に当たり地方交付税の改革と国庫補助負担金の整理合理化が主唱されたが、税源なき地方分権との批判が出て税源移譲を含む三位一体改革が提言された。その後、「骨太方針2002」から毎年閣議決定され、補助金の削減と税源移譲、地方交付税の削減を同時に図るための政府、地方自治体、財界等とのせめぎあいが続いた。しかし、毎年繰り出される骨太方針は、国庫補助負担金の大幅な削減が前面に出され、公共事業と地方交付税への風当たりが強くなる中で、しかも税源移譲への方向が不透明のままで進められた。ここで地方6団体のまとまりが実現し、地方6団体としての提案が出されるようになり、ほとんど進まなかった税源移譲も2005年暮れに至ってその方向を見出し、一定の結論を得ることとなった。
　この結果、2004年度から2006年度の国庫補助負担金は4兆6,661億円が削減され、税源移譲額は3兆94億円となった。一言でいえば1兆6,000億円の国庫補助金の切り捨てである。国庫補助負担金の削減の対象は義務教育費、

国民健康保険、公立保育所や公共住宅の家賃補助などの削減で教育と福祉関係経費に焦点が当てられ、それに加えて公共事業と奨励的補助金の整理合理化が行われた。

　地方交付税については当初は公共事業にかかわる事業費補正に焦点が当てられ、これの削減が問題とされたが、後になって地方財政計画制度そのものを見直し、しかも毎年生じてくる財政不足を財源保障措置と見なし、これの削減を俎上にのせている。結局、地方交付税の見直しは事業費補正と都道府県の留保財源を5％切り下げることによって基準財政需要を減らすこととなったが、大幅な削減が続いている。

　2007年度の国の予算は三位一体改革が一応決着とされ、景気の回復とともに地方税の増収を見込んだ上で、国債の発行額を対前年比4兆円削減し、公債依存度も30.7％と前年37.6％と比較し大幅に引き下げ、このままの勢いで行けばプライマリーバランスの達成が2011年と定めている。

　しかし増収を見積もっている税収の内容は企業減税を家計負担に転嫁し、その上、引き続き厚生年金など社会福祉関係事業で受益者負担を増加させるものとなっている。この間、地域間の格差がまし、市町村では夕張市をはじめとして破綻が心配される団体が相次いでいる。最近公表された2005年度の都道府県決算報告によると歳入規模は2000年度の54兆4,149億円から48兆6,945億円とおよそ6兆円の減となっている。地方税収が04、05年度と上昇してはいるものの構成比で見ると国庫支出金は4％ポイント、地方交付税は3％ポイント下がっている。しかも頼りの地方税も05年度では東京、大阪、愛知等メガロポリスを抱える地域のみで上昇しており、財政力指数0.4以下の県は逆に減収となっている。格差は拡大する傾向にある（図表15の〈1〉）。

　三位一体改革は3兆円の税源移譲、地方自治体と政府の協議が定着したことから関係者の評価が高いが実態はどうか。

図表15　最近の都道府県歳入・歳出額と構成

〈1〉歳入決算　　　　　　　　　　　　　　　　　　　　　　　　（単位：％）

	2000年度	01	02	03	04	05
歳入総額（億円）	544,149	539,625	514,642	498,110	489,955	486,945
地　方　税	32.1	32.3	30.2	31.0	33.3	35.2
地方贈与税	0.2	0.2	0.2	0.3	0.8	1.8
地方特例交付金	0.5	0.4	0.5	0.7	0.9	1.8
地方交付税	21.7	20.5	21.0	20.0	19.0	18.9
（一般財源小計）	54.4	53.5	52.0	52.1	54.1	57.7
国庫支出金	17.6	17.7	16.1	15.7	14.6	13.7
地　方　債	11.5	12.1	14.6	15.4	14.6	11.7
そ　の　他	16.5	16.7	17.3	16.8	16.7	17.1

資料：総務省財政調査課資料より。

〈2〉歳出決算構成比と対前年増減比　　　　　　　　　　　　　　（単位：％）

		2000年度	01	02	03	04	05
	歳出総額（億円）	533,993	529,222	505,039	489,170	481,934	478,733
構成比	民　生　費	7.7	8.3	8.7	8.1	8.3	9.2
	農林水産業費	8.6	8.1	7.9	7.3	6.9	6.3
	土　木　費	19.1	18.1	18.1	16.9	15.9	15.0
	教　育　費	22.6	22.8	23.4	23.8	23.9	23.7
	公　債　費	11.7	12.3	13.1	13.7	13.8	15.1
増減比	民　生　費	4.2	7.6	△0.9	△9.3	1.1	9.9
	農林水産業費	△6.4	△6.2	△7.2	△10.3	△7.6	△8.4
	土　木　費	△9.2	△6.2	△4.9	△9.1	△7.8	△6.1
	教　育　費	△0.8	△0.4	△1.8	△1.6	△1.1	△1.5
	公　債　費	△10.5	4.4	1.5	1.2	△0.3	8.7

資料：同上。

2．農業関係と三位一体改革

（1）国庫補助金の整理合理化

　図表15の〈2〉を見てみよう。都道府県の歳出のうち農林水産業費の減少が際だっていることがわかるであろう。対前年比6％以上の減少で、わずか

6年間のうちで1兆5,000億円ほど減っている。都道府県の経費節減の4分の1がここから出ている。そこでこの間の三位一体改革と農業関係費を地方財政計画の中から見ておこう。まずは国庫補助金の整理合理化である。

農業関係の整理合理化の過程を、まず2000年度以後の新規の事業で見ると、特徴的なものは2000年度の中山間地域等直接支払交付金とその推進費の730億円、それに農業生産振興費のうち農業生産総合対策事業、畜産振興総合対策など427億円、それに農業経営構造対策の77億円で、とくに中山間地域等直接支払い制度の導入が目立っている。そのご01年度では農村振興総合整備218億円、02年度では農村振興費としての地域農業構造対策45億円に過ぎない。骨太方針が始まる03年度からは、一方で農地集積実践事業が始められるが04年度には牛肉等関税財源関連の事業として畜産振興費に65億円が当てられ、05年度にも競争力強化対策としてだされるようになっている。しかし、新規の事業としてめぼしいものは、農地保有合理化事業関連の担い手育成と総合食糧対策として行われる消費安全対策50億円、農業食品産業強化対策100億円など、小規模のものである。かわって、公共事業で農業食品産業強化対策として05年度に644億円、農村振興対策でバイオマス利活用を含め940億円が交付金としてつけられている。2000年度以後の新規事業は中山間等直接支払いと総合食料政策にかかわる食品産業の振興、それに担い手育成対策程度といってよい。

一方、廃止ないし統合された事業は03年度では野菜価格安定対策、農業改良普及事業、担い手緊急対策など100億円が廃止され、公共事業では経営体育成基盤整備事業が整理統合されている。04年度は米対策の転換に伴い水田農業経営確立対策推進交付金49億円、学校給食用炊飯設備拡充および地域米消費拡大対策などわずか12億円程度のものまで廃止された。整理統合は公共事業で牛肉関税財源農地整備と畑地帯総合農地整備が一緒にされている。05年度は、三位一体改革の中で、補助金削減に伴う一般財源化がされることとなり、全般にわたる縮減となった。消費安全対策、生産振興、有機農業、農地利用集積実践事業も廃止となっている。また、公共事業では農村振興対策、中央・地方卸売市場施設整備など2,500億円に上り、多方面にわたる廃止事

図表16　05年度廃止された主な事業（地方財政計画）

(単位：100万円)

項　目		国庫補助金	地方負担額	計
（1）普通補助金負担金				
生産振興費	総合対策推進費	225	110	335
	（地方公共団体分）	2,336	1,056	3,392
農業経営対策費	推進費	3,126	2,154	5,281
	（地方公共団体分）	1,148	1,055	2,204
消費安全対策	（同推進費）	1,293	1,284	2,578
生産振興総合対策		2,466	907	3,376
有機性資源活用対策		4,662	1,866	6,529
農地保有合理化事業　農地利用集積実践事業		1,149	1,149	2,298
（2）公共事業				
草地畜産基盤整備		778	406	1,184
中央卸売市場施設整備		5,187	12,148	17,336
地方　〃		584	600	1,184
卸売市場活性化		234	288	522
農村振興対策		39,194	27,683	66,877
草地畜産基盤		3,000	2,985	5,985
新山村振興		10,042	8,825	18,867
中山間地域対策		1,795	1,372	3,167
生産振興総合対策		15,068	6,075	21,144
農業経営対策		20,984	6,457	27,442

資料：地方交付税基準財政需要算定資料より。

業が出ている（図表16）。

　これらは廃止とともに組み換えや一般財源化を伴い、地方交付税の基準財政需要に組み込まれたりしたものの、金額は大幅なものとされている。

（2）基準財政需要と一般財源化―地方交付税の見直し

　地方交付税の基準財政需要の算定に当たっては、農業行政費としては投資的経費と経常的経費が分かれて算定されているが、事業の縮小と補助金の整理を反映して、必要とされる一般財源はいずれも縮小している。それを測定単位で調整し、単位費用を引き上げている（図表17）。でも、単位費用の単価にはほとんど変わりは出ていない。

第1部　農業予算と地方自治

図表17　単位費用算定基礎

（都道府県・経営経費）　　　　　　　　　　　　　　　　　　　　　　（単位：100万円）

	2000年度	01	02	03	04	05	06
農業改良助長	3,344	2,846	2,860	2,785	2,591	2,444	2,235
農業振興費	2,929	2,324	2,370	2,175	2,193	2,125	2,053
農作物対策費	513	453	427	426	409	160	145
園芸食品流通対策費	684	653	724	651	652	974	1,118
食糧管理費	36	36	36	36	35	—	—
畜産対策費	1,504	1,291	1,290	1,316	1,294	1,240	1,158
総　額	10,298	8,676	8,731	8,408	7,956	7,767	7,421
一般財源（千円）	8,986	7,599	7,633	7,446	7,058	6,943	7,076
測定単位（戸）	90,000	70,000	70,000	70,000	70,000	70,000	60,000
単位費用	99,800	108,566	109,053	106,000	100,800	99,200	118,000

（市町村・経営経費）　　　　　　　　　　　　　　　　　　　　　　　（単位：100万円）

	2000年度	01	02	03	04	05	06
農業委員会費	35,843	32,040	31,825	31,012	28,980	31,895	30,777
農業費	229,806	223,246	224,303	222,355	241,092	207,040	193,405
うち給与費	165,200	145,674	157,618	157,202	150,912	153,778	138,780
総　額	270,919	260,175	260,289	257,611	244,913	241,109	226,167
一般財源	235,087	227,091	229,177	228,623	224,865	221,169	209,715
測定単位（戸）	4,000	3,500	3,500	3,500	3,500	3,500	3,500
単位費用	58,800	64,900	65,500	65,300	64,200	63,200	69,900

資料：前掲資料。

　地方交付税の見直しのねらいは投資的経費にかかわる事業費補正にあり、02年に行われている。このこともあって投資的経費の基準財政需要額は、一般財源額が都道府県については99年度をピークに下がり始め、05年では過半となっている。市町村の投資的経費についても同様で極端に落ちてきている。したがって、農業行政費の基準財政需要額は経常的経費のほうが投資的経費を上回るようになっている。しかも投資的経費の事業費補正では元利償還部分に対する補正が事業費部分を上回ってきていて、地方債の償還費の増嵩を示唆しており、公共事業の抑制の要因ともなっている（図表18）。また、それに加えて税源移譲に伴う一般財源化の措置としてこれらの事業を基準財政需

図表18 都道府県農業費の基準財政需要額の推移

(単位:100万円)

	2000年度	01	02	03	04	05
経常・農業行政費	422,594	428,476	423,734	410,863	385,282	374,562
投資・農業行政費	430,941	414,812	388,969	376,100	292,556	279,565
事業費補正額	61,279	69,212	76,961	80,103	82,859	82,886
うち元利償還分	26,631	33,130	29,208	41,530	43,286	42,509
事業費分	34,647	36,081	37,753	38,573	39,572	40,377

資料:総務省財政調査課資料より。

図表19 三位一体改革にかかわる影響額(単位費用算定基礎に算入分06年分)

項目・細節等	国庫補助負担分	06年度における影響額
2 農業経営振興費 (1)指導普及費	④協同農業普及事業交付金	346,631
2 農業経営振興費 (2)経営振興費	⑤農村振興対策事業推進費補助金 (農村地域工業等導入資金融通促進事業)	1,165
4 食品安全費 (3)食品安全費	⑥消費・安全対策推進交付金	7,988
3 生産流通振興費 (1)生産流通振興費	⑦農業・食品産業強化対策推進交付金	105,608
2 農業経営振興費 (2)経営振興費	⑧農山漁村地域活性化推進交付金	88,923
1 農業振興費 (3)農村振興費	⑨バイオマス利活用推進補助金	17,304
4 食品安全費 (3)食品安全費	⑩埋設農薬適正化事業推進補助金	7,060
3 生産流通振興費 (1)生産流通振興費	⑪米需給調整総合対策事業推進費補助金	47,291
2 農業経営振興費 (2)経営振興費	⑫農村振興対策事業推進費補助金 (活動火山周辺地域防災営農)	21,144
4 食品安全費 (3)食品安全費	⑬成果重視事業総合食料対策事業推進費補助金 (ユビキタス食の安全・安心システム整備事業)	10,917
		(小計) 654,031

資料:前掲資料より(単位:1,000円)

要の単位費用算定の基礎に組入れてきている（図表19）。しかし、これら事業が加わっても事業自体が整理されているので、単位費用は大きく膨らんではいない。農業行政費は地方交付税の中でもこのように押さえられている。

（3）減り続ける農業関係費

　三位一体改革で農業関係費は補助金・地方交付税とも大きな影響を受けることとなった。都道府県・市町村の歳入の削減も歳出面に大きく反映され、農業関係費は都道府県・市町村とも大きく削減することとなっている。上記05年度の決算報告によれば都道府県の歳出額に占める農林水産業費は99年の9.0％から6.3％に落ちている。市町村については本来、都市と町村との比較を行うべきところだが、市町村の合併が進み過去の数字が接続できず比較が困難になっている。したがって市町村で見てみると、ここでも農林水産業費は2000年度の2兆2,222億円から05年度には1兆4,851億円と歳出額の3％に落ち込んでいる。農業関係費はハードからソフトへ転換しているとはいうものの、都道府県では未だに農地費が04年度の決算で農林水産費のうちの64％を占め、単独事業を含めた地方債の償還に追われ続けている。そこで次に県と町の実態を見ることにしよう。

3．際立つ農業の公共事業の削減

（1）縮小する財政規模と公共事業からの脱皮

　東北の中央に位置する山形県は押しも押されもしない農業県である。米をはじめ、果樹はさくらんぼ、もも、ぶどう、なし、ラ・フランス、りんごなど多彩で畜産も肉牛などが盛んである。県の財政規模は2000年度に7,121億円であったが、三位一体改革とともに減り始め2002年度6,436億円と10％以上の削減となり、05年度には6,000億円を切り06年度は5,787億円となっている。2000年度からわずか数年で1,200億円もの財政規模の縮小となっている。そのうち地方税収入は2000年度1,135億円、歳入額の15.94％を占めていたが景気後退の影響もあって03年度には956億円にまで下がっている。05年度か

らは所得譲与税による還付や景気回復によって地方税も徐々に上がってきていて、06年度では税収が歳入の25％になっている。しかし財政力指数は0.3％以下である（図表20）。

図表20　最近の山形県の歳入・歳出の推移

(1) 歳入　　　　　　　　　　　　　　　　　　　　　　　　（単位：100万円．％）

	2000年度	01	02	03	04	05	06	07（当）
歳入総額	712,160	722,008	643,633	621,905	622,501	595,102	578,756	579,409
県　税	15.94	15.42	14.87	15.37	15.55	16.66	17.87	20.66
地方消費税清算金	3.47	3.39	3.32	3.87	4.20	3.99	4.02	4.02
地方譲与税	0.37	0.37	0.43	0.57	0.96	1.75	4.01	0.64
地方特例交付金	0.14	0.13	0.15	0.34	0.54	1.31	0.10	0.15
地方交付金	34.08	31.78	34.20	32.73	30.50	31.70	32.43	32.10
国庫支出金	18.25	17.15	17.19	15.55	15.43	13.08	11.13	10.51
県　債	12.49	17.34	15.59	17.43	16.12	13.03	12.77	12.52

(2) 歳出

	2000年度	01	02	03	04	05	06	07（当）
民生費	5.86	6.28	6.90	6.82	6.93	8.04	9.14	9.46
衛生費	3.00	3.05	3.33	3.68	3.56	3.78	3.37	3.35
農林水産業費	10.18	9.42	9.34	8.23	7.18	6.73	5.57	5.32
土木費	22.74	21.74	20.13	18.48	17.41	16.24	15.39	14.64
公債費	12.92	14.82	15.52	16.24	17.25	17.03	16.76	16.88

資料：山形県資料より作成。07年度は当初予算。

　財政規模縮減の一番の要因は国庫支出金と地方交付税の減少にあり、とくに国庫支出金が2000年度は1,300億円、歳入に占める割合は18.25％にもなっていた。これが03年度966億円、06年度644億円と半分以下になっている。地方交付税も国庫支出金ほどではないが減っており、02年度2,201億円と減った後、04、05年度に1,890億円台となり、06年度では1,876億円と2000年度からすると550億円の減となっている。これを補うために地方債が当てられて

いるが、公共事業を抑えているためか増えていない。

　財政規模の縮小とともに、歳出も全体として削られてきている。目的別の歳出では民生費、衛生費、公債費の増加が見られる。民生費は三位一体改革を見るまでもなく自治体の負担が年々増加しているものだが、06年度で528億円と2000年度から100億円増している。しかし、何といっても地方債の償還費である公債費の増加が大きい。90年代から国庫支出金、地方交付税・地方債に依存してきた結果がここに現れており、05年度の実質公債比率15.4％、起債制限比率も12.7％と、ともに高い水準となっている。

　このような中で農林水産業費は急減している。2000年度724億円から06年度の332億円、07年度は308億円となって半分以下となっている。立ち入って農業費、畜産業、農地費に分けてこの動きを見ると、農業費は66億円の減。それに比べ、農地費は351億円から132億円と200億円の減となっている（図表21）。山形県は90年代に他の農業県と同様、農地費で7割を超えており公共事業に大きく依存してきている。これだけ削減しても農地費の農業関係費に占める割合は57％になっている。この結果、山形県の農村農業整備事業による整備状況は高いものとなっている。水田の整備率は73％、これは平地における基盤整備事業がほとんど終わっていることを意味している。水田の整備は米の生産調整対策で、毎年対象水田の2％ずつ30年以上行ってきているので当然のことなのかもしれない。しかし、これに加え、畑地の農道整備59％、農業用水整備80％ときわめて高く、農村整備事業にかかわる農業集落排水事業が77％と、主要な地域がほとんど終わっている整備率となっている。

図表21　山形県の農業関係費

(単位：100万円.％)

		2000年度	01	02	03	04	05	06	07 (当)
農業関係費（合計）		52,412	69,199	46,309	42,241	35,848	32,694	25,363	23,299
構成比	農業費	29.1	21.7	33.3	33.7	36.0	37.1	37.1	37.1
	畜産業費	4.0	28.0	5.3	5.3	5.3	5.2	5.4	5.9
	農地費	66.9	50.3	61.4	61.0	58.7	57.7	57.5	57.0

資料：山形県資料より作成。05年度は補正後。

07年度の農地費は農業基盤整備事業に44億5,000万円、農村生活環境基盤整備事業で31億3,000万円、農地等維持保全費で17億円が主要な事業である。しかし、この農業基盤整備事業の過半は国直轄の農業水利事業負担金であり国営事業の県負担分である。新たな取り組みは水田の畑地化を行う経営体育成基盤整備事業で行うのみとなっている。農村生活環境基盤整備事業については農村集落排水事業が3分の1を占めている。いずれも農地費関連の事業で、事業の選択に当たっては国の補助と地方交付税がらみの措置、それに地方債で充当率の高い事業となっている。だが、早急にこのような公共事業からの脱皮が求められているのだろう。最近の財政事情からか農業農村整備事業にかかわる県負担率の見直しを行っている。例えば、県営事業では水利施設等では国のガイドラインと同様の扱いとしているが、農道整備事業では一部で県の負担を軽減し、市町村や地元の負担を引き上げている。また、同様に団体営事業では「元気な地域づくり交付金」「むらづくり交付金」で県の負担を下げ、市町村・地元の負担を上げている。そして目玉の事業としている水田畑地化事業については、県の負担を上げ地元の負担をなくしている。このような措置が必要になってきている。

　ところで、三位一体改革にかかわる一般財源化対象の事業については05年度から3カ年計画で行い初年度39億4,000万円、次年度37億5,500万円、最終年度34億円の範囲で、縮小と廃止を行っている。ただ、08年度以後はかなりの縮小となると思われる。

　07年度の農林水産業予算は前年度対比10％減の316億円だが、そのうちの一般財源は143億円に過ぎない。県単独事業に当てられる開発指定事業は事業費で70億円、これへの一般財源は5億6,000万円ほどでしかない。したがって新規事業は国の「農地・水・環境保全事業」が中心で、水田の整備済地に畑地化対策と特産物の振興を行い、農家への直接支払いを受けられる事業として進めている。その他の新規事業は担い手育成対策として農業大学校の拡充整備、園芸作物対策としてはチャレンジプラン3億3,000万円、和牛対策2,000万円とわずかなものとなっている。自主財源が少ないため県独自の事業の展開はきわめて難しい状態となっている。

それにしても、米中心の農業県であった山形県において、米関連の事業が少なくなっている。米関係の事業が国と認定農業者や法人、集落営農に直接かかわるようになって県の役割が少なくなっているからであろう。また、県と市町村の関係では、山形では県が市町村に出向き関係を保っているようであるが、従来の農協など農業団体との関係は、補助金のシステムが交付金にかわるなどがあってか、大きく変わってきている。農業の地域対策をどのように図るかこれからの課題になってくると思われる。

(2) 早めに公共事業から脱出―川西町の事例から
　県の事情に加えて町の様子を見ておこう。市町村は平成の大合併の結果、名前の分からぬ市町村が出来たばかりでなく、合併前との比較の出来ない市町村が増えている。そこで未合併の町を見ることとした。川西町は米沢市の北、一部山間地を含む米作地帯にある。60年代から70年代にかけ山形県が全国一の反当り収量を誇っていたころ、その山形の中で最も収量の高かった町である。篤農家集団の多いところである。昔からの水田地帯でイザベラ・バードが「日本奥地紀行」で会津の山地を抜けたすばらしい水田地帯として紹介しているところである。恵まれた環境の下で平地の水田は完全に基盤整備を終えている。農地面積は水田4,325ha、畑183ha、樹園地24ha、人口2万人ほどで農家戸数は1,477戸（うち専業農家144戸）である。05年度の決算報告によれば歳入は83億円。2000年度は100億円だったので17億円ほど減っている。町の税収はほぼ、12億円程度。その代わり地方交付税が半分を超すこととなっている。05年度でも地方交付税が歳入の57％に達している。まさに地方交付税で成り立っている町である。国庫支出金より県支出金が多いが、これは30％ほどの減となっている。地方債への依存は最近すくなく5億円程度である。町の財政事情は地方交付税にあり、04年度の三位一体改革による5億円を上回る削減は町の財政を大いに寒からしめた。歳出を見ると高齢者が多いこともあって民生費、衛生費が確実に増え、05年度では両方で歳出の37％に達している。しかし多いのは公債費で12億円となっている。2000年度は18億円、18％を占めていた。02年度には山を越している（図表22）。川西町は

図表22　川西町の財政状況

（1）歳入　　　　　　　　　　　　　　　　　　　　　　（単位：100万円）

	2000年度	01	02	03	04	05
歳入総額	10,184	8,859	9,824	9,266	8,468	8,355
町税	1,341	1,313	1,350	1,221	1,223	1,219
地方譲与税	165	153	155	143	184	217
利子割交付金	48	51	14	10	9	6
配当割交付金					1	2
地方消費税交付金	167	163	141	160	176	160
地方特例交付金	40	39	36	35	33	33
地方交付金	4,844	4,718	5,292	4,999	4,722	4,704
国庫支出金	519	324	326	268	247	207
県支出金	426	393	477	374	324	232
地方債	1,305	712	1,071	823	589	654

（2）歳出

	2000年度	01	02	03	04	05
民生費	1,002	1,059	1,199	1,216	1,247	1,235
衛生費	1,572	967	1,782	1,804	1,795	1,813
農林水産業費	717	693	666	559	505	609
土木費	1,038	807	944	689	740	779
教育費	1,697	1,276	1,539	1,131	834	819
公債費	1,820	1,786	1,818	1,727	1,479	1,224

資料：川西町政策総合課資料より作成。

90年代半ばまで公共事業につぎ込んでいたが、起債制限比率が24％を超えたところで、公債費適正化計画を作成しいち早く危機を脱している。

こうした中で農業関係費を見ると、ピーク時8％あったものが現在は6％台、06年度は国営のダム整備事業で7.4％となっているが徐々に位置づけは低くなっている。しかしそれでも、農地費は国営事業を含め恒常的なものとなっている。その中心は国営のダム整備であり、このほか中山間地域総合整備事業を行っている。町の単独事業としては、以前から米沢牛の生産基地と

して町と農協による公営の育成センターを持ち、預託制度で町が農家に牛を貸し出している。町有牛貸付管理事業、肥育牛導入資金貸付事業などを行っている。農村生活整備に関係する公共事業では町営農道、団体営農道整備事業があり、ソフト事業との関係では「農地・水・環境保全事業」を基盤整備済地で行っている。しかし、町独自の自主財源による事業は乏しく、観光をかねた特産のダリヤ流通拡大支援事業140万円が一番の事業である。

　川西町は早めの公共事業からの撤退によって合併をも免れてきた。しかし、農業関係費に占める公共事業は相変わらず大きく、補助事業ですら町の負担のかかるものは控えている状態である。主要な米地帯であり集落営農にたいして720万円の事業が組まれているものの、50集落に上る事業としてはわずかなものである。補助事業が大きな担い手に厚く小規模農家切捨てに動いているので、集落の中に知らず知らずのうちに溝が出来ているのが集落営農でも心配という。町の農政も厳しさはひとしおである。

第4章　農業所得の減少と地域間格差
—始まった集落の消滅

1．価格政策の消滅と農業予算の縮減

（1）壊死状態にある価格政策

　農業政策は大正時代の米騒動のころから本格化したとされている。その政策の柱は常に穀物価格政策、なかんずく米価政策にあった。同時期に顕在化する地主・小作をめぐる対立は農地政策を必然化させたが、戦前では地主の勢力が強く、戦後、GHQによる農地改革を待つほかなかった。農地関係は農地改革で大きく変わることとなり、現在では農業構造政策と他用途への転用問題に政策の関心が移っている。

　穀物価格政策は、戦争直後のインフレ時の新物価体系実施に際して、米の価格を労働者の賃金より低く抑えたことに象徴されるように、直接企業活動と人々の家計に影響をおよぼす価格として常に抑制されてきたものである。しかし、高度成長が始まった1961年の農業基本法によって、農産物価格は引き上げられるようになる。これは財界からの要求でもあったからである。高度経済成長の初期の段階では、外貨の余裕がなく外貨準備高の3分の1を食糧の輸入に当てざるをえなかったのである。財界の主張は外国為替管理法の下で国内農産物の価格を引き上げ、生産を増加させることによって食料の自給率を高め、輸入量を減らし、その分鉄鋼、繊維、石油その他の原材料を買い、経済成長を持続させるというものだった。そして、農業基本法成立と同時に米の価格をはじめとする農産物価格は、上昇するのである。

　しかし、この考えは、その後輸出が伸び外貨準備が増えていけば、価格の安い農産物の輸入を図ることを意味している。実際、経済成長とともに外貨準備は増加し、70年代から農産物の輸入は急激に増えることとなる。

　80年代まではかろうじて価格政策は続けられる。それは国内経済にはたす

農業の役割として食料の安価で安定的な供給とともに、農業労働力が景気変動における労働力の調整弁となっていたからである。それが農村部の維持政策につながっていたのである。それも石油危機後の不況の中で、日本がいち早くME化によって重厚長大から軽薄短小といわれる産業構造の改変を行い、かつ世界不況から脱し、輸出主導型の産業中心の体制になってから、さらに変わることとなったのである。このときから農業労働力の景気変動調整弁としての役割は終わりを告げることとなる。80年代のはじめ、ここから臨調による財政再建により、農産物価格政策とりわけ米価格政策は縮減されて行き、牛肉・オレンジをはじめ主要農産物の自由化に拍車がかかってくる。

90年代に入り、最後の品目として米が自由化されるとともに、新たな食糧法が食管法に替わり成立し、米価格政策は姿を消すこととなった。バブル崩壊後の景気対策と重なって、80年代末からの「日米構造協議」によって、1990年には10年間で43兆円に上る生活基盤中心の公共事業が行われるようになり、農業関係でも農村整備を中心とした公共事業が行われることとなる。

ガット・ウルグアイラウンド対策（UR対策）とともに行われた安易な地方債と地方交付税措置による公共事業は、1993年から数年間、気が狂ったように取組まれ、都道府県・市町村にモラルハザードを引き起こすこととなった。1996年、橋本内閣の「財政構造改革」に至って公共事業が景気浮揚に効果がないとの批判が相次ぎ、2000年の「地方分権一括法」では急に地方の自治・自立が叫ばれる。不況の中での農業の地方分権化は、農地利用の規制緩和に焦点が当てられ、農地の他用途への転用拡大がされたが、単独事業による地方債を使った公共事業の実施は、その後の地方交付税の削減とあいまって、県・市町村の財政をますます逼迫に追い込むこととなった。そしてその解決を地方行政改革とともに「平成の市町村大合併」へ誘導したのである。

2002年からの三位一体改革は地方自治体の自主財源をより減少させ、地方自治体の農業関係費を縮減し続けている。現在、農業政策は対象を農業の担い手としての認定農業者と法人に絞り、直接支払いによる経営安定対策を行うという安上がり農政を行っているが、産業政策としての農業政策はなくなり、とりわけ価格政策の持つ社会政策的側面は壊死状態である。農業政策は

地域政策からは遠いものとなっている。

（2）80年代から続く農業予算の縮小

　農業政策の凋落振りは農業予算の推移を見れば明らかである（図表23）。70年代からの一般歳出と農業予算の動きを見ると、70年代は一般歳出の10％を超えていたものが80年代は8％台となっている。米の政府による売買逆ザヤがなくなり、価格支持政策費が1兆円近く削られたためである。90年代にはUR対策により農業予算の規模は7％台に回復するものの、1996年の「財政構造改革」で公共事業が後退し5％台となる。そして、2002年の「三位一体改革」ではついに4％台である。

図表23　国の予算と農業関係予算の推移

（単位：億円．％）

	A 一般会計歳出	B 一般歳出	C 農林水産関係予算	D 農業関係予算	C／A	C／B	D／B
昭和45年（1970）	82,131	61,540	9,921	3,851	12.1	16.1	14.4
50年（1975）	208,372	163,837	22,892	20,000	11.0	14.0	12.2
55年（1980）	436,814	303,610	37,765	31,084	8.6	12.4	10.2
60年（1985）	532,229	333,523	33,895	27,174	6.4	10.2	8.1
平成2年（1990）	696,512	392,710	33,009	25,188	4.7	8.4	6.4
7年（1995）	780,340	528,751	45,999	34,230	5.9	8.7	6.5
12年（2000）	897,702	524,952	38,969	28,742	4.3	7.4	5.5
15年（2003）	819,396	484,584	32,305	24,326	3.9	6.7	5.0
18年（2006）	834,583	478,423	29,245	21,393	3.5	6.1	4.5

注）1．補正後ベース。
　　2．平成2年度から平成11年度まではNTT事業分を含み、平成12年度以降はNTT事業分は含まない。

　こうした変化の中、2006年から「直接支払い」の名のもとに構造政策と結びつけた「品目横断的経営安定対策」が行われている。この対策はナラシと呼ばれる収入変動緩和対策とゲタと呼ばれる生産条件不利補正対策にわけら

れていて、直接支払いへの転換と呼ばれているのは前者の収入対策である。米はすでに2000年から担い手を対象に減収分の9割を補塡する制度を行っているので、米以外の麦・大豆・てんさい・ばれいしょでんぷんなどそれぞれに設置されていた価格制度を廃止し、「担い手交付金法」に集約したのである。この新たな交付金法では、担い手農家の過去5年間の基準収入を設定し、この基準収入と当年度の市場価格と収量により算定される収入との差額の90％を補塡するものである。実際は麦・大豆・てんさい・ばれいしょでんぷんの当年の販売合計額が直近5カ年の平均収入より下がった場合、その差額の90％を補塡する制度である。このため生産者は10％の減収に耐えられる額をあらかじめ政府と1：3の割合で拠出を行わなければならない。

　品目横断的経営安定対策は、2007年秋、「水田畑作所得安定対策」と改められている。ただ、この対策で絞り込まれている担い手育成対策にどのような効果があるか、疑問視せざるをえない状況である。農業政策の転換とともに価格政策の終焉は（図表24）によって知ることが出来る。新たな対策の対象となった麦・大豆・てんさい・ばれいしょの価格政策はなくなり、残された行政価格は、わずかに畜産関係のみとなった。麦・大豆は大幅な直接支払いをしているように見えるが、買い入れに当たって品質差を導入している。このことで平均的には引き下げを図っている。2000年以後の行政価格は対象となる作目もわずかになったが、いずれも輸入品価格にあわせて引き下げを余儀なくされている。国による高度経済成長期にあった、自動安定装置としての農産物価格の一定水準の維持という考えも、いまやなくなってきており、国による所得の再配分は農業についてはなくなりつつある。

図表24 農産物の行政価格の推移

	適用期間	価格（円）			
		1960年度（産）	1970	1980	1990
米政府買入価格（玄米60kg）	年　産	4,162	8,272	17,674	16,500
小麦政府買入価格（60kg）	〃	2,149	3,431	10,704	9,223
加工原料乳保証価格（1kg）	会計年度	－	43.73	88.87	77.75
豚肉　安定上位価格（1kg）	〃	－	422	764	565
安定基準価格（1kg）	〃	－	345	588	400
牛肉　安定上位価格（1kg）	〃	－	－	1,435	1,285
安定基準価格（1kg）	〃	－	－	1,105	985
甘しょ原料基準価格（1トン）	年　産	6,667	10,670	26,570	25,717
ばれいしょ　〃　（1トン）	〃	5,467	7,700	17,030	14,600
てん菜最低生産者価格（1トン）	砂糖年度（10～翌年9月）	5,250	7,760	19,380	17,530
さとうきび　〃　（1トン）	〃	－	6,570	19,720	20,190
大豆　基準価格（60kg）	年　産	3,200	5,010	16,780	14,397
なたね　〃　（60kg）	〃	3,005	4,710	13,732	11,784
生糸　安定上位価格（1kg）	生糸年度	3,337	7,100	16,300	15,244
安定基準価格（1kg）	（6～翌年5月）	2,335	6,500	14,700	10,712
基準価格（1kg）	5月21日～翌年5月20日	－	875	2,153	1,563

注）2002年以降の価格には、消費税額分を含む。

2．農業生産額と農業生産所得の現状

(1) 農業生産額の推移

　ところで現実の農業生産はどのようになっているのだろうか。この夏、福田内閣の改造とともに新たに就任した大田農林水産大臣は、就任早々食料自給率が39％から40％になったと報告している。今回の発表は自給率が農業振興の結果上昇したとの印象を持たせるためのものだったのだが、自給率は供

第1部　農業予算と地方自治

価　格　（円）					
2000	2002	2003	2004	2005	2006
15,104	14,295	13,820	—	—	—
8,824	8,693	8,552	8,306	7,197	7,146
72.13	—	—	—	—	—
485	480	480	480	480	480
365	365	365	365	365	365
1,020	1,010	1,010	1,010	1,010	1,010
785	780	780	780	780	780
25,233	25,173	25,098	25,078	25,063	25,033
13,960	13,840	13,690	13,650	13,640	13,580
17,040	16,930	16,840	16,790	16,640	16,560
20,370	20,330	20,300	20,230	20,130	20,110
8,350	—	—	—	—	—
11,272	—	—	—	—	—
—	—	—	—	—	—
190	—	—	—	—	—

給熱量ベースによるものなので、今回の1％の上昇は米の消費の増加と大豆等の国産化比率の上昇によるものだったのである。内容は変化がないといってよいのである。1965年度と2002年度の食料自給率の変化を品目別供給熱量自給率から見ると総供給熱量は2,500Kcalとほとんど変わらないのに、国産熱量は1,800Kcalから1,048Kcalと大幅に減少している。品目別に見れば、減少したのは米のみで1,090Kcalから612Kcalと6割にまで落ち込んでいる。畜産物は157Kcalから400Kcalと2.5倍に、油脂類も2倍以上になっていて、大豆、果実、魚介類に至るまで増加している。食生活が大きく変化する中、輸入が急増しているのである。

　図表25で見るように、国内農業生産額は2001年から4年間で4,000億円ほど減り、2005年には8兆5,000億円になっている。主要農産物の生産所得は3兆4,848億円から3兆3,066億円と1,800億円の減少が続いている。主要作物の生産額の構成比は当然のことながら耕種作物で7割を占めている。米は23％、しかし、2004年から野菜のほうがこれを上回るようになってきている。果実は8％、花卉は4.7％である。伸びているのは畜産で30％を超え、最も高い構成比となっている。その中心は酪農で、ついで鶏、豚である。これは

図表25　農業の産出額（生産額）所得

単位 { 実　数：億円
　　　 構成比：％

	部　門	2001年	2002年	2003年	2004年	2005年（概算）
実数	農業総産出額	88,813	89,297	88,565	87,136	84,887
	耕種計	64,077	63,908	64,602	61,832	58,645
	米	22,284	21,720	23,416	19,910	19,650
	麦　類	1,293	1,513	1,506	1,488	1,535
	雑　穀	59	69	85	76	77
	豆　類	964	991	1,011	928	763
	いも類	1,978	1,928	2,051	1,981	2,011
	野　菜	21,188	21,514	20,970	21,427	19,952
	果菜類	9,875	9,848	9,517	9,485	9,185
	葉茎菜類	8,122	8,238	8,157	8,608	7,846
	根菜類	3,191	3,427	3,296	3,333	2,921
	果　実	7,521	7,489	7,141	7,627	6,810
	花　き	4,460	4,471	4,256	4,156	3,980
	工芸農作物	3,364	3,277	3,260	3,378	3,012
	その他作物	966	936	906	861	856
	畜　産	24,125	24,783	23,289	24,580	25,548
	肉用牛	4,369	4,662	4,001	4,455	4,697
	乳用牛	7,721	7,779	7,978	7,958	7,832
	うち、生乳	6,758	6,836	6,942	6,875	6,757
	豚	5,007	5,168	4,671	5,186	5,245
	鶏	6,349	6,532	6,015	6,354	7,127
	うち、鶏卵	3,862	3,944	3,454	3,866	4,556
	養　蚕	17	16	623	627	647
	その他畜産物	662	627			
	加工農産物	611	605	674	725	694
	生産農業所得	34,848	35,232	36,528	33,887	33,066
	（参考）生産農業所得率（％）	39.2	39.5	41.2	38.9	39.0

注）2003年から養蚕はその他の畜産物に含まれる。

68

アジアの鳥インフルエンザの影響にもよるものである。ここで重要なのは、米はいまや生産額の4分の1となり、以前4割を占めていた面影はどこにもない。自民党ではつぎの衆議院選挙対策として麦の政府売り渡し価格を引き下げることを示唆しているものの、米については下げの基調が続き、政府管理の価格センターを廃止する方向すら打ち出している。徹底的に米は価格の下落に任せる方向である。1996年の食糧法実施以後、米の流通を自由化し、生産者農家を含め、どこででも販売可能としたが、市場を通じた指標価格の形成がうまく行かず、価格は下げ続けている。現在、米販売の一番のシェアは大手量販店が持っており、牛乳と同様、ここがバイイングパワーとなって実質の価格決定集団となっている。従来のお米屋さんは4％以下の占有率しかなく、米販売における卸小売の力は極端に弱くなっている。販売規制が解かれて農家自身による宅配便や縁故販売は20％以上と増えているものの、大手量販店の力に太刀打ちできないでいる。したがって、2007年産の米価に見られるように不作にもかかわらず生産者米価は上がらない状況となっている。生産意欲もおのずと衰えてきている。

　農業所得は全国で作付けされる作目とその価格の変動によって大きな影響を受けている。

　米の生産はその上、現在も生産調整が行われている。その方法は申告制だが、2008年産でいえば、815万tしかつくることができない。面積で150万ha。潜在水田面積270万haのうち120万haが他作物や放棄地となっている。米の生産費を見れば、2005年産は1俵60kg当たり費用合計で1万3,785円、平均販売価格を上回っている。肥料・農薬・種苗費など物財費で8,773円かかり、販売額1俵1万1,000円では労働費5,012円の半分も実現できていない。実際1万1,000円の米価では10ha以下の農家では、再生産価格にも達していない。したがって、流通している米の7割以上は、物財費である肥料・農薬・農機具の償却費さえ償えればよしとする姿勢となっており、主業農家以外の農家によって生産が維持されているのが現状である。

　米以外の作目も全体として農業の生産資材価格が引き上げられているので、典型的な鋏状価格差が生じていて、指数で見ても2002年から2008年で肥料・

農薬・ガソリンなど光熱動力費が30％近く上昇し、農業経営を圧迫している。2006年の農家1戸あたりの経営収支では専業の進む畜産では、経営費に占める飼料代が酪農で43.3％、繁殖牛32.0％、肥育牛32.3％、採卵鶏63.9％、ブロイラー養鶏32.3％と高く、2008年産ではエタノールなどの影響で、この比率は大きく上昇している。配合飼料価格は2005年t当たり4万円であったものが、2008年は6万円を超すまでになっていて、畜産の生産も下降状態に入ろうとしている。

一方、麦・大豆は米の転作作物として国内での生産振興がされているにもかかわらず、4麦計（小麦、2条大麦、6条大麦、裸麦）では減少している。2007年の国内需要は小麦623万ｔ、大麦230万ｔだが、国産小麦の供給は国内消費の11％に過ぎない。大豆の国内需要は500万ｔ、国産は22万9,000ｔ、4％に過ぎない（主に、煮豆、惣菜、豆腐用）、油脂用の国内需要は43万ｔもあるのに国内産はない。野菜・果実の国内生産も低下していて、野菜は中国からの輸入は減っているものの自給率は8割を切っており、特に、ハウス野菜などは油価格の高騰で厳しい環境となっている。果実も2006年度は対前年比12.7％減少している。

農業生産額は、年々減ってきており、地域の力の衰えを如実に感じられるようになってきている。

（2）農家所得・農業所得の推移

農業生産が減少する中で、農業経営はどのようになっているのだろうか。
農家経済の概要から見てみよう（図表26）。この数字は30a以上の経営面積、あるいは年間50万円以上の販売額のある農家の平均を取ったものである。世帯員数は徐々に減ってきているが、耕地面積は農地集積の効果もあり、2000年以後、農家一戸当たりの経営規模は拡大してきている。しかし、農家所得は三位一体改革が始まる2002年まで減り続けており、農業所得も対前年を下回ることとなっている。しかも、農家所得に占める農業所得は2005年で24.5％の123万円、農外所得は43.5％で219万円、年金等収入が農業所得よりも多い31.8％の160万円あり、農業所得より高い。これは農業就業者の高齢化を

反映するものでもあろうが、農外所得と年金収入で7割を超えているのが農家経済の実態である。しかも最近は農外所得の減少が農業所得の減少より急で1996年から2003年までに110万円を超える減少となっている。

図表26　農家経済の概算

(単位：1,000円)

	1996年	1997	1998	1999	2000	2001	2002	2003	2004	2005
1．農家の概況										
年間月平均世帯員(人)	4.17	4.13	4.12	4.04	3.98	3.94	3.85	3.70	3.85	3.86
経営耕地面積(a)	169.9	169.2	176.8	177.4	178.8	181.0	182.5	185.0	193.0	198.0
うち　田面積(a)	98.7	99.7	105.9	107.3	108.9	110.1	110.5	112.0	112.0	115.0
2．農家経済の総括										
(1)農業所得	1,387.8	1,203.0	1,246.3	1,141.4	1,084.2	1,034.0	1,021.2	1,103	1,262	1,235
								(1,297)		
農業粗収益	3,800.8	3,642.3	3,705.3	3,582.1	3,507.6	3,473.7	3,468.7	3,585	3,808	3,976
								(3,808)		
農業経営費	2,413.0	2,439.3	2,459.0	2,440.7	2,423.4	2,439.7	2,447.5	2,482	2,628	2,741
								(2,511)		
(2)農外所得	5,462.3	5,472.4	5,310.6	5,130.2	4,974.6	4,750.9	4,527.2	4,323	2,241	2,191
								(2,239)		
農外収入	5,747	5,774	5,598	5,424	5,272	5,042	4,818	4,600	2,491	2,449
								(2,481)		
農外支出	285	301	287	294	297	291	290	270	250	258
(3)農家総所得	8,935	8,795	8,680	8,459	8,279	8,021	7,841	7,712	5,083	5,029
(4)租税公課諸負担	1,466	1,510	1,450	1,445	1,398	1,371	1,342	1,299	743	748
(5)可処分所得	7,469	7,284	7,229	7,014	6,881	6,650	6,499	6,413	4,340	4,281
(6)家計費	5,729	5,736	5,626	5,543	5,397	5,273	5,150	5,028	4,216	4,231

注）販売農家の平均。2004年から調査システムの改変があり、2003年の（　）で接続する。

　ところで2003年農林水産省は、「農業経営統計調査」を2004年度より変え、「農業経営関与者」が「経営権を持っている事業および事業以外の収支に限定して把握する」ことに調査体系を変えている。このため農業経営の年次ごとの接続はできなくなっている。この調査体系の変更は、経営権を持たない

家族の農外所得を排除し農家としての農外所得を少なくし、制度受取金、農産加工、民宿、レストランなどの農業生産関連事業所得を農外所得から分離して農業所得とし、農業所得を多く出るようにしているのである。このような手直しにもかかわらず、農業所得は経営費の増嵩に対し、粗収益が上昇しないため減少しており、この傾向は変わってはいない。販売農家一戸当たりの作物別の収入を見ると麦作、野菜、養鶏、養豚など生産額が伸びているものは上向いているものの、米などは下がってきている。

　さて、農家経営がこのような状態で90年代以後、農業規模の拡大を狙いとした政策は軌道に乗っているのだろうか。担い手育成対策は進んでいるのだろうか。2008年の農業白書では構造政策の進捗に関連して、規模拡大農家の増加とともに規模縮小農家の増加も指摘している。これは以前からいわれていたことでもあるが、稲作農業では5～10ha以上層が増加しているものの、同時にこの層から5ha以下に脱落していく農家も増えているのである。総じていえば、規模の拡大は容易に進んでいない。白書では2000年と2005年の5年間に5ha以上の農家層になった戸数は1万6,800戸、しかし、脱落していった農家も9,800戸あり、純増で年間1,400戸にしかならない。規模縮小の理由は、高齢化の進行や収益の低迷にあることは明白で、農地の貸し出しも後継者不足や高齢化に伴う農家の要請によるものであろう。収益面から見れば、水田の個別経営では5ha以上農家層から農業所得が農家所得の過半を占め、10ha以上層で農業所得が500万円を超えているが、ここが稲作の損益分岐点である。20ha以上層で1,000万円を超えているものの、家族労作経営では10ha以上の経営は困難で、雇用労働が必要となる。そこでは収益は大きく落ち込むのである。

（3）主業農家と準主業農家、副業的農家の分類

　農業経営形態別の分類は、これまで専業農家（世帯員の中に兼業従事者が一人もいない農家）、第1種兼業（世帯員の中に兼業従事者が1人以上おり、かつ、農業所得が兼業所得より多い農家）、第2種兼業（世帯員の中に兼業従事者が1人以上おり、かつ、兼業所得のほうが農業所得より多い農家）によっていた。最

近の分類は、先に述べたようにまず、農家を自給的農家と販売の農家にわけ、経営面積30a未満、販売額50万円未満の自給的農家を除き、それ以外の販売農家を対象にしている。販売農家をさらに主業的農家（農業所得が農家所得の50％以上、年間60日以上自営農業に従事する65歳未満の者がいる農家）、準主業農家（農業所得が農家所得の50％未満で1年間に60日以上自営農業に従事している65歳未満の者がいる農家）、副業的農家（1年間に60日以上自営農業に従事している65歳未満の者がいない農家）とわけている。その基準は農業所得の農家所得に対する比率と就農日数による区分となっている。こうした分類の方法は、農家戸数を限定し政策の効果を出すためといってよい。2005年の統計によれば、販売の農家数は118万戸、主業農家は40万5,000戸（21.5％）、準主業農家は44万7,000人（23.6％）、副業的農家102万9,000戸（53.7％）で、主業農家の比率は総農家数285万戸からすれば14％に過ぎないにもかかわらず、販売農家数からの数字では20％強となるのである。政策は進捗したかに見えるのだ。個別の分類で内容を追ってみよう。

　2006年の統計調査によれば、主業農家の一戸当たり平均の所得は2006年548万円である（図表27）。これは準主業農家の576万円より低いものとなっている。ただし、農業所得の比率は主業農家が圧倒的に高く、78.2％となっている。それに年金等の収入の80万円（14％）が加わっている。準主業農家平均の農業所得はわずかに59万円、農家所得の10％に過ぎず、それに比べて年金等収入は122万円と主業農家より多く、農外所得が7割を占めている。副業的農家に至っては年金等が208万円、農外所得231万円とほとんど同額となっており、農業所得は32万円と農家所得の6.7％しかない。農家といえども、高齢化も手伝って農業への依存度は極めて低くなっている。

　主業農家、準主業農家、副業的農家別に生産している作物を見た場合、農業生産額からすると稲作は主業農家で38.3％を満たし、準主業農家は24.4％、副業的農家は37.3％と主業農家は稲作への依存は低くなっている。単一経営では稲作は主業農家の8.5％でしかなく、単一経営では副業的農家が62.1％で、稲作所得で家計費を充足するまでにはなっていない。副業的農家では、物財費等が賄えれば主食であることから、生産を続けているのである。畑作

は稲作と比べれば主業農家による単一経営が多く32.9％となっていて、産出額の81.8％が主業農家で占められている。専業化が進んでいる分野である。ただ、畑作の多くの部分は北海道にあり地域的な特性でもある。施設野菜は単一経営としては主業農家の7割を占め、産出額の8割は主業農家によって生産がされている。酪農も施設野菜と同様主業農家によって供給されていて、産出額の95％が単一経営で、そのうちの89％が主業農家である。最も主業農家によって担われている分野である。果樹は準主業、副業的農家による場合が多く、単一経営で64％近くが行われている。果樹等の主業農家は36.5％で産出額の66％近くを生産している。いずれにしても稲作以外では果樹を除き専作化が進んでおり主業農家が産出額の多くを占めるようになってきている。

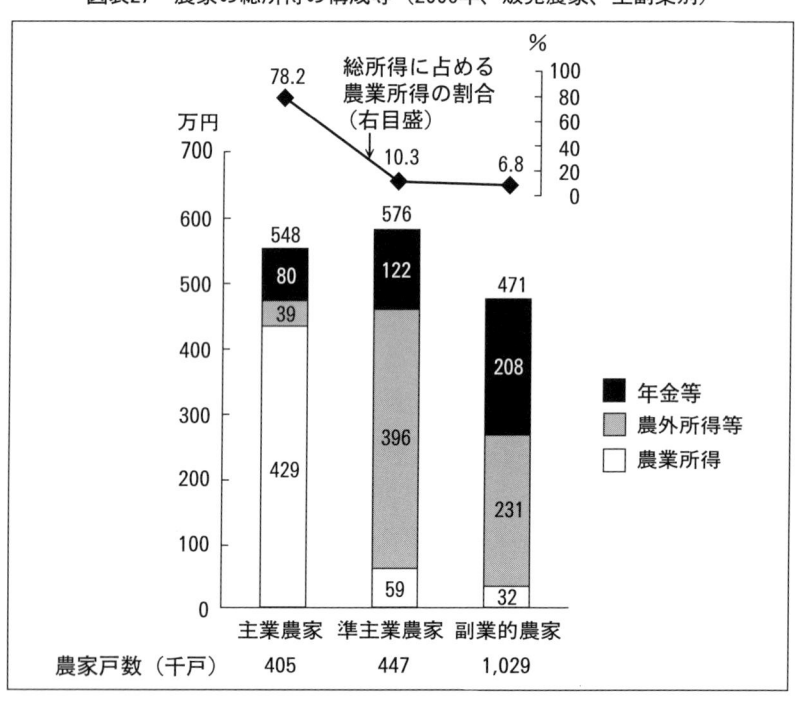

図表27 農家の総所得の構成等（2006年、販売農家、主副業別）

	主業農家	準主業農家	副業的農家
農業所得	429	59	32
農外所得等	39	396	231
年金等	80	122	208
合計（万円）	548	576	471
総所得に占める農業所得の割合（％）	78.2	10.3	6.8
農家戸数（千戸）	405	447	1,029

資料：農林水産省「農業経営統計調査（経営形態別経営統計）」、「農業構造動態調査」

3．地域別特徴と農外所得・年金等収入の動向

農業経営の以上のような傾向の中で、地域ごとの農家の動きはどのようになっているかを見ておこう。これを主業農家、準主業、副業的農家別で見ることとしよう。

（1）主業農家

主業農家は稲作以外の作物に特化しており、ブロックごとに特徴を持っている。耕種作物でいえば、稲作は北陸が特化係数2.79と最も高く、ついで東北1.68、中国1.37、近畿1.26、関東・東山0.85となっている。東海、中・四国、九州はいずれも0.5から0.6となっている。野菜は関東・東山が1.51と高く、特に南関東は1.83にまでなっている。つぎにくるのは四国で1.47、東海1.16、近畿1.03、九州0.95と続いている。果実は東山が最も高く4.03、ついで四国の1.93、近畿1.95、東北1.44、中国1.19、である。畜産はなんと言っても北海道が1.53と高く、つぎに沖縄が1.42、九州は1.30、中国が1.11、東北0.91となっている。主業農家の平均農家所得の平均は、2006年で農家総所得598万円、農業所得495万円、農外所得38万円、年金等が65万円となっている。2004年で統計調査の方法を替えているので接続はできないが、主業農家の場合は、ブロックごとの特徴が作物・規模によって大きく異なっているのが分かる（図表28）。最も高いのが北海道で、ついで東海、北陸、関東・東山、近畿、東北、九州、中・四国の順になっている。2003年までの特徴はいずれのブロックにおいても農家所得は上がってきており、農業所得も中国、四国、九州を除いて上向いていた。農外所得はいずれも低く、北陸、東北を除いて100万円を超えていない。しかし、農外所得をはるかに上回るのが年金等収入で、特に農業経営関与者以外の者を加えていた2003年までの実態を見ると北海道で2003年378万円、中国259万円、東北229万円、北陸197万円、東海180万円、九州179万円と農家所得の2割を超える水準に達している。主業農家の中に多くの年金取得者を抱えていることを示している。2004年以後は農業経営関与者を対象としたことから、農業就業者以外の年金取得者、家

図表28 主業農家の地域別農家所得等の推移

(単位：1,000円)

		2003	2004	2005	2006
北海道	農業所得	7,700	8,591	6,885	7,537
	農外所得	695	545	490	488
	年金等収入	3,786	452	383	382
	計	12,251	9,588	7,758	8,407
東　北	農業所得	4,385	4,194	3,863	4,185
	農外所得	1,121	411	468	453
	年金等収入	2,295	1,295	592	700
	計	7,801	5,855	4,923	5,338
北　陸	農業所得	6,370	6,174	6,336	5,642
	農外所得	1,711	906	839	707
	年金等収入	1,976	485	659	573
	計	10,057	7,565	7,834	6,922
関東・東山	農業所得	5,797	5,069	4,652	5,169
	農外所得	973	253	271	259
	年金等収入	1,386	657	660	601
	計	8,156	5,979	5,583	6,029
東　海	農業所得	6,925	6,263	5,651	6,171
	農外所得	1,394	559	389	556
	年金等収入	1,803	789	853	931
	計	10,122	7,611	6,893	7,658
近　畿	農業所得	5,926	5,276	5,121	4,859
	農外所得	836	455	297	213
	年金等収入	1,383	679	938	870
	計	8,145	6,410	6,356	5,942
中　国	農業所得	2,765	2,837	4,219	3,535
	農外所得	625	220	434	343
	年金等収入	2,508	2,518	1,108	1,129
	計	5,898	5,575	5,761	5,007
四　国	農業所得	3,261	3,772	3,704	3,877
	農外所得	841	382	392	315
	年金等収入	1,702	831	667	713
	計	5,8040	4,985	4,763	4,905
九　州	農業所得	4,831	4,407	4,490	4,144
	農外所得	633	390	370	322
	年金等収入	1,790	468	489	554
	計	7,254	5,265	5,349	5,020

資料：農水省「農業経営統計調査報告」2003年度～2006年度より作成。
注）2003年と2004年で調査の方法がかわっている。数字の急激な変化はそのことによる。
　　（以下同じ）

族の中で働いている息子や娘の農外所得は入らなくなるが、2004年から2006年のわずか3年間のうちでも年金収入が徐々に増えてきているのがわかる。高齢化の進捗の度合いは本当に早いのである。2004年以後の農外所得の動きは、ほとんど100万円以下で、北海道・北陸・東海が50万円を超えているに過ぎない。多くは50万円以下で、農業専業であることを示している。

主業農家の地域間格差は地域間の作物による場合が大きく、自然条件に規制されている。むしろ問題なのは高齢化に伴う年金等の収入で、この部分が農業経営関与者を除いても少しずつ増えていることに、農村部での社会政策の浸透を感じざるをえない。

(2) 準主業農家

主業農家の農家所得の変化に比べ、準主業農家の場合は大きく変わっている（図表29）。農業所得もそれぞれの地域によって特化するものが異なり、北海道では稲作が最も多く、ついで野菜、酪農、イモ類となっている。東北は野菜が一位、稲作が二位、果樹が三位である。北陸は稲作が一位で、ついで果樹が続き、三位は養鶏、四位は野菜となる。関東・東山は野菜が一位、二位に稲作、三位は花卉、四位果樹である。東海は一位が野菜、二位花卉、三位稲作、四位果樹。近畿はもちろん野菜が一位、二位稲作、三位果樹、四位養豚。中国は果樹が一位、二位野菜、三位稲作、四位養鶏。四国は果樹が一位、二位野菜、三位養豚、四位養鶏、五位稲作である。九州は一位が養鶏、二位果樹、三位野菜、四位稲作、五位養豚、と多様な作目となっている。稲作が必ず含まれるものの、兼業の作物は地域にあったその時々の一番有利と思われる作物となっているからである。

農家所得を見ると、近畿、東海、関東・東山、北陸など都市化した地域と米作地域などが2003年までは1,000万円を超え、勤労者世帯の所得を上回るまでになっている。当然のことながら、これらの地域では他産業への就労の機会も多いことから農外所得がそのうち600万円から700万円と膨らんでいる。家計は農外所得で充分満たされている。農業所得は北陸、近畿、東北、関東・東山など稲作と野菜に特化する地域が200万円前後の数字を示し、農

図表29　準主業農家の地域別農家所得等の推移

(単位：1,000円)

		2003	2004	2005	2006
北海道	農業所得	865	524	511	△1,206
	農外所得	3,810	2,365	2,116	1,073
	年金等収入	4,672	370	423	613
	計	9,347	3,259	3,050	480
東　北	農業所得	1,436	1,068	933	1,260
	農外所得	3,900	3,743	3,384	3,403
	年金等収入	2,278	535	793	784
	計	7,614	5,346	5,110	5,447
北　陸	農業所得	1,832	1,013	1,299	1,600
	農外所得	4,475	2,894	4,907	6,101
	年金等収入	1,870	1,387	878	1,165
	計	8,177	5,294	7,084	8,866
関東・東山	農業所得	1,707	1,105	848	666
	農外所得	6,924	6,207	7,263	5,075
	年金等収入	1,558	941	703	812
	計	10,189	8,253	8,814	6,553
東　海	農業所得	1,796	1,464	1,236	1,590
	農外所得	7,338	4,379	4,354	3,985
	年金等収入	1,272	620	536	890
	計	10,406	6,463	6,126	6,465
近　畿	農業所得	1,713	1,293	848	915
	農外所得	5,887	8,251	5,818	5,646
	年金等収入	2,202	621	1,588	2,000
	計	9,802	10,165	8,254	8,561
中　国	農業所得	1,200	683	681	649
	農外所得	5,474	3,415	2,935	4,259
	年金等収入	2,405	2,055	1,588	885
	計	9,802	10,165	8,254	8,561
四　国	農業所得	712	564	783	728
	農外所得	4,357	3,905	3,708	3,830
	年金等収入	1,494	633	806	1,941
	計	6,563	5,132	5,297	6,499
九　州	農業所得	552	340	771	△4
	農外所得	3,404	2,091	2,679	2,843
	年金等収入	1,343	699	713	546
	計	5,299	3,130	4,163	3,385

資料：農水省「農業経営統計調査報告」2003年度～2006年度より作成。

家所得の10％ほどを占めている。しかし、どの作目も価格はほとんど上がらず全体としては低迷が続いている。

また、年金等の収入についてはいずれの地域においても大きくなっており、2003年までを見ても150万円を超えていて、家族に高齢者の多いことを示している。農業経営関与者以外の高齢者が除かれる2004年以後については、主業農家ほどではないが年金収入等も減っている。しかし、東北、近畿、四国などは2006年には再び100万円を超えるようになり高齢化の進行度合いの激しさを表している。

準主業農家は、農外所得の動向がすべてであり、2003年以前、2004年以後も下降をたどっていて、地域経済の低迷をそのまま反映するところとなっている。

(3) 副業的農家

副業的農家は65歳未満の農業就農者がいない農家で、販売のある農家のうち30ａ以上の耕地面積ないし50万円以上の農産物販売農家をさしている。農家の主たる収入源から見ると都市化地帯の近畿、東海、関東・東山など、昔からの二種農業兼業地帯である北陸などは高く、2003年までの期間では農家所得は700万円を超え、東北、中・四国、九州の600万円台と大きな格差がついている（図表30）。これらの差は農業所得の比較的多い北陸でも20万円から30万円台となっており、そのほかの地域では10万円から20万円などほんのわずかである。主要な収入の5％にも満たないほどである。したがって、農外所得の差が農家所得の差となっている。

副業的農家の収入はもちろん農外所得によるが、北海道では年金収入よりも低くなっている。就労機会が少なく高齢化していることからと思われる。しかし、農外所得は準主業農家の場合と同じくどの地域においても一貫して低下をしており、2004年以後も下降が続いている。都市化地帯の近畿、東海、関東・東山、北陸については2003年まででも低下し続けており、近畿は670万円から550万円に、東海も同様であり、関東・東山は560万円から490万円に落ち、北陸のみが横ばい状態である。2004年以後では急に減少しているが、

図表30　副業的農家の地域別農家所得等の推移

(単位：1,000円)

		2003	2004	2005	2006
北海道	農業所得	823	1,197	1,081	1,200
	農外所得	1,424	1,215	840	863
	年金等収入	2,949	1,569	1,657	1,387
	計	5,196	3,981	3,578	3,450
東　北	農業所得	388	400	365	394
	農外所得	4,550	2,362	2,278	2,216
	年金等収入	2,419	1,780	1,757	2,019
	計	7,357	4,542	4,400	4,629
北　陸	農業所得	457	391	465	455
	農外所得	6,446	3,431	3,471	3,039
	年金等収入	2,329	1,858	1,629	1,890
	計	9,232	5,680	5,565	5,384
関東・東山	農業所得	440	431	421	448
	農外所得	4,970	2,241	2,311	2,230
	年金等収入	2,147	1,637	1,678	1,765
	計	7,557	4,309	4,410	4,443
東　海	農業所得	326	284	224	199
	農外所得	5,482	3,184	3,040	2,748
	年金等収入	2,531	2,098	1,920	2,097
	計	8,339	5,566	5,184	5,044
近　畿	農業所得	166	136	136	139
	農外所得	5,530	2,137	1,883	1,891
	年金等収入	2,482	2,068	2,514	2,411
	計	8,178	4,341	4,533	4,441
中　国	農業所得	199	191	187	297
	農外所得	3,994	2,148	1,970	1,905
	年金等収入	2,622	2,396	2,312	2,605
	計	6,815	4,735	4,469	4,807
四　国	農業所得	274	254	216	271
	農外所得	3,610	2,072	2,074	1,881
	年金等収入	2,507	2,061	2,809	2,432
	計	6,391	4,641	5,099	4,584
九　州	農業所得	208	134	205	140
	農外所得	3,640	2,786	2,996	2,704
	年金等収入	2,535	1,529	1,638	2,011
	計	6,383	4,449	4,839	4,855

資料：農水省「農業経営統計調査報告」2003年度～2006年度より作成。

これは家族のうちに就農者以外に勤労者がいるためで、就農者以上あるいは同等の所得があることによる。都市化地帯以外の東北では2003年までは540万円から450万円、中・四国、九州では400万円から300万円台となり、2004年以後は他の地帯と同様半減している。家族に通勤者を抱えているからである。いうまでもなく、農外所得は就労の機会と地帯ごとの賃金格差を直接反映したものとなっている。他方、年金収入は2003年までは120万円から250万円の幅で取得していたが、2004年度以後は就農者と非就農者との差が見られ、就農者の年齢の差等で北海道、東北などは減っている。しかし、近畿、中・四国、九州などは高齢の就農者が多く、あまり減ってはいない。年金収入は2004年以後、就農者以外を除いた額として東北、北陸、関東・東山などで急減するが、その後は徐々に増えている。都市化地帯でも高齢化が進んでいるのである。
　農業の地域間格差は主業・副業別分類では、認定農家中心の主業農家では作物別の収入格差となっており、農業の経営形態で大きく異なっている。主業農家は稲作以外の作目で専業化の傾向があるものの、常に規模拡大が迫られており、不安定な経営が続いている。他方稲作は2ha以下の準主業・副業的農家によって担われており、物財費等の下限価格まで作り続ける状態にある。その意味では転作のもとに行われている麦・大豆をはじめ耕種作物は脆弱な生産構造といわざるをえない。主業農家以外の農家は地域の就業機会や景気の変動に対し敏感に反応するようになってきている。主食である稲作が極めて不安定な生産基盤の上に成り立っていることが、食糧自給が叫ばれる中で国の政策として妥当か否かが問われているのであろう。言い換えれば、稲作を担っている準主業・副業的農家は農業所得に家計費が依存しておらず、むしろ農外所得に大きく負っている。農業の格差より地域間の格差はそのまま地域の賃金格差となっている。食料自給とは関係なく稲作生産は行われていることになる。最近の傾向は、その中で年金等収入が農家所得の大きな部分を占めるようになっており、高齢化とともに地域社会で福祉問題が大きくなってきて、農家経営から農業がますます離れてきていることに危機を感じるのである。

4．農業生産組織と集落の後退

　主業・準主業・副業的農家に分けた農家分類においても、主業農家の所得は伸びていない。準主業農家のほうが農家所得からすれば主業農家より高く、したがって主業農家の浮沈も激しくなっている。担い手育成へ政策転換されたものの、政策の実効は上がっていない。準主業農家、副業的農家についても、農業所得の農家所得に対する比率は低くなりつつあり、家計は農外所得と年金収入等で補われている。特に年金収入は、副業的農家について160万円から200万円の水準となっており、北海道、中・四国については農外所得すら超えている。準主業・副業的農家にとって年金収入は大きなウエイトとなっている。

　70年代まで食糧自給の理念の下で、米価引き上げによって勤労者所得との格差を縮小する傾向にあったものの、80年代以後、米をはじめあらゆる農作物の価格が輸入農産物との競争にさらされたため、価格が低落し続けている。米は価格低落が続く中、2006年からの経営安定対策で認定農業者・法人の促進に政策を収斂させたが、早急な実現は現実的ではなく移行措置として集落機能を生かした集落営農を認めることとなった。これで規模のメリットを生かし、合わせて経営安定に備えることとしている。これによって、低米価の中でも生き残りをかけ、集落機能を生かした生産組織が増えている。集落営農組織は地域的には稲作地帯が多く、東北の岩手、宮城、秋田など、これまで個別経営による生産が多い地域や兼業地帯の北陸、都市化地帯の中部の愛知・岐阜、近畿の兵庫・滋賀、九州の福岡・佐賀などである。

　集落営農組織の内容は、機械施設の共同利用、委託を受けて行う農作業組織・協業経営体であり、残された農地の保全と集落の人たちの生活の維持である。2005年の農林水産省調査によれば、参加農家は30万戸あるが、その3分の2は2ha以下の農家である。これらの集団はしかし、米価が下げ止まらないため、また、本年は肥料・農薬等資材価格の高騰で農作業料金の引き上げを余儀なくされ、担い手を含めた人手不足で集落組織の後退が始まっている。

集落機能を生かした生産基盤の保全も集落自体の機能の低下が起こっており、集落営農の存続が極めて困難な状況になってきている。

2005年の農林業センサスによれば（2005年のセンサスから農業集落の調査は変わり林業を含めた農山村地域調査となり、集落機能がなくなっている集落も入っている。また、市街化区域内の集落をのぞいているので集落の機能も変わってきている）、現在13万9,000の農業集落が存在しており、多いのは関東・東山、九州で2万4,776と2万4,603となっている。ついで中国1万9,739、東北1万1,688、四国1万1,083、近畿1万849、北海道7,323である。耕地面積は30ha以下がほぼ7割、中・四国では10ha未満が5割を占めている。こうした農業集落では棚田、谷地田、ため池を抱える集落が多く、これら地域資源の保全が集落の共同作業で行われてきた。だが、こうした集落が年々少なくなっている。集落の機能が活動しているか否かについて、センサスはつぎのような報告を行っている。農業用排水路では60％ほどの集落機能の保全がされているのに、農地の保全は20％と放棄地の保全がされていない。個別の農地の放棄に集落として対応することが出来ないので、放棄地は進む。特に山間部の集落の後退が激しい。したがって、こうした農地保全の活動は、河川、水路（35％）、ため池（湖沼45％）、棚田（49％）などで半分以下となっており、森林は19％、谷地田20％に過ぎない。こうしたことから集落の4割が機能低下を訴えており、集落の維持も困難になってきている。多くの集落で生活にかかわる問題が出てきている。

さきに述べた米を中心とした転作作物を含む集落営農も、集落機能が活用できるところでは2007年から増加している。組織の形態は法人によるものではなく、非法人組織としての集落の活動の中でオペレーターとして従事できる農業者を中心に、機械・施設の共同利用、委託を受けて農作業を行う活動を行っている。これらはため池などを中心に、水利用の共同作業による保全を前提にして成り立っており、このような集落機能の低下とともに、姿を消すことにもなりかねない。こんごとも稲作が果たしている地域資源の保全機能を維持していかなければならない。

今年「消滅集落」との表現が国土交通省の白書で示されたが、「消滅集落」

となる可能性が高いのが中・四国、近畿、北陸圏となっている。

　国土交通省の「国土形成計画策定のための集落の状況に関する現況把握調査」(2007年) によれば、1999年以後191集落が無人化、消滅集落となっている。その上今後10年間で、433集落が消滅すると予測している。

　「消滅集落」への対策は、生活基盤の維持対策となるが、現実は国の農林水産業予算の減少と地方自治体の農業予算が縮減されて、2008年の農業白書では合併町村における農林水産関係予算と職員の減少を憂慮している状態である。すなわち、ここでは市町村の2001年から2006年の５年間で農林水産関係の職員が20％と一般行政職の職員数よりも大きく減らされていることを明らかにしている（図表31、32）。農業関係費の決算額では３割の減となっている。しかも平成の市町村の大合併の結果、合併市町村の職員数、農業関係費とも、未合併市町村のほうが減少は少なく、合併市町村ほど縮減されていることを明らかにしている。農業政策が安上がりになっていることと、国の所得の再配分機能が年金以外なくなる中で、農家のみならず市町村の運営も厳しさを増しているのである。農村地帯は絶対的にも相対的にも、都市との格差を拡大しており、その傾向はとどまりそうにない。

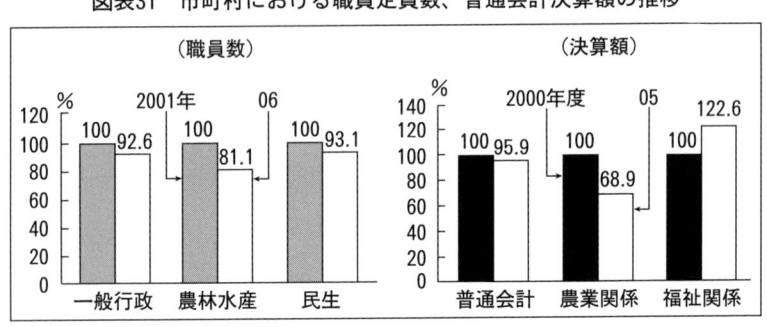

図表31　市町村における職員定員数、普通会計決算額の推移

（職員数）
- 一般行政：2001年 100 → 06 92.6
- 農林水産：2001年 100 → 06 81.1
- 民生：2001年 100 → 06 93.1

（決算額）
- 普通会計：2000年度 100 → 05 95.9
- 農業関係：2000年度 100 → 05 68.9
- 福祉関係：2000年度 100 → 05 122.6

資料：総務省「地方財政状況調査」を基に農林水産省で作成。
注）１．農林水産関係職員数は、2001年４月１日時点を基準とした2006年４月１日現在の割合。
　　２．決算額は2000年度を基準とした2005年度の割合であり、一部事務組合の経費を含む。
　　３．決算額の農業関係は農業費、畜産業費、農地費の合計で、福祉関係は民生費。

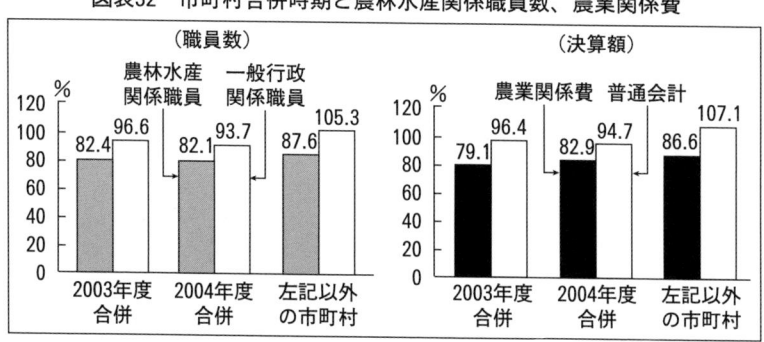

図表32　市町村合併時期と農林水産関係職員数、農業関係費

（職員数）
- 2003年度合併：農林水産関係職員 82.4％、一般行政関係職員 96.6％
- 2004年度合併：農林水産関係職員 82.1％、一般行政関係職員 93.7％
- 左記以外の市町村：農林水産関係職員 87.6％、一般行政関係職員 105.3％

（決算額）
- 2003年度合併：農業関係費 79.1％、普通会計 96.4％
- 2004年度合併：農業関係費 82.9％、普通会計 94.7％
- 左記以外の市町村：農業関係費 86.6％、普通会計 107.1％

資料：総務省「地方財政状況調査」を基に農林水産省で作成。
注）1．農林水産関係職員数は、2003年4月1日時点を基準とした2006年4月1日現在の割合。
　　2．決算額は2002年度を基準とした2005年度の割合で、農業関係費は一般財源より支出される農業費、畜産業費、農地費の合計。
　　3．市町村の合併は2005年度までの最新の合併を採用しており、「左記以外の市町村」は、2005年度に合併した市町村と1999年度以降合併をしていない市町村の合計。

第5章 ストックマネジメントとなった農業の公共事業

1. 財政に振り回された農業の公共事業

　日本の公共事業は80年代後半の日米構造協議のあと「公共投資基本計画」が出され、内需拡大のため430兆円に上る公共事業を10年間で行うとしたことから、大きく変わった。90年代からの公共事業の予算と農業農村整備事業の推移を見ると（図表33）、公共事業一般の予算は89年度すでに8兆円を超えていたものが、93年度には15兆円に、以後2000年まで毎年10兆円を超える規模となっている。97年、財政構造改革が叫ばれたものの、縮減されるのは2002年の小泉内閣の「骨太方針」以後のことで、06年に終わる「三位一体改革」でより一層の見直しが求められている。

図表33　農業農村整備事業と公共事業

（単位：億円, %）

	90年度	95	97	2000	01	02	03
農業農村整備事業（A）	10,263	17,204	13,488	12,683		9,933	8,774
公共事業（B）	74,447	149,225	106,267	115,890	99,694	100,616	83,931
A／B（％）	13.8	11.5	12.7	10.9	12.5	9.9	10.5

	04	05	06	07	08	09
農業農村整備事業（A）	8,414	7,771	7,285	6,744	6,686	5,772
公共事業（B）	89,744	80,694	77,770	73,960	73,960	67,351
A／B（％）	9.4	9.6	9.4	9.1	9.0	8.6

資料：「国の予算」より。
注）09年度以降は補正後。

　農業の公共事業もまた、90年代からの経過を見ると財政事情に振り回された20年の感がある。農業の公共事業の始まりは91年である。それまでの農業生産基盤整備事業は、開拓、干拓、用排水、圃場整備など、農業生産性向上

に結びつく施設整備中心の事業であったのが、この年に農村の生活基盤整備と水利施設の維持管理・農地等の防災保全の事業を入れて「農業農村整備事業」が発足している。新たな事業とともに、農業の公共事業は地方債が充当される適債事業とされ、地方債と地方財政措置との関係が深くなる。それまでの公共事業は国の補助事業として行われていたが、80年代から続いた補助金の整理合理化がこの時期結論が出て、農業の場合、事業費の2分の1を超える補助金については、国直轄事業・公団事業については10%カット、一般補助事業は5％削減されることとなった。他方、受益者負担への考慮もされ、事業費負担にかかわる県・市町村・受益者の各段階のガイドラインも出されるようになって、地方自治体等の事業受け入れの態勢が出来上がった。

　適債事業の適用は、独自財源の少ない都道府県・市町村にとって渡りに船だった。これまでの補助金中心の事業では、たとえば、国営事業の場合の負担軽減措置でも地方交付税の基準財政需要の単位費用に軽減措置を算入していただけであった。それが91年から農業生産基盤整備事業では、市町村の負担部分20%について、その負担額の20％を本来分の地方債で充当し、75％は財源対策債で充当することとなった。しかも本来分の元利償還金の30%は地方交付税に算入され、財源対策債分の元利償還の80％は地方交付税に算入されるのである。そして、94年には本来分の充当率を10%引き上げ30％に、95年には財源対策債分を65%にし、充当率を95%にしている。公共事業は国債によることなく地方債によって賄われることとなる。農業の公共事業の目玉となった農道整備事業や農業集落排水事業は本来分がなく財源対策債を95％充当し、元利償還の地方交付税への繰り入れも80％とされた。

　このような底なしの財政依存の公共事業は到底長くは続かない。内需拡大も輸出主導型の経済運営のなかで見直しの声が上がり、97年、不況の下で財政構造改革が行なわれ、減税とともに、地方交付税の減収、経常収支の不足も生じることとなる。しかし、2000年までは公共事業の縮小までには及ばず、財源は交付税特別会計の借り入れで対処し、減税補填債については赤字地方債でしのいでいる。だが、2001年には交付税特別会計への借入残高が42.5兆円となり、地方交付税への算入をカットすることとなった。2002年の骨太方

針以後は、本来分の充当率は30％、財源対策債は60％以内、本来分の元利償還の地方交付税への算入もダムの50％を除いて廃止し、財源対策債の場合も算入は50％と大幅に引き下げられることとなった。ここで農業の公共事業は都道府県・市町村にとって負担となったのである。つづいて2004年からの「三位一体改革」では、国税から地方税への移譲が課題とされたものの、3年間かけて行われた検討結果は国庫補助金4兆6,661億円の廃止、税源移譲は3兆円、地方交付税の05年の出口ベース7兆7,000億円、地方財政計画では5兆円の減となった。都道府県・市町村にとって大変な財政逼迫となったのである。農業の公共事業では地方交付税への算入に際して、事業費補正や投資的補正が行われていたが、2003年ごろから都道府県や市町村の負担増を反映し、元利償還分の事業費補正が膨らんできている。

　農業の公共事業は、地方財政の逼迫とともに事業の縮小を余儀なくされたのである

2．土地改良法の改正と土地改良長期計画

（1）施設管理中心の事業へ―土地改良法の改正

　財政逼迫とともに農業農村整備事業の見直しが行われる。1999年の食料農業農村基本法の制定によって、新たな政策の枠組みが作られたが、土地改良法についても見直しがされ、農業農村整備事業も新たな展開が図られるようになる。一般の公共事業に対する反省は環境アセスメント、費用対効果に関するものが強く出されていたが、02年に施行された改正土地改良法は新たな基本法の24条で「環境との調和に配慮」することを明記していることを根拠として、公共事業一般の批判に答えようとしていた。しかし、土地改良法改正の真の背景は、ひとつは財政問題であり、もうひとつはこれまでの「施設設備の整備の事業」が一段落としたことにあった。

　財政問題というのは、経済財政諮問会議が「今後の経済財政運営および経済社会の構造改革に関する基本方針」（骨太方針）に示された公共事業への効率性・透明性への対応によるものである。もうひとつの後者の一段落とは

「土地改良施設により造成された施設は農業水利施設だけで22兆円と試算され、特に農業水路は全国の平野や山間平地の農地と集落を潤す水循環系を形作っており、その距離は基幹的水路だけでも約4万kmに及び、21世紀において食料の安定供給、農業の発展を図っていくためには、その適切な管理更新が必要になっている。」との認識にある（農村振興局中島整備部長「農業土木学会誌」70巻5号p.5～8）。農業生産基盤の整備は一定の水準に達し、施設管理の時代に入ったとしている。これが大きな転換点になっている。

農水省によれば、水田の整備状況は30a程度の区画整理済みの田は04年に59％に達し、1ha以上の区画整理済み地は17万6千ha、6.8％となっていてあわせて66％を超えている。残された要整備地域は中山間地のみとなる。法改正の背景でもうひとつ加わっているのは、農村社会の変貌、施設の管理を事業の中心とする時代にあって、農家のみならず地域全体の理解と協力が必要な時代となっていると指摘している。

法改正の内容は事業実施にあたって環境との調和を強調しているが、実際の事業関連の柱は次のようなものである。

①事業計画策定にあたって市町村長の「意見の聴取」を「協議」に改め、地域の意向を反映させること。②国県営事業については計画概要を広告・縦覧し、意見書の提出が出来るようにすること。③土地改良施設の管理に当たって、利益を受けている住民からの費用徴収を行うため知事認可に先立って住民の意見聴取を行うことが出来る。④土地改良区が地区外の担い手に対し、規模縮小農家の農地を集積し、直接取得することが出来る。⑤土地改良施設の更新にあたって土地改良区が申請できることとする。⑥国県営事業の廃止ができる、というものである。

土地改良法は生産基盤・施設の整備から施設の管理に大きく舵を切ったのである。

（2）投資計画をなくした土地改良長期計画

土地改良法の改正に伴い、同法に基づいて策定されていた土地改良長期計画はこれまでの10年計画から03年から7年までの5年間を計画期間とする計

画として、03年10月に閣議決定されている。新たな計画では「いのち」「循環」「共生」の視点に立って、従来の事業費を内容とした計画から「達成される成果」に重点を置いた計画としているが、主要な事業の目指す成果と事業量は次のようになっている。

①農用地総合整備事業

ア、意欲と能力のある経営体の育成として、農業生産基盤整備地区で経営体への集積率を20ポイント以上向上させる。そのため1万haの農地整備を行う。

イ、総合的な食料基盤の強化として、水稲と畑作物の作付けを可能にする基盤整備の実施により耕地利用率を10％以上向上させる。このため6.9万haの水田の汎用化をはかる。

ウ、循環型社会の構築に向けた取り組みとして、家畜排泄物の堆肥化を年間280万トンに増やし、農業集落排水汚泥のリサイクル率を10％引き上げ940地区にする。

エ、自然と農業生産が調和した豊かな田園自然環境の創造として17,000地区の実現に着手する。

オ、個性ある美しい村作りとして、汚水処理人口普及率を10％引き上げ86.6％とし、農業集落排水処理人口普及率を52％へ（施設の整備1,600地区で実施）。

②基幹農業用用排水施設整備事業

安定的な用水供給機能等の確保として、延べ250万haの農地に対する安定的な用水供給機能および排水条件を確保する。

新たな土地改良長期計画は第1期を07年に終えたが、従来の土地改良長期計画と比べ投資計画がないため、進捗の度合いは測れず、成果がはっきりせず、単なる作文となっている。国の経済社会発展計画等で投資計画が示されなくなったのは、80年代後半、宮沢内閣のときからで、政策の不透明さを象徴するものとなった。公共事業はこれまで道路整備計画をはじめそれぞれの長期計画で投資計画を明らかにしていたが、特定財源問題を含め困難となってきたのである。しかし、土地改良事業長期計画の急変は驚きの内容でもあ

った。事業の質的な変化は明らかである。

　第2期の土地改良長期計画は08年から12年までの期間で現在実施に入っている。ここでは05年に策定された食料農業農村基本計画に基づき、「自給率向上に向けた食料供給力の強化」「田園環境の再生・創造」「農村協働力」の3つの視点から事業を進めるとした。それぞれの目指すべき成果と事業量はつぎのようなものである。

①自給率向上に向けた食料供給力の強化
ア、経営体の育成と質の高い農地利用集積を行ない、農地の利用集積率を7割以上に引き上げ、新たに農業生産法人を130設立。このため7.5万haの畑地において区画整理、農業用用排水施設の整備を行う。また、農業経営基盤強化のため、3.7万haの畑地で農業用用排水施設の整備を実施する。
イ、すでに整備されている施設の安定的な用水供給機能を290万ha確保し、約1.5万haの農業用排水路と約1,600箇所の施設の機能診断を実施する。
ウ、農用地の確保と有効利用によって耕地利用率を105％以上に向上させ、5万haの水田で汎用化を実施する。耕作放棄地の発生防止と優良農地の確保のため、200万haの農用地で、農地・農業用排水等の保全管理にかかわる協定に基づく地域共同活動で保全管理をはかる。

②田園環境の再生・創造と共生・循環を活かした農村づくり
　田園環境の創造地区を1,700地区。このうち生物多様性に配慮した生態系のネットワーク830地区を目指す。
　農村生活環境の向上として農業集落排水汚泥のリサイクル率を70％に、汚水処理人口普及率を93％、農業集落排水処理人口400万を目標とする。

③農村協働力を生かし、集落等の地域共同活動を通じた農地・農業用水等の適切な管理
　目指す成果は集落等の協定に基づく地域共同活動の地域数を3万とし、参加者を220万人・団体で、約200万haの農地の適切な管理を行う。

　第2期の長期5カ年計画は、第1期に比較し、事業量を減らし、村づくり、協働体の形成など集落機能を活用し、成果をあげることを期待している。一

方で企業の農業参入を認め、他方で崩れつつある集落機能に寄りかかるなど、安上がりの保全管理を求めている。都市部はもとより、農業地帯や中山間地域においても集落機能が崩れつつあるとき、農業生産基盤の保全管理は本当に確保できるのだろうか。米政策が終焉を迎えるなか、水田からの撤退が進行しているが、水田の汎用化を長期計画で掲げているものの、その継続性はあるのだろうか。出ては消えていく水田の汎用化事業は長期計画と本当になるのだろうか。

図表34　農業農村整備事業の推移

	90	95	97	2000	02	04	05
〈農業生産基盤整備〉	672,961	133.8	108.0	97.3	78.5	66.7	67.1
1．国営かん排	137,117	175.0	141.7	145.6	152.2	131.0	139.5
2．水資源開発公団	13,225	141.1	125.2	125.7	115.0	90.0	87.3
3．補助かん排	73,312	155.0	98.7	74.1	53.9	50.1	43.5
4．圃場整備	132,735	135.1	119.0	90.7	※1 81.3	68.6	64.1
5．諸土地改良	72,481	60.4	59.9	56.7	8.7	11.0	12.4
6．畑地帯総合	59,741	202.0	146.7	164.0	128.1	86.5	89.4
7．農地再編開発	114,620	93.7	68.2	57.6	20.4	18.9	20.1
8．農地整備公団	※2 19,326	150.4	139.8	127.6	102.4	89.7	85.5
〈農村整備〉	256,004	251.7	122.4	179.9	132.4	100.0	78.0
1．農道整備	136,550	148.5	109.8	99.0	66.1	52.6	38.4
2．農業集落排水	31,098	677.9	505.2	498.1	365.5	200.6	135.7
3．農村総合整備	82,636	147.1	104.2	63.1	35.5	22.3	17.9
4．中山間総合整備	※3 48,203	352.9	141.8	166.3	139.2	117.6	103.6
5．農村地域環境整備	※4 7,184	236.3	151.1				
6．農村振興整備	※5 22,445			100.0	89.2	142.8	121.5
〈農用地等保全管理〉	98,233	176.4	134.3	155.3	128.1	121.9	127.9
1．農地防災等	84,820	184.6	134.3	150.8	126.5	119.7	126.9
2．土地改良設備管理	7,213	127.9	158.6	260.4	196.9	190.4	188.4
3．その他	5,740	130.2	115.8	102.0	74.8	78.5	
合　計（百万円）	1,027,199	1,718,322	1,348,842	1,268,319	993,333	825,089	777,136
	100.0	167.2	131.3	123.4	96.7	80.3	75.6

資料：「国の予算」より。90年は単位100万円、95年以後は90年を100とした指数。
注※1．経営体育成基盤整備に変更。
　※2．緑資源公団に変更。
　※3．93年度から事業の発足（金額は発足時のもの）。
　※4．94年度からの事業（同上）。
　※5．2000年度から発足（同上）。
　※6．07、08年度は農道整備は農業生産基盤整備事業に移る。農免道路を含む。

第1部　農業予算と地方自治

3．農業農村整備事業の変容

　農業の公共事業は91年以来農業農村整備事業として行われている。すでに見てきたように、90年代後半からは財政逼迫のなか、2000年に入って土地改良法の改正やら土地改良長期計画の変更までして事業としての生き残りをかけている。

　図表34を見てみよう。90年度以後の事業費の推移は、最も膨らんだのはUR対策のときの95年で、財政構造改革の始める97年から伸びはなくなっている。地方分権一括法以後の2000年から急激な縮減が始まり、今年は2,129億円にまで下がっている。

　今年はたしかに削除が極端にしても、10年近く減り続けているのである。

　農業農村整備事業は、農業生産基盤整備、農村整備、農地保全管理の3つの事業からなっていたが、08年に生産基盤整備事業と農地保全管理をひとつにまとめ、農村整備と二本立てとなっている。事業内容の変化はことのほか著しい。

（1）農業生産基盤整備事業

　農業生産基盤整備事業はUR対策を機に大きく拡大している。それだけ90年代後半からの縮減の度合いは激しいものとなっている。そのなかでも国営かんがい排水事業は90年代と比較しても09年で1.58倍の事業を続けている。大河川の水利の整備は国に

06	07	08	09
66.1	85.8	※6 85.6	87.5
143.8	140.9	158.0	133.3
86.4	83.0	—	—
41.6	48.6	54.3	47.5
60.2	56.2	57.4	48.7
13.5	19.7	20.2	15.9
86.8	81.1	84.3	66.9
16.9	10.4	10.7	14.4
82.9	—	—	—
60.8	37.9	13.7	12.4
26.5	22.3	22.5	17.1
67.3	60.6	52.1	40.0
11.4	4.7	3.1	2.9
84.1	67.5	73.6	53.8
167.8	170.1		
130.2	—	—	—
129.6	116.2	—	—
186.4	178.1	222.6	221.0
728,585	674,497	667,736	577,220
70.9	65.6	65.0	56.1

のみできるものであり、自負でもあろう。それに比べ、農地の再開発を行う農用地整備公団や未墾地開発は縮小され、後の再開発は2000年に新規事業をなくしている。国営で行われるかんがい排水事業は水田の基幹部分の充実を図るもので、水資源開発公団とともに継続していかなければならないところであろう。しかし、県営などの補助かん排、諸土地改良事業などは縮小してきている。特に圃場整備事業は、これまで21世紀型圃場整備や低コスト稲作で大区画圃場整備事業を行ってきていて、加えて農地流動化策を組み合わせ、受益者負担軽減策も導入して積極的に行ってきたものである。

　しかし、この圃場整備事業は新たな基本法検討の際「圃場整備率の向上、基幹かんがい排水施設の整備は効率的な機械の導入とあいまって、単位面積あたりの投下労働時間を短縮させ、生産性の向上に寄与した。しかし、構造改革との関係では圃場整備等は農業構造の改善を進めるにあたっての基礎的な条件整備となるものだったが、作業の省力化により小規模兼業農家の営農の継続が可能になり、必ずしも農業構造の改善につながらないという側面を有した」と指摘。ここから排水対策、圃場整備からの転換を示唆し、かえって小規模兼業農家の農業継続を可能にしたと反省している。現在では農家の負担感が高まり事業の円滑な実施さえ困難になっていると結論づけている。米政策転換の要請のなかで補助かんがい、排水対策は大きく後退し、土地改良総合整備事業と圃場整備事業は経営体育成基盤整備事業へ吸収される。かんがい排水対策とともに、水田の汎用化をはかる排水特別対策事業も米政策の転換とともに06年になくなっている。かんがい対策は農業用水から都市用水への需要、畑地かんがいへの需要に応じるものとなり、農業用から他用途への利用に移ってきている。04年からは水利システムの更新・整備を行う事業が新設されているが、汎用田への転換は排水・用水改良あわせて年間1万haほどの実績があるのである。担い手への農地集積事業も受益者に対する事業費の10％相当額以内の無利子貸付などができ、土地改良区が行う農地集積事業も発足しているが、水田に関連する事業の撤退が目立ち、将来を危惧させるほどになってきている。

　水田に替わる生産基盤整備事業は畑地帯総合整備事業である。03年の土地

改良長期計画においても「畑地帯における農業用用排水施設の整備による農業経営基盤の強化を、効率的かつ安定的な農業経営が農業生産の相当部分を担う事業」と位置づけている。集落を単位とした「担い手育成型」と「担い手支援型」の２つの事業で進められているが、07年からこれも縮小してきている。

農業生産基盤整備事業は都道府県や市町村の単独事業としても行われているが、小規模かんがい排水や圃場整備事業は生産者に近い段階で行われているものの、ここでも地方債の条件が地方自治体の負担になることから減少が続いている。

(２) 農村整備事業

農村整備事業が大きく伸びるのは90年代からでUR対策とともに急成長している。しかし、この事業はまさに財政事情に翻弄され、90年代以後は縮小してきている。以下では中心的な事業であった農村整備事業と農道整備事業、農業集落排水事業について触れておこう。

農村総合整備事業は当初、圃場整備事業で非農用地の創設換地が出来るなどがあって、農外への土地利用転換を可能にしたことから始まっている。その後この事業は、農村の土地利用区分を明確にしながら、都市住民への農村環境受け入れを中心としたものに変わり、農用地区域でも土地利用計画の策定を含めた地域開発で、非農地への転用を進めたのである。98年の田園整備事業や2000年には農村総合整備統合補助事業、集落地域整備統合整備事業も出来ている。02年以後は村づくり交付金で「美しい村づくり統合補助事業」など、定額補助金からなるメニュー方式の事業となっている。農業、林野、水産を含めた地域活性化対策の事業ではあるものの、農業総合整備事業は骨太方針を経て廃止されている。

農村整備事業の中では94年に始められた中山間地域総合整備事業が継続して行われているが、04年までの受益面積は用水改良水田2,917ha、畑地改良59ha、排水改良水田565ha、畑299haと多岐にわたっている。2000年には直接支払い制度も始まっている。

農道整備事業は65年にいわゆる農免道路（農林漁業用揮発油税財源身替り農道整備事業）が創設され、70年には広域営農団地育成を理由に広域農道が制度化している。77年には一般道、団体営農道も加わり、農道整備四事業として実施されている。もちろん91年からは適債事業とされ、国庫補助率、地方債充当率とも高く、大きく拡大することとなった。しかし、2000年以後は減り続け、07年には185億円と200億円を下回り、農免道路も特定財源の一般財源化とともに廃止されている。農道整備事業は主要四事業で受益面積の8割が行われているものの、生産基盤整備で見れば、圃場整備事業、土地改良総合整備事業、畑地帯総合整備事業などで、田・畑の整備と一緒に行われ、農村総合整備事業でも行われている。農業基盤整備基礎調査報告書によると集落道の整備面積は4％ほどに過ぎない。農道整備は生活道というより生産関係の水田、畑に付随した事業で行われている。都道府県・市町村の単独事業として行われている場合、地方債や地方財政措置が充実していたが、地方財政の後退の時からは伸びていない。

　農業集落排水事業も変化の激しい事業である。73年に農村総合整備事業の1工種として創設され、83年に「農業集落排水事業」として実施されるようになった。93年から都道府県・市町村が事業主体となって4つの事業が行われた。事業は適債事業として行われ、地方債の充当率、元利償還にあたっても優遇されている。事業は環境問題の関心とともに拡大し、土作りリサイクル事業や処理水のため池、水路などへの植生配置などを入れている。05年には老朽化施設の更新事業も入れているが、現在は縮減の対象となり減り続けている。事業費の減少とともに統合補助事業、PFIを活用する事業も取り入れている。最近の長期計画では位置づけされているものの、伸びてはいない。

　施設管理事業については改正土地改良法と長期計画で重点項目として挙げられている。しかし、本年の農業白書でも明らかにされているように農業水利施設等の老朽化は進んでおり、長寿化が必要とされ、適切なストックマネジメントが必要となっている。地域の住民と農業者を含めた協働体の活動を期待しているようだが、経費の節減のみで農業施設を守れるのか疑問である。

他方、農業への企業の参入を促進し、徐々に土地利用型農業への企業の進出が始まっている。農業者による長い間にわたる土地投資の恩恵はいま、企業が受けている。しかし、施設更新は目の前に迫っており、企業はこれに応じるだろうか。

　10年度予算の公共事業の急減は、農業に関しては突発的なものではない。長寿化への投資は年々増えるのに、多様な農業従事者によって施設の整備・管理は可能といえるのだろうか。

第2部
政策転換となった諸問題

第1章
地方分権化と農業・農地・食糧自給

1．農業と地方分権一括法

　農林水産業関係の事業は、従前から都道府県や市町村を通じて行われることが多く、従って、国による機関委任事務が比較的多く、地方分権化にあたっても議論の多かった部門である。今回の「地方分権の推進を図るための関係法律の整備等に関する法律」(以下、「地方分権一括法」)を見ても、農林水産省関係は多岐にわたっている。

　それは食糧政策が中心になっているものの、関係する事業が農地など生産基盤関係から価格、流通、販売に到るまで幅広く、許認可事務が多いからである。今回の地方分権一括法も、98年5月閣議決定の「地方分権推進計画」で96年12月の地方分権推進委員会の第1次案から97年10月の第4次案までを受けて整理がなされているが、改正の法律のうち農林水産省所管の法律は68に上っている。

　7月に成立した法律で機関委任事務が廃止され、法定受託事務ないしは自治事務に委譲されることとなったが、国全体では機関委任事務から法定受託事務に45％、自治事務に55％となっているが、農林水産省所管では前者が35％、後者は65％となっており自治事務への委譲の比率が多くなっている。その内容を見てみると次のようなものとなっている。

　法定受託事務になったものは58。主なものは農地法の農地の権利移動の許可等と農地の買収等に係わる事務、家畜伝染病予防法の蔓延防止に係わる事務、森林法の重要流域以外の流域保全保安林(民有林)の指定・解除、農業協同組合法等における信用事業を行わない農協等の指導・監督等である。他方、自治体事務に移ったものは、土地改良法の土地改良区の設置の認可、森林法における地域森林計画の策定等である。

権限の委譲については森林法の重要流域以外の流域保全保安林（民有林）の指定・解除権限を国から都道府県に委譲することと、水産資源保護法における保護水面の指定・解除権限を国から都道府県に委譲することである。必置規制の見直しでは農業委員会における農地主事の必置規制の廃止を行っている。また、国等の関与の縮減・見直しでは酪農および肉用牛生産の振興に関するもので、都道府県計画に係わる農林水産大臣の「認定」を「協議」とすること、土地改良法の市町村営土地改良事業に係わる都道府県知事の「認可」を「同意」とすることとしている。

　このように、農林水産省所管の法律のなかでは法定受託事務より自治事務に移ったものが圧倒的に多いのだが、その内容は許認可・監督に係わる事務区分であり、所管に係わる変化としては重要と思われるものの、政策的な意味合いを持つものは少ない。同様に必置規制の見直し、国の関与の縮減・見直しも事務区分の変化に過ぎない。が、しかし、これらのなかで権限委譲等の項目は目が離せないのである。地方分権一括法のなかでは２つの法律が対象となっていたが森林保護法と水産資源保護法の委譲は、保安林、保護水面の解除権の委譲であり、自然保護と山林等の荒廃が問われるなかで問題を含むものといえよう。そして同様な観点から見ると、地方分権一括法の前に97年５月に行われた農地法の改正による権限委譲と、今回地方分権一括法とは別に行われた「農業地域振興整備に関する法律」（農振法）の改正が、地方分権関連では重要な意味を持っていたのである。

２．地方分権一括法と農振法の改正

　地方分権一括法のなかでは農振法の改正は、機関委任事務の廃止にともなう問題について、特別利用権の設定に係わる協議の承認の事務（法15の７）を法定受託事務とすることとし、それ以外の事務については一般事務とすることとしている。また、具体的な農振法内部の改正については市町村農業振興地域整備計画の作成・変更に係わる都道府県知事の「認可」を「協議」とし、計画のうち農用地区域に関する事務については「同意」を要すること

した。また、市町村の計画の変更に対する都道府県知事の指示を市町村農業振興地域整備計画の農用地区域に関する事項についての変更の指示に改正している。地方分権一括法ではまさに事務区分に関する事項の変更にとどまり、内容に係わる改正はこれとは別に農振法の改正で行っている。

農振法の改正では農林水産大臣が農業振興地域の指定の基準に関する事項を内容とする農用地等の確保等に関する基本方針を定めることとし、都道府県農業振興地域整備基本方針に対する農林水産大臣の「承認」を「協議」とする改正を行っている。そして、農用地の確保と農業生産の維持に係わる制度の充実を図るため、いくつかの手直しを行っている。

1つは、農業振興地域整備計画の計画事項を拡充し、農用地等の保全に関する事項（第8条2の2）に農業を担うべき者の育成および確保のための施設の整備に関する事項（第8条4の2）を加えたこと。

2つは、農用地区域の設定基準等の法定化を行い、農用地区域は集団的に存在する農用地で政令で定める規模以上のもの（20ha以上）をいい、土地改良事業済地等で非農用地区域内の土地等は含まないこととしたこと。

3つは、市町村はおおむね5年ごとに農業振興地域整備計画に関する基礎調査を行いまたは実施し、これに基づき計画の見直しを行うこととした。

地方分権一括法は事務区分の変更が中心となっているが、それに比べ農振法の改正では農業振興地域整備に係わる基本指針、農用地区域の指定にあたっての設定基準と担い手確保を含む農地保全の基準を決め、かなり厳しい対応をしている。しかし、こうした措置だけで農地は守ることができるのだろうか。重要なのは農地法に係わる国から都道府県への権限の委譲と都道府県から市町村への委譲にある。農地転用許可基準の法定化とこれらの権限の委譲については、農地法の改正としてこの前年5月にすでに行われている。その内容は「地方分権推進計画」で明らかにされており、つぎに示すとおり、地方分権一括法案をまたず早々に実行に移されている。今回の地方分権のなかの農業問題は農地転用関係の権限委譲が最も大きな問題であり、農業以外の分野からも注目を集めていたが、農業にとっても看過ごすことの出来ない問題であったのである。

3．地方分権化と転用規制問題

（1）地方分権推進委員会の中間報告

ところで、農地転用規制緩和の声は、バブル崩壊後の景気後退のなかで財界等から景気回復の妙薬のように強い要求となって吹き出ていた。公共事業、とりわけ住宅関連事業を活性化させるため、農地転用規制の緩和は不可欠という主張である。これに反応したのが実は行革委規制緩和委員会で、95年7月「市街化調整区域の開発促進」を掲げることとなった。そのあとすぐ、地方分権推進委員会でもこの問題が取り上げられ、96年3月の「中間報告」で、「農地法に基づく転用許可の事務は、基本的には都道府県の自治事務とする」「特に必要な場合においては、国に事前に協議するなど国の意見を反映できる仕組みとする」との方向が出された。ここでいう国の事前協議の内容は「大規模な土地改良投資に係わるものなど、食糧供給の基盤として全国的な見地から特に必要な一定規模以上の農地の転用の場合に限られるべき」とのことで、一般的転用は極力市町村の判断に委ねるべきとの考えが出された。「中間報告」はこれに加えて、これまで機関委任事務であったり知事の認可が必要だった都市計画区域や市街化調整区域の指定も市町村の権限に移行することとしたのである。「中間報告」によるこれらの措置は、地方分権化にとっては、「許認可権限の地方委譲による分権化措置」ということなのだが、農地行政にとっては単なる農地転用の簡素化・迅速化によって、国際化する農業と規制緩和に応えようとしたものである。

（2）異常な速さで具体策の提示・実施へ

農地転用規制の緩和は、やみくもに法律の手直しを行うものではなく、その基本的方向は農政審議会等、然るべき機関による検討が必要なことはいうまでもない。そうした機関で要食糧供給量を決め、それを基本に転用の検討が行われるべきなのだが、これが農地の利用や生産に関係のない地方分権推進委員会で行われたのが異例中の異例で、しかも、これらの提言が異常な速

さで実施に移されたことも異例というべきものであった。

　すなわち、96年12月20日に、地方分権推進委員会第1次勧告では「4ha を超える農地転用許可は、国の執行事務とする」「2haを超え4ha以下の農地転用許可は、都道府県に委譲する」とされ、97年3月28日に閣議決定された規制緩和推進計画では「4ha以下の農地転用の許可権限を都道府県知事に移管することについては、平成9年度中に所要の措置を講ずること」とその実施について期限さえつけた。これに続いて、同年11月18日の土地関係閣僚等の会議で決められた「土地の有効利用促進のための検討会議」の提言にも、同じ日に開かれた「21世紀を切りひらく緊急経済対策」でも、この農地転用について触れられている。そこでは、「農業振興地域等で、原則転用不許可となっている農地であっても、集落に接続するなどの要件を備えるもののほか、農村活性化土地利用構想等を活用する場合には、転用を許可する」とし、具体的に規制緩和の目的が農用地区域内の農地であることを明確にしている。

　そして、先の98年5月の地方分権推進計画では、これら中間報告と1次勧告をそのまま取り組み事項に入れたのである。地方分権推進計画は、財政構造改革と公共事業の見直しのなかで行われていたのだが、一刻も早い農地転用規制の緩和が求められていたのである。したがって、99年度の国の予算で明らかになったように、財政再建と公共事業の見直しの2つの政策は景気対策のなかでいつの間にか消え、転用規制の緩和のみが対処療法的に進められたのである。

　転用許可権限の委譲は98年5月8日の農地法の改正によって確実に実施に移され、農振法における農業振興整備地域・農用地区域等の指定については99年7月の国会で成立したのである。

4．転用の実態と転用規制緩和の過程

　ところで、農地転用は地方分権推進委員会が指摘するように本当に規制が厳しく、住宅・宅地など農用地利用以外の利用は困難になっているのであろ

うか。たしかに農地法は成立当初から転用を予定してはいない。それはこの法律が、農地改革後成立した自作農の生産の維持・発展をねらいとするもので、再び地主制の復活を招来しないようにとの農地の所有と利用に対する強い規制を伴った内容を持っていたからである。だが、59年の農地転用許可基準の通達以後、農地転用は進み、その規制は大きく変わってきていたのである。

(1) 減り続けている農地面積

日本の農地面積が最も拡大したのは61年で、609万haあったことは先に述べた。幕末期、550万ha足らずの農地面積を明治・大正・昭和の戦前と戦後の食糧増産政策のなかで行われた開拓・開墾等によって、およそ90年かかって60万haほど造成してきた。しかし、98年の農地面積は491万ha。37年間で111万haの農地が潰されている（図表1）。戦前・戦後の農地造成面積はおろか、明治以前の農地も潰廃させてきている。統計上限られたなかでその

図表1　耕地面積の推移（全国）

（単位：千ha）

	耕作地	北海道	都府県	田	畑	普通畑	樹園地	牧草地
昭和35年	6,071	948	5,123	3,381	2,690	—	—	—
40年	6,004	952	5,052	3,391	2,614	1,948	525.8	139.8
45年	5,796	987	4,809	3,415	2,381	1,495	600.2	285.7
50年	5,572	1,076	4,496	3,171	2,402	1,289	628.0	485.2
55年	5,461	1,140	4,322	3,055	2,406	1,239	587.0	580.3
60年	5,379	1,185	4,194	2,952	2,427	1,257	549.2	620.8
平成2年	5,243	1,209	4,035	2,846	2,397	1,275	475.1	646.6
5年	5,124	1,206	3,918	2,782	2,343	1,243	439.1	660.7
6年	5,083	1,204	3,879	2,764	2,318	1,234	422.6	661.4
7年	5,038	1,201	3,837	2,745	2,293	1,225	407.6	660.7
8年	4,994	1,199	3,795	2,724	2,269	1,219	392.4	658.1
9年	4,949	1,196	3,753	2,701	2,248	1,214	379.9	654.0

資料：農林水産省「耕地及び作付面積調査」。
注）48年以前には沖縄県を含まない。

内容をみると(図表2)、42年から転用実績はおよそ110万ha、その用途別実績は、住宅用地33%、工業用地15%、道路鉄道用地17%、建設施設用地で22%である。日本経済の成長に伴う工業化と都市化の進展の結果をこの数字は正しく表現している。急峻な山が多く、可住地面積が少ない国土で、農地は常に他用途への利用を迫られていて、都市部、市街地から外延的に転用が行われてきている。

図表2　用途別農地転用面積の推移

(単位：ha)

区分 年	総面積	住宅用地	工、鉱業用地	学校用地	公園、運動用地	道水路、鉄道用地	その他の建物施設用地	植林、その他
昭和42	37,862	13,823	3,594	838	462	6,581	7,444	5,120
45	57,134	20,510	8,739	1,168	887	7,720	9,663	8,447
50	34,603	11,346	3,766	966	706	5,678	6,236	5,903
55	30,778	8,838	3,420	856	610	6,390	5,823	4,842
60	27,344	7,328	4,005	572	589	4,551	5,654	4,645
62	27,800	7,798	4,518	325	487	4,157	6,050	4,466
平成2	35,214	8,528	6,166	349	754	4,235	8,602	6,579
3	35,781	8,710	6,297	241	785	4,009	9,538	6,202
4	34,581	8,555	5,577	276	746	4,097	9,762	5,568
5	31,347	8,424	5,134	308	689	3,957	7,422	5,413
6	29,292	9,050	4,535	345	620	3,714	6,635	4,395
7	28,969	8,724	4,462	208	967	3,942	6,662	4,004
8	28,544	8,947	4,505	208	599	3,812	6,699	3,773

資料：農林水産省「土地管理情報収集分析調査」。
注)　農地法4、5条の許可、届出のほかに農地法の許可、届出を要しない転用面積(国、地方公共団体等が行う転用)が含まれる。

そのペースは、(新)都市計画法(以下「都市計画法」)が成立した直後の70年代前半で毎年5～6万ha、石油危機後の70年代後半が3万ha、80年代は2万7千ha台の農地転用となっている。90年代に入ってバブルの時期には再び3万5千haに増加し、崩壊後は2万haに落ちている。これを農地転用許可基準による許可・届出別の推移でみると(図表3)、都市計画法における市街化区域設定時では、届出による転用(市街化区域内農地)面積が1万ha

を超えていたが、石油危機後は地方公共団体等による場合、許可不要となる市街化調整区域内農地の転用が増え、70年代以後も赤字国債の大量発行による公共事業の拡大に伴ってこの地域の転用が増えている。69年の都市計画法による市街化区域と市街化調整区域の区分は同時に転用を、市街化区域は届け出により、市街化調整区域による場合は許可としたことから、市街化区域内の土地価格を飛躍的に高騰させ、都道府県・市町村等、地方自治体や地方公社なども庁舎をはじめ、住宅・スポーツ施設、公民館、福祉施設、保健衛生施設に到るまで、地価の安い市街化区域以外での開発を求めたのである。90年代に入ると届け出より許可による転用が50％を超すようになっている。農地転用は市街化区域を超え、市街化調整区域に拡大している。

図表3　農地転用の推移

(単位：件、ha)

区分 年	許可 件数	許可 面積	届出 件数	届出 面積	許可不要 (面積)	計 (面積)
昭和42	457,873	29,544	—	—	8,318	37,862
45	543,391	44,363	33,887	2,156	10,615	57,134
50	218,464	17,970	167,913	7,537	9,096	34,603
55	189,913	14,427	149,003	6,961	9,390	30,778
60	150,030	12,448	128,976	5,937	8,959	27,344
62	150,714	13,233	151,360	7,096	7,472	27,800
平成2	181,783	19,810	136,310	7,212	8,191	35,214
3	180,848	20,318	133,757	7,456	8,007	35,781
4	170,253	18,698	137,847	7,844	8,039	34,581
5	156,083	16,847	119,293	6,448	8,052	31,347
6	151,914	15,252	116,919	6,449	7,592	29,292
7	147,035	15,144	111,431	6,080	7,745	28,969
8	153,245	14,839	117,689	6,350	7,355	28,544

資料：農林水産省「土地管理情報収集分析調査」。
注）1．届出（市街化区域内農地）は農業委員会が受理。
　　2．許可不要は国、都道府県等が行う公共性の高い施設。

（２）すでに緩和を積み重ねた農地転用規制

　農地の転用許可基準は、押し寄せる開発の圧力に対しいかに農地を保全するかという立場を原則としてたてられている。が、実際は市街化区域と市街化調整区域の区分が行われた70年代から農地転用規制はゆるめ続けられてきたのである。

　70年代はじめの都市計画法による市街化区域の届出による転用規制の緩和は、当初、建設省や地方自治体が予想した市街化区域内農地面積の３倍を超える農地を抱え込むこととなった。しかし、実際は、線引きは市街化区域内農地の土地価格を引き上げ、農地の土地商品化を促したものの、市街地整備は不十分なまま現在を迎えている。さきにのべたように、地方公共団体は安価な土地を求めて市街化調整区域に開発適地を求めることとなったが、デベロッパーもいち早く市街化区域の予備地としての市街化調整区域と農用地区域の開発を求め続けてきた。実際、都市計画法制定後すぐ、69年の通達で農家の次三男の住宅等を名目に都市計画法34条10号ロの特例で市街化調整区域内での転用が認められ、また、70年代には米の減反を農地転用によって行うとの政策も出され、５年の時限立法で国道・県道の沿道部分が調整区域のみならず農用地区域内まで転用を可能にしている（その後90年代に時限立法ではなく通常化している）。75年から80年代にかけて不況のなかで開発は滞りがちになり、都市計画法への疑問も出されたが、82年に都市計画法の線引きの見直しにあたって、人口による開発予定面積の留保が出来るようになり、具体的な線引き見直しは開発事業ごとに対応することとなった。市街化調整区域での市街化区域の穴抜きを認める一方、市街化区域での市街化調整区域の存在を許容する、いわゆる「水玉模様の土地利用」が開発にとって現実的な対応とされたのである。これによって、市街化調整区域内の小規模開発が20haの規模から５haで認められることになる。こうして市街化調整区域の開発は大きく緩和され、同時に、市街化調整区域内の集落隣接区域の住宅建設に対して転用が容易になっている。

　しかし、80年代後半から90年代にかけての規制緩和は、よりドラスチックである。85年それまで厳しく規制されていたゴルフ場への農地の転用が解禁

されている。87年には集落整備法が成立し、農用地区域内の転用が一部認められるが、ここから転用規制の緩和は市街化調整区域から農用地区域に対象を移したのである。例えば90年の「農村活性化土地利用構想」では開発にあたる地域の農用地区域からの除外を認め、94年の「農業集落地域土地利用構想」でも農用地区域の明定とともに非農業的土地利用に供すべき土地の区域を設定することとし、農用地区域の見直しを求めている。ただし、「農村活性化土地利用構想」では、非農業的土地利用は誘導区域を定め2haを超えないこととしているが、「農業集落土地利用構想」ではこの構想が「効率的・安定的な農業構造の確立を基本とし、集落周辺等で生ずる非農業的土地需要を一定の区域への秩序ある型で誘導するための農業振興地域制度の運用上の措置」として非農用地利用への転換の促進を明確にしている。また、98年4月成立した「田園住宅建設促進法」では、一戸300㎡以上、一戸建て、3階以下、建坪率約30％以下、下水道処理施設等完備など、一定の要件を備えた田園優良住宅については市町村長が指定した区域において市街化調整区域、農用地区域いずれにおいても住宅建設が可能としている。

　87年と90年代のこれらの法律は、いずれも農用地区域における農地転用を可能とした制度となっている。90年代からの農業の事情は、財政再建と農畜産物の自由化によって農業保護政策が終焉を迎える時代である。日本農業の不要論まで横行するなかで、米の生産調整の強化により100万ha近い水田の転用が実施されている。そのなかで、農用地の転用が迫られたのである。すでに70年代初めの「日本列島改造論」で、農地は「残存農地」ともいわれ、土地の効率的利用が第一とされるなかで、工業用地、商業地、住宅用地等に供給した後に農業的利用とする考えも出されているが、実際、このような考えが続いてここまでに到っているというべきだろう。これ以上この考えが続くとすれば、開発原則禁止で始った農地法も農用地原則禁止になりかねないほど変わってくることとなろう。

5．新たな農業基本法と食糧の安全保障・自給

（1）食糧自給の現状と自給

　およそ40年をへて農業基本法が変わり、1999年「食糧・農業・農村基本法」が発足した。新たな農業基本法では食糧の安全保障をかかげ、しかもこれまで頑なに政府が拒否してきた食糧自給率の目標の策定まで考慮するようになっている。新たな農基法のなかで食糧の自給が求められた理由は、日本の自給率が先進国のなかでは最低であり、世界179ヶ国のうち135位で、97年度では41％、穀物自給率は28％まで落ち込んでしまったことにある。およそ30年前の65年では自給率は73％、穀物自給率は62％であったこと、また、現在、人口1億人以上の国ではいずれも80％の自給率を達成していて、ヨーロッパは言うに及ばず、東南アジア、インド、フィリピンなども穀物自給率を達成していることからすると、異常な感じすらするのである。食糧自給率低下の原因は、食生活の変化や種々の社会経済的要因が指摘できるが、これ以上の農産物の輸入は今後、世界の食糧需給の逼迫が予測されるなかで、輸入の減少・途絶が生じたとき楽観できない状況になるからである。そのため国内農業生産の確保を基本に位置付けて、農業構造の変革等による生産性の向上、優良農地と担い手の確保を必要としたのである。

　61年の農業基本法の際の食糧自給論の論拠は、20億ドル前後の外貨準備高のなかで食糧輸入で3分の1を費消し、常に経済成長に限界をもたらす結果となっていたからであった。しかし、その後の輸出の伸びと外貨準備の増大によって食糧輸入への危機感が薄れ、食料の輸入依存が当たり前のようになっている。ここに来て反省が生まれてきたというべきであろう。

　しかし、現在の農地の賦存状態はどのようになっており、今後どのように自給度の向上を図ろうというのだろうか。

　新しい基本法の検討にあたって試算がされている。それによれば供給熱量自給率を1％上げるのに試算では、小麦の場合42万トン、12万haの作付面積の拡大が必要である。大豆では28万トン、16万ha、自給飼料では1,591万トンが必要となる。日本の現在の食糧供給能力は1,960Kcal／人・日で、これ

は54年当時の供給熱量水準に等しい状態なのである。農地の面積は先にものべたように、いまや491万haしかなく、高度経済成長以後120万ha失ってきている。しかも、そのうち農用地区域の面積は435万haであり、耕地利用率も61年度の133％から97年度96％になっていることからすると、食糧自給率の向上ははなはだ難しい問題なのである。

(2) 農地転用許可と食糧自給は切り離せるか

　98年5月に行われた農地法の改正から今回の地方分権一括法によって1つは2haを超え4ha以下の農地転用許可が都道府県へ委譲され、2ha以下は市町村に委譲された。転用許可基準の法定化が行われ、転用許可基準では農用地区域内にある農地と良好な営農条件を備えている農地（第一種農地）については原則として許可できないこととした。しかも知事への権限委譲にあたって、2ha以上4ha以下の場合、許可する場合は「第一種の転用は原則として許可できない」が、例外の列挙により、広範囲に渡り転用を可能にしている。したがって、2haから4haの転用の許可が本当に規制となり得るのかが問題なのである。これまでみてきたように市街化調整区域や農用地区域の開発面積は小規模なものとなっている。そのうえ、さきに掲げた90年代以後の農業集落整備法、農業集落地域土地利用構想、農村活性化土地利用構想や田園住宅建設促進法では、2ha前後の開発を目指していて、知事の許可の範囲で十分開発可能となるのである。

　今回のこれらの法改正で急激にその影響は現れてこないかもしれない。一部で指摘されているように、当面の規制緩和の効果は農業委員会の権限の縮小に係わる影響が大きいのかもしれない。しかし、今国会で成立した農振法の改正によって都道府県への権限委譲、農用地区域指定の市町村への委譲等を考えると、農地の保全は大きく地方自治体の行う土地利用計画に委ねられることになりそうである。しかし、この土地利用計画は非農地の創出に見られるように農地の利用を地域開発の視点で律しようとしている。ここに農地政策上の不安がある。実際、地方分権推進委員会の「中間報告」では次のようにいっている。

「何よりも地域づくりの主体が地方公共団体であることを基本とし、『計画なければ開発なし』という理念のもとに諸制度を見直す必要がある。」そして、「地方公共団体が各種土地利用の調整や規制の基本となる土地利用に関する総合計画を策定する方策の検討」をすべきである。

　すでに98年度版土地白書では神戸市における「人と自然との共生ゾーンの指定等に関する条例」や山形県飯豊町の「土地利用調整の取り組み」を紹介し、住民参加による土地利用計画と調整の必要性を訴えている。これら2つの事例においても農用地区域の見直しが課題としてあげられているが、これは今後地域の土地利用計画が地方自治体に委ねられるべきことを意味している。農地転用規制の緩和とあわせて考えると、いずれは農用地区域内の土地利用を特定市の市街化区域内農地を生産緑地と宅地化農地に区分したことと同様に、農用的利用とそれ以外とに分けるよう迫ることになろう。それは現在の農地面積を減少させることはあっても増加することはない。地方自治体にあって地域政策として農業政策が位置づけられない限り農地の確保は不可能となるのだが、未だに工業用地の開発による工場誘致と公共事業中心の地方公共団体の地域政策のなかで食糧政策が入り込む余地をつくれるか、が問題である。農地が地方自治体の行う土地利用計画の一環としての農地となれば地域的にはともかく、食糧自給や農地政策など全国的な視野を持った利用とは無縁になりがちとなろう。

　あらゆる意味で住民関連の施策が地方自治体の判断に委ねられることは悪いことではない。しかし、結果として食糧自給と農地政策が切り離される可能性を持つ政策は許されるべきなのだろうか。ヨーロッパにおける農地は食糧自給の原則から、開発原則禁止となっており、しかも開発にあたって市民の参加が保証され、開発利益の社会への還元が厳しく求められている。開発利益のデベロッパーによるタダ取りの日本では、今後、農地保全ではなく農地転用のみが先行することになりかねない。本来、農地に係わる政策は、食糧自給政策をもとにこれを定着させるための価格政策や生産振興対策が付加されなければならない。都市計画などまちづくりの方法で行われている局所的な開発の方法とは異なる手法が必要なのである。したがって、食糧自給率

の明示とともに、要農地面積に対する確保とそのための規制は、国によるべきものであろう。株式会社の農業参入の際の議論のなかにも土地利用計画が定められ規制が厳正であれば、たとえ株式会社が農地を取得したとしても転用は避けられる、との議論がされていた。しかし、これまでの土地政策がそうであったように、いやこれまで以上に、5年に一度容易に変えられる土地利用計画となるとどうなるのか。地方分権化に対して期待はあるものの、まだまだ開発優先の地方自治体が多いのと、都市計画法のこれまでの運用と農振法の力のなさを実感してきた筆者にとっては、農地保全の困難さをしみじみ感じるのである。それにしても今後、農地の保全は土地利用計画における地方自治体と住民に委ねられることになりそうである。住民である農家が農地を保全する方向にとどまることができるかがポイントとなろう。

第2章　株式会社等の農業全面参入と農地の土地商品化―農地制度の大改革

1．財界等が要求し続けた農地法改正

　1980年から続いた新自由主義の経済政策も、1930年以来といわれる世界経済恐慌のなかで鳴りを潜めている。そのなかにあって、農業など第1次産業ではいまだに規制緩和の嵐が吹き荒れている。

　農業政策は1990年代の初め、ガット・ウルグアイラウンド農業合意を前にして大きく転換し、戦後、食管制度と農地法を柱に集落を基盤にして行ってきた政策を、目標を構造政策におき、認定農業者と法人の育成に政策を集中することとした。まず食管制度を食糧法に換え、米価を引き下げ、2006年には品目横断的経営安定対策で農産物価格政策をなくしている。そして、農地法については1990年代初めに経団連など財界が、株式会社の農業への参入と農地の取得を強力に要求するようになっていたのである。これは最後に残っていた米の自由化の完成と同時に、財界等からの要求であり、農業・農地の自由化を求める農業政策幕引きの始まりとなったのである。

　農地法にかかわる法改正は、1960年代の農業基本法の成立時から農業の生産性の向上と経営規模の拡大を図るため行われており、1970年代からはほぼ5年ごとに改正がされ、農地の流動化をはかってきている。そして1990年代でほぼその手法は出尽くしていた。したがって、1992年以後の農地法改正は、農業者も、農政担当者も求めていない、財界等の求める企業（株式会社）の農業への参入と農地取得に焦点があてられた改正といって過言ではない。それは耕作者主義の見直しから始まり、農地取得の前に賃借権の取得を認めさせ、その後企業の農地取得へと段階を追って進めるというものである。今回の農地法改正はこの階梯でいえば最終段階に近いものである。そこでまず、1990年代からの動きを振り返っておこう。

（１）農業生産法人への株式会社の参加から「特区」による農業参入（1992～2005年）

　財界等からの要求に対し、農水省は当初、農地法の自作農・耕作者主義の立場から株式会社等の農業参入を拒否している。しかし、そのうち農業者で組織する農業生産法人の中に、農業経営を行うに足る農業常時従事者等の参加を条件に、参入を認めることにした。そして1993年、農地法と農業経営基盤強化促進法の改正を行い、農業生産法人の行う農業関連事業として農産物の製造加工を行う事業所を加え、出資者となる構成員に、物資の供給、役務の提供を受ける産直などの消費者個人と事業円滑化に寄与する農業外の法人を認めることにしている。ただし、議決権については厳しい条件をつけることとした。

　つづいて1995年に「耕作者主義の見直し」という農地法そのものの改正が財界等から求められると、農業生産法人の関連事業者に食品会社等を加えている。1997年、経団連に「株式会社の農地取得の段階的解禁」を提言されると、1998年、新たな農業基本法を審議する「食料・農業・農村基本問題調査会」で、財界等の要求に耐え切れず、農業生産法人の一形態として、株式会社の農業参入への道を開くこととした。そして、2001年の農地法の改正で、①業務執行役員の過半が常時農業経営に従事し、かつ、役員の過半数が農業に必要な農作業に60日以上従事し、②定款に株式譲渡に取締役会の承認を要する定めのある株式会社を、農業生産法人として加えることにしている。

　2002年には農水省の『「食」と「農」の「再生プラン」』を審議するなかで、農地制度の全般的な見直しが問題とされたが、ここでは市町村が農地法・農振法の権利移動の統制や転用規制を適用除外できる「土地利用調整条例」の導入が論議されている。これは条例で市町村が一定の地域について、転用と農地の権利の移動を自由に認めようというのであった。都市計画法が「反計画」となり、開発利益の還元も行われなくなったうえさらに開発を野放図にすることとなり、地域ごとの穴抜け開発を狙ったものであった。さすがにこれは容認されなかったものの、このとき農地取得の下限面積の緩和と株式会

社の農業の参入が重ねて検討されている。そしてついに2003年、2002年に小泉内閣で成立した「構造改革特別区域法」の特区内で耕作放棄地など「効率的な利用を図る必要ある農地が相当程度ある区域」で、農地保有合理化法人、市町村からの貸付に限り、農業生産法人以外の株式会社、NPO法人など特定法人による農業参入を認めている。ただし、ここでは業務執行役員のうち一人以上の者が農業に常時従事することを条件とされている。2005年には、このリース方式による株式会社の農業参入を全国展開している。全国農業会議所の調査によれば、2008年には320を超える企業が参加しているものの6割は赤字である。それでも財界等の執拗な農業参入・農地取得の要求が続いたのである。

（2）「所有と利用の分離」論の登場（2006年以後）

　2006年になると農業政策は品目横断的経営安定対策が始まり、農業価格政策が終焉となり、農地政策の見直しが農水省内でも急になる。2007年1月に「農地政策に関する有識者会議」が設けられ、財界等からは耕作放棄地に限定されているリース方式による農業参入を平地の優良農地でもできるようにし、定期借地権並みの農地の長期貸付の要求、株式会社への農地による株の取得の導入などが、提案されている。そして同年5月、経済財政諮問会議傘下のグローバル化改革専門調査会が第一報告で農地政策の見直しを提言している。ここでは同時にWTO交渉を通じ、関税の撤廃および引き下げと農業部門における市場メカニズムの導入を強調していて、農業への企業の自由参入・自由競争を主張している。この前提のなかで、①農地の所有と利用を分離し、②利用についての経営形態は原則自由、利用を妨げない限り所有権の移動も自由とすることを提言している。これを受けて経済財政諮問会議は「農地改革なくして強い農業なし」と主張。2007年の骨太方針にこれを明記している。

　それは、「農地改革案の取りまとめ」として、「農地リースの加速：定期借地権制度、農地利用料における市場の需給の反映、農地の一般企業への賃貸促進等を通じて、農業経営者への農地の集積を促進する。」「法人経営の促進：

経営の多角化や資本の充実等の観点から、農業生産法人の要件を見直す。農地の権利の設定・移転をしやすい仕組みをポジションとして用意する。」というものである。ここにいう「強い農業を営む農業経営者」とは法人企業を指していることはいうまでもない。

　農水省はこれを受けて先の有識者会議等で検討し、2007年11月、経済財政諮問会議で農水大臣が「農業政策の展開について〈農地に関する改革と工程表〉」を示している。そこで、「遅くも平成21年度中に新たな仕組みとしてスタートできる法制度の措置を講ずる」としたのである。この工程表には5項目の改革案が示されており、「面的集積をするのに所有と利用の分離を切り離し促進する」、農地の有効利用の促進に当たって「所有については厳しい規制を維持しつつ、利用権については規制を見直すこと」を掲げている。しかし、農水省の改革案は、あくまで一般企業の農業参入、賃借権の一般化には触れることなく、農地の集積、有効利用面から所有と利用の分離の必要性を強調した案となっている。

2．地租改正・農地改革につぐ農地制度の大改革

(1) 耕作者主義の消滅——法の目的の見直しと利用者の責務

　今年（2009）2月24日閣議決定し、国会にかけられている農地法改正案は、以上のような経過で、財界等がこれまで主張してきたことをほぼ入れ込んだ内容となっている。まず耕作者主義が見事に排除されている。現行の法第一条の目的には「農地を耕作者自らが所有することを最も適当と認めて」と記されており、これがこれまで農地の取得・権利の移動に当たって、農業経営の条件として常時農業従事者等が求められた根拠となっていたものである。その意味は、戦前のように二度と地主制度を復活することのないよう、所有と経営が一致している自作地主義を主張し、アーサー・ヤングの言う「砂地をも黄金となす」自作農が、営農意欲を盛んにすることを願った故である。事実、戦後の食糧危機を救ったのは自作農主義であり、営農意欲を失わせている農業政策を問うことなしに、この自作農主義を変えようというのである。

新たな法の目的では「農地を効率的に利用する者による農地についての権利の取得を促進し、及び農地の利用関係を調整し、並びに農地の農業上の利用を確保するための措置を講ずる。」となっている。農地法は、農地の有効利用が中心的課題であり、そのための権利の取得、利用調整を新たな目的とした。それに新たに２条の２を加えている。それは「農地について権利を有する者の責務」で、そこでは「適正かつ効率的な利用を確保しなくてはならない」と念を押している。「適正かつ効率的な利用」の内容は明らかにされていないが、この２条の２を新たに設けた政府の説明では、都市計画法58条の４にある「土地所有者等の責務」と同様の趣旨とされている。参考にしたとされる都市計画法の土地の有効利用の促進とは、都市近郊の農地について言えば、農地の宅地化促進のテコとして使われたものであり、宅地価格の上昇とともに定期借地権を生む原因となったものである。農地法の目的の見直しと利用の責務の新設は、都市計画法と同様、農地を公共財として位置づけ、利用を優先したことで所有を二の次としたことにある。現行の農地法では農地をどのように使うかの規制はなく、農業者の自由となっているが、これからは利用が第一で、まさに所有権も利用があってはじめてその権限を認めることとなったのである。所有権の後退を意味し、農地の一般土地商品化へ第一歩を踏み出したのである。

（２）農地の権利移動の見直し――利用権取得の拡大
　①利用権で全面自由化
　目的の見直しとともに３条の見直しが大きな改正となっている。所有権移転を伴う権利の移動の場合、従来通り、個人については農作業に常時従事、法人については農業生産法人であることが許可の要件となっている。ただし、利用権による権利の移動については、「農地採草放牧地を適正に利用していないと認められる場合使用貸借又は賃貸借の解除をする旨の条件が書面による契約において付されているとき」は、これらの要件なしでも認めることとした。言い換えれば、有効利用を約束すれば誰でも農地の利用権が得られるようになったのである。ただ、農地を貸し付けている農家がその農地を売り

たいと思っても売れないという矛盾も起きてくる。しかも、農地の権利取得に当たっての下限面積（50a）は市町村の農業委員会において、地域の実情に基づいて引き下げられるようになる。この権利取得にかかわる下限面積の問題は、2002年に「市民農園特区」で10aまで緩和しているので、農地は、都市化地帯では市民農園規模の農地の賃貸が可能となってくる。ともあれ、個人、企業を含め、大小さまざまな、多様な形態の農地の賃貸借が可能となり、さまざまな農業経営が出現することになる。

②小作地所有制限の廃止、標準小作料の廃止、長期の賃借権の設置

しかも、賃借権に関連して、現行のうち法6条から8条にかけての小作地所有制限と国による強制買収などが廃止される。もちろん、「小作地」、「小作農」の定義も消えている。また、標準小作料額についても廃止することにしていて、今後は貸し手と借り手が相対で小作料を決めるようになる。しかし、企業と個別の農家との交渉など本当に公正に行われるだろうか。戦前の地主・小作関係とは逆の関係であるが、力関係は今度は借り手優位になるのは明らかであろう。現在、米の集落営農組織の形成などでは地域としての標準小作料が大いに機能しているが、これらも崩れていくことになるのであろう。これまでも農産物価格が下がっているなかで、小作料が高いというのが企業等の意見だったので、このようになっている。また、賃借権に関わる改正では、賃借権の存続期間を財界が要求していたように、定期借地権並みに現行20年を50年とすることを新設している（19条）。現行では、担い手が希望する農地賃借権の期間は、2006年の農水省の調査によれば6年以上10年未満が38％、3年から6年が23.6％、20年以上はわずか4.8％しかない。借り手が希望してもいない長期の賃借権をなぜ設定するのだろうか。長期の賃借権の設定には有益費の償還方法や小作料の設定が明確化していなくてはならないが、これも不明のままで長期の賃借権の設定は理解に苦しむところである。ただ、50年の賃借権の出現は、賃借権がもはや所有権になんら劣ることのない権利であることを証明することとなっている。所有権は意味を成さないのである。

③農地利用集積円滑化事業の創設

賃借権を中心とした農地集積の事業として「農地利用集積円滑化事業」を

創設している。これは農地所有者の委任を受けて、農地所有者を代理して農用地等の売り渡し、貸付または農業経営若しくは農作業の委託など（農地所有者代理事業）を行う事業で、市町村、市町村公社、農協と土地改良区や担い手育成の支援協議会などもこの事業ができるようになる。しかも、この事業を行う団体が作成する農用地利用集積計画を活用すれば、複数の権利移動が公告によって、農地法を介在しなくても農地の賃借権の設定ができることになる。

　耕作者主義がなくなり、誰でもどこでも借りることができ、下限面積の制限、小作地の制限がなくなるので、地域に不在の利用権者が雇用によって農業を行う場合や転貸に近い経営や、農作業の外部委託などが可能となる。当然、遊休地ではない優良農地が企業に狙われるし、まとまりのある集落もそのまま企業の傘下に入る場合も出てくる。地域の農地が誰によって利用されているのかも区別がつかなくなるだろう。

（3）農業生産法人についての出資制限等の緩和
　賃借権を通じた農地貸付は、株式会社を含めた一般企業の農業への参入を容易にすることはいうまでもない。しかも、より企業の参入をはかりやすくするため、農業生産法人の規制緩和をしている。
　農業生産法人の関連事業者の議決権を、一事業者当たり10分の1以下とする制限を廃止し、最大で議決権の4分の1と引き上げている。また、農業生産法人と連携して事業を実施する一定の関連事業者（農商工連携事業者等、食品流通構造改善促進法の構造改善計画の認定者）が構成員の場合は、議決権の上限を4分の1から2分の1未満と大幅に拡大している。これによって農業生産法人に対する経営上の発言権が増し、関与の度合いが増すことになる。出資する企業は農業生産法人を連結決算の対象とするだろうし、役員の派遣、子会社化も可能となる。子会社である農業生産法人は、農地の取得もできるから、企業への農業・農地の開放を意味している。これで、ほぼ財界と農業への参入企業の要求は満たされたことになる。

（4）転用規制と遊休農地対策の強化

　農地法の目的を農地の有効利用としたため、また、1990年代のはじめから企業の農業参入が農地転用目当てと見られてきたことから、転用目的がなかなか払拭できないなかで敢えて転用については厳しくしている。1条にわざわざ「農地を農地以外にすることを規制する」と明記している。しかし、他用途利用の転用規制を定めた4条関係では、学校・病院など、これまで公共の用に供するとして許可不要とされてきたものを知事との協議にすること、違反転用の行政代執行を創設したことなどが主要な改正点となっている。だが、学校・病院は新設が少なくなっており、他方、1959年以来、農地転用規制の緩和は、実質農用地区域にまで及んでいるのが現実である。2000年の地方分権一括法の折には転用にかかわる権限の委譲を行い、しかもいざとなれば地域の指定を変えることで容易に転用可能になる現実から、実効性の乏しいものである。

　また遊休農地対策は、新たに農地法に位置づけられ、すべての農地を対象にしている（30条～44条）。農業委員会の調査から始まる市町村、都道府県のシステムで対応し、最終的には都道府県知事が利用希望者への特定利用権または所有者が不明の場合、農地利用の権利の設定にかかわる裁定を行うことにしている。しかし、特定利用権が採草放牧地にできて40年近く、制度ができていても一度も行われたことのない措置がスムースに行えるのだろうか。最近の調査でも原野化した耕作不能な農地は13.5万haもあり、国による未墾地買収も行われることがないなかで、実効は不明といわざるを得ない。

　いずれにしてもこの農地法の改正法案は、地租改正、農地改革につぐ農地法体系を変える大改正であり、問題も多く、短時日の審議で法案を通過させるべき性格ではないように思われる。

　しかし、この農地法改正案は、5月中旬現在、参議院において審議中で、衆議院では農林水産委員会の理事懇談会で一部修正が施され、通過している。衆院の修正項目では第1条に「耕作者自らによる農地の所有が果たしている重要な役割を踏まえつつ」「耕作者による地域との調和に配慮した」との文言を加え、さらに「耕作者の地位の安定」を復活させている。耕作者主義の

復活を求められてのことだが、3条の3項の許可の要件で、個人については「地域の農業における他の農業者との適切な役割分担のもとに継続的かつ安定的に農業経営を行うと見込まれること」、法人については「その法人の業務を執行する役員のうち1人以上の者がその法人の行う耕作又は養畜の事業に常時従事することを認められること」を入れている。また、賃借権による権利の設定に対して、市町村への通知の義務と市町村長の関与も入れている。修正は地域農業に支障が生じた場合の是正および取り消し後の適性化措置についても農業委員会・都道府県知事の勧告と措置を加えているが、いずれもどの程度の歯止めになるか予測できない。法改正の中心である利用権主体とした性格は、まったく変わっていない。今後どのような審議が行われるか見守るしかない。

3．法改正をめぐる問題点

今回の農地法改正の背景とその概要を大雑把に紹介してきたが、これは農地の所有権を農家から引き剥がし、利用権で国の管理する農地にするということであろう。所有権が残されたとしても意味のない状態になる。

まず第1の問題はこれから農業はどのようになるのかである。従来から財界の農業改革の提案者の一人である叶芳和氏は、今回の法改正の第1のポイントとして農業生産法人の要件緩和を挙げ（週刊農林4月5日号）、とくに農地取得（利用）を必要とする企業にとっては農業生産法人を介して農業への参入がしやすくなった、と評価している。企業の参入は、自ら農産物を生産するのではなく、「外食産業やスーパー等の農業進出は、消費者ニーズにあった青果物の供給を増やしたいということだ。自らのスペックにあった青果物を確保するため、農家や農業法人と提携するのであって、直接の農業経営は農家が担う」という。これから企業は農家を獲得するのに、農協との競争になるともいっている。ここでは農業者は企業の土地持ち農業労働者としての位置づけである。企業が農業労働力を漁れば、後継者、労働力不足のなか、これからの農業・農村はどうなるのだろうか。

利用権の導入により農業経営の形態は多様になり、個人の担い手も農業生産法人も、一般企業が参入することで農業経営はますます厳しくなるであろう。しかも、個人でも法人にしても、従来型の経営規模拡大とともに新たに利用権による経営ができ、当然のことながら利用権による方が有利になるので、個人・法人とも経営の形態も変わってくる。個人を含め構造政策など描くことはできなくなる。

　第2の問題は賃借権の定着が、所有権を制することは明らかで、このことは遅かれ早かれ企業の農地取得に結びつくことを否定できない。事実、今年の1月14日、日本国際フォーラム（今井敬会長）政策委員会（主査　本間正義）は、「グローバル化の中での日本の農業の総合戦略」で、150万haの食糧基地を「経済特区」とし、現在の農地規制の適用除外によって「農地の所有を含めて自由な権利移動を可能とすること」を要求している。転用規制の強化は必要であるにしても、それ以上に農地保全と農業のあり方が問われている。

　第3は農協の役割である。今回の改正で農協が農業経営を直営でできるようになっている。すでに種々の農協指導による農業経営手法が用意されているなかで、敢えて直営で農業経営を行うというのは、協同組合といえるか疑問である。企業の農業参入を認めさせるための政府によるあて馬的な措置であり、本来農協は拒否すべきであろう。企業の農業参入を認め、集落組織内での緊張を高め、農業の危機感と農村の活性化を図ろうとの思惑なのであろう。しかし、農協として政府に要求すべきことは、農業そのものの方向性であり、食料自給率の向上を図るといっても一向に上向かない現状をどう変えていくかを課題としなければならない。本来、農協は企業・株式会社等による農業参入を身をもって阻止することが求められているのである。農水省が農協による農業の直営を期待しているとしたら、特定利用権を行使する受け皿としてではなかろうか。

　ともあれこの農地法の改正で、農地は農地法の枠を取り払われ、一般の土地として目の前に現れた。効率的利用の目的が、ひたすら企業による農地利用と転用目的などにいかないようにしなくてはならない。

第3章　消費税増税問題と農業
―農業の位置づけに関連して

はじめに

　社会保障の一体改革と消費税の増税は2011年の2月9日、国会の党首討論で菅首相が明らかにしたものである。党首討論では消費税の増税に当たっては民意を問うといい、総選挙の実施を明らかにしていた。

　早くからメディアは増税に合意し、日本経団連、経済同友会など財界が推進、賛意を示している。日本経団連の主張は高齢者医療の6～7割、介護給付では7割の税の投入とし、年金では事業主負担の軽減である。東日本大震災に対する措置も法人税を5％引き下げ、震災対策として期限を切って2.5％をつけるなどしているが、法人税は減税されている。連合は他の税の引き上げを求めているが、社会保障改革に惹かれてか消費税増税に賛意を示してきた。国会は1年半も消費税増税問題に明け暮れた。しかし、この間でも消費税と農業は論議されたことはない。農業は消費税の中でどのように位置づけられているのか。TPPも東日本大震災対策の一環として提案されていることを見ると農業の先行きに不安を禁じえない。震災対策の中の復興特区にその現実を見ておきたい。まず、日本の消費税の原点となっているEUの付加価値税と比較し、その課題を探ってみよう。

1．ヨーロッパで始められた付加価値税

（1）EUの付加価値税と農業

　現在の日本の消費税は1989年竹下首相のとき導入されたが、その原型は1968年、当時のEECが税制統合運動の結果、各国で採用することとしたEEC型付加価値税である。

付加価値税についての議論は古く第1次世界大戦後の1920年代、新たな企業課税として総収入から他の企業から購入した機械や材料、雇用賃金などを控除したものに課税する、売上税、取引高税として取り上げられたのが最初である。その後営業税の一種として製造業に適した税とされたが、配給・サービス、銀行、保険などは不適とされたものである。ましてや付加価値が農業者自身の報酬のみとなる農業は、逆進性緩和策の検討の際、常に問題となる食料品とは別に、除外さるべきものとされている。[1]付加価値税が世界で始めて導入されたのは日本で、シャウプ税制改革により1949年、都道府県税の中に事業税の変種として実施された企業課税としてである。この税は法律が通過したものの実施に当たって利子等の扱いが定まらず実行されていない。

　付加価値税が大きく進展するのは1954年フランスが採用した付加価値税であり、ここで前段階税額控除が採用されている。その後1958年に欧州共同市場発足に伴い域内関税の一括10％引き下げなどが行われたが、売上税の引き上げと同時に輸入平衡税、輸出戻し税等が行われ、混乱している。このため1962年、EEC内に税制租税委員会が設けられ、1968年にEEC型の付加価値税が作られている。この付加価値税は前段階税額控除方式に基づく消費型付加価値税で、生産から卸・小売段階まで全流通過程を含むものである。納税者は法人・個人を問わず各段階の業者となるが、税額のすべては消費者が支払うことになる。これによって付加価値税は消費税としての性格が明確になる。消費税の引き上げが物価の引き上げや実質賃金の引き下げをもたらし、生活必需品の上昇が低所得者にとっての重い負担となることから、逆進性の緩和策がEECの付加価値税の大きな課題となったのである。このためとられたのが軽減税率とゼロ税率、免税措置である。

　軽減税率は中間段階に適応されても価格引下げ効果を持たず、最終段階に行われたとき始めて減税効果がもたらされる。また、免税については付加価値税を納めないものの購入時で支払った税額は控除できない。しかも、中間の免税は取り戻し効果を生み、減税分が取り戻され不完全な免税となる。そこで購入した際の税額を還付するゼロ税率等によって完全な免税とする必要が出てきたのである。

消費型付加価値税は賃金と利潤から投資部分の一括ないし部分的償却を行う税で、税が構想された段階から農業等についてはもともと適用し難い税とされている。しかも農産物が生活必需品である食料品であることから逆進性緩和策は必須の対策とされている。したがってEECでは1968年2月の第3次指令案で、軽減税率の適用と概算控除方式の組み合わせによる実質免税をとるようになっている。農産物が農業者の手を離れるときは免税となっているのである。現在行われているヨーロッパの農業への付加価値税を主要国の事例で見てみよう。

（2）イギリス、フランス、ドイツの農業の軽減税率と特例
　現在、EU諸国の軽減税率は第6次指令のもとで標準税率の最低は15％となっている。財・サービスの軽減税率は1ないし2.5％を下回らないこととなっているが、交渉による例外として5％未満の軽減税率とゼロ税率、それに過渡的な軽減税率として12％以上（ワイン、燃料）を認めている。その結果、標準税率は15％から25％までの範囲に収まり、平均標準税率は20.7％、5％以上の軽減税率はデンマークのほか1、平均軽減税率は8.62％、ゼロ税率は英連邦のイギリス、アイルランド、マルタとなっている。主要国の農業者への付加価値税は次のようになっている（図表4）。

　①イギリス　農業者は支払った17.5％（標準税率）の税を還付してもらい、販売に当たっては税率ゼロで行う。ただし、一定の条件を満たす農業者については仕入れにかかわる付加価値税相当分（税抜き売り上げの4％）を転嫁できるフラットレイト特例が設けられている。この4％は売り上げ税額と仕入れ税額とほぼ同額とされているが、インボイスの保存義務がある。フラットレイト特例の場合は、この農産物を買った者は4％分の税額控除ができる。

　②フランス　通常、標準税率と複数税率の中で（標準税率19.6％、軽減税率5.5％）常に前段階税額控除が大きいため還付が恒常化している。ただし、事務処理上の簡易さを入れ簡易課税制度と概算還付制度（畜産物、穀物、採油植物等4％、その他3.05％）をとっている。

　③ドイツ　複数税率（19％、7％）のもとで、フランス同様還付が行われて

第2部　政策転換となった諸問題

図表4　ヨーロッパ主要国の農業の付加価値税対策

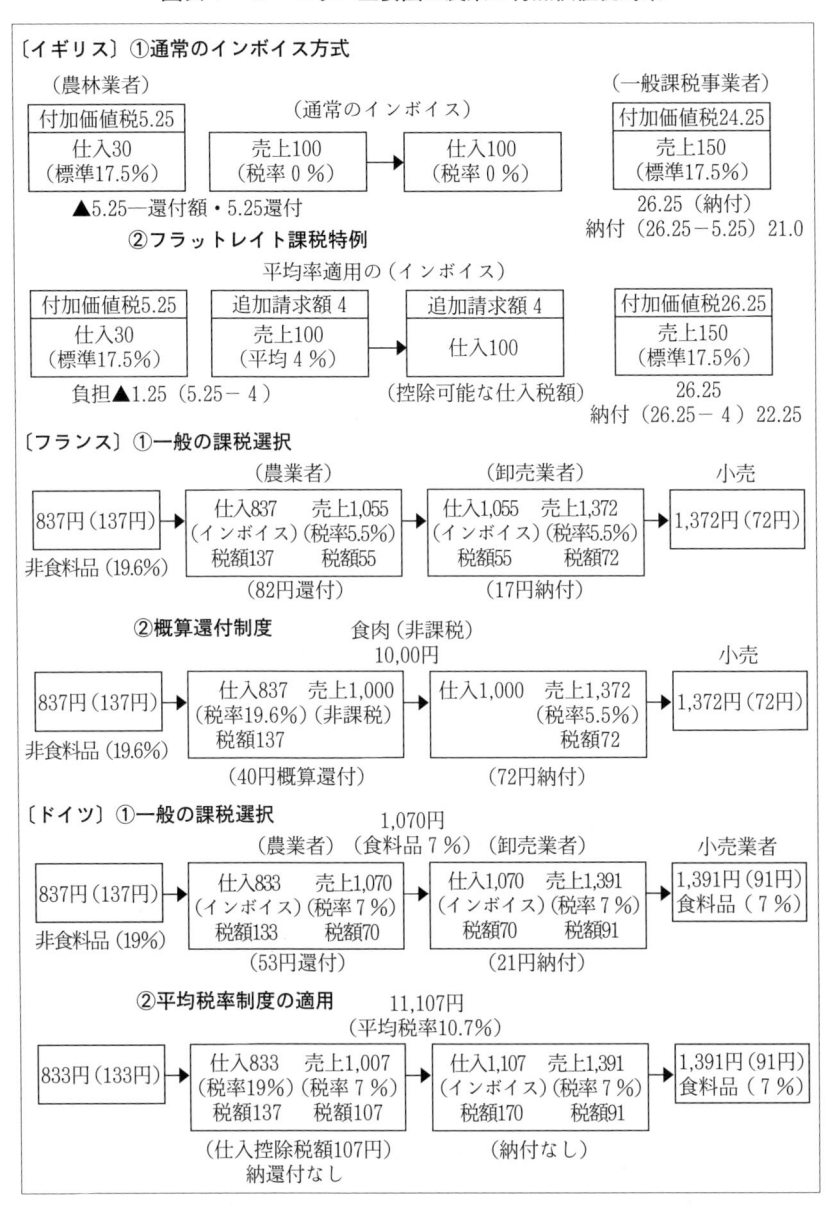

〔イギリス〕①通常のインボイス方式

（農林業者）　　　　　　（通常のインボイス）　　　　　　　　　　　　（一般課税事業者）

付加価値税5.25				付加価値税24.25
仕入30（標準17.5％）	→	売上100（税率0％）	→	仕入100（税率0％）	売上150（標準17.5％）

26.25（納付）
▲5.25―還付額・5.25還付　　　　　　　　　　　　　　　　　　　納付（26.25－5.25）21.0

②フラットレイト課税特例

平均率適用の（インボイス）

付加価値税5.25	追加請求額4	追加請求額4	付加価値税26.25
仕入30（標準17.5％）	売上100（平均4％）	仕入100	売上150（標準17.5％）

負担▲1.25（5.25－4）　　（控除可能な仕入税額）　　26.25
　　　　　　　　　　　　　　　　　　　　　　　　　　納付（26.25－4）22.25

〔フランス〕①一般の課税選択

　　　　　　　　　　　　　　　　（農業者）　　　　　　（卸売業者）　　　　小売

837円(137円)	仕入837　売上1,055（インボイス）（税率5.5％）税額137　税額55	仕入1,055　売上1,372（インボイス）（税率5.5％）税額55　税額72	1,372円(72円)

非食料品(19.6％)　　　　（82円還付）　　　　（17円納付）

②概算還付制度

食肉（非課税）
1,000円　　　　　　　　　　　　　　　　小売

837円(137円)	仕入837　売上1,000（税率19.6％）（非課税）税額137	仕入1,000　売上1,372（税率5.5％）税額72	1,372円(72円)

非食料品(19.6％)　　　（40円概算還付）　　（72円納付）

〔ドイツ〕①一般の課税選択

1,070円
　　　　　　　　　　　（農業者）（食料品7％）（卸売業者）　　　　小売業者

837円(137円)	仕入833　売上1,070（インボイス）（税率7％）税額133　税額70	仕入1,070　売上1,391（インボイス）（税率7％）税額70　税額91	1,391円(91円)食料品（7％）

非食料品(19％)　　　（53円還付）　　　（21円納付）

②平均税率制度の適用

11,107円
（平均税率10.7％）

833円(133円)	仕入833　売上1,007（税率19％）（税率7％）税額137　税額107	仕入1,107　売上1,391（インボイス）（税率7％）税額170　税額91	1,391円(91円)食料品（7％）

（仕入控除税額107円）　　（納付なし）
納還付なし

いる。事業者の記帳義務の免除をして行われているのが平均率による課税制度。売り上げ税額の10.7％と前段階控除額を同額と扱い、納還付不発生としている。

　EUの場合はこのように軽減税率ないし実質的な免税制度によって、農業者を保護している。これが消費税の持つ欠陥を少しでも補う税の特徴となっており、市民の生活が守られている要因ともなっている。

2．逆進性緩和策を避けた日本の消費税

（1）消費税導入への模索

　シャウプによって世界で始めて付加価値税を入れたのが日本であったが、問題が多く実施が延び延びになり1954年に廃止となっている。しかし、EU型の付加価値税導入への検討は1970年代後半から政府の税制調査会で始められている。ヨーロッパ視察を含めた調査の結果は、この税が投資の促進、成長政策については効果があるが、資本集約的企業にとって優位であるものの、資本の集積・集中がより促進され労働集約的企業や中小企業にとって脅威となると指摘している。税の逆進性についても所得の平準化、税制の累進化が進んでいない状況で、物価の上昇、賃金の実質引き下げが懸念される、というものだった。しかも実行するには納税者側に新しい帳簿の作成と記帳、仕送り状の作成、保管の義務が困難であること。小売業の免税が必要であることが指摘されている。

　しかし、オイルショック後の1977年、政府税制調査会は一般消費税導入の答申を出し、1979年には大平内閣が一般消費税を、1987年2月中曽根内閣では売上税が出されている。だが、いずれも総選挙、統一地方選挙で消費税導入は拒否された。

（2）農業に配慮のない消費税

　1988年末の竹下内閣は反対する業界ごとに接触を強め、反対をおろさなかった中小企業の提案を入れて法案を通すことに成功した。中小企業は税の転

嫁は困難とし、課税は従業員5名以上の規模とすることなどを主張していた。竹下内閣は税の転嫁には触れず非課税の対象業者を増やし、単一課税で出発させた。3％という低率で物価・賃金上昇対策を回避し、逆進性緩和対策を無視したのである。実施に当たっては、①免税制度を入れ売上高3,000万円以下の事業者を納税者から除外、②みなし仕入れ率に基づく簡易課税制度を入れ、適用上限を5億円とし、③記帳が困難との理由から帳簿方式をとった、のである。

問題の第1は逆進性緩和の代わりに免税制度を入れたことである。その後ことあるごとに改正され、2004年に上限が1,000万円に引き下げられ、免税対象者は全企業の6割から4割に減っている。現行では決して逆進性の緩和とはいえない措置となっている。

第2の問題は前段階税額控除方式（この方式そのものを「インボイス方式」という）ではなく、帳簿方式をとっていることである。インボイス方式であれば、自ら支払った税が伝票、記帳等により明確化され転嫁は容易である。しかし、帳簿方式は取引高控除方式とも言われ、総売上高と総仕入額との差額に課税するもので、1年間の帳簿から経費等を差し引き納税額が確定されることになる。帳簿方式では外税方式をとらなければ税の転嫁がされないのである。大企業でなければ容易に転嫁できない。農業者は中小商工業者と同様、現在、1,000万円以下は免税となっているが、生産に当たって購入する肥料、農機具、農薬などの消費税は転嫁できないのである。こうした帳簿方式への批判は強く、1997年には仕入れ控除の適用を受ける場合は帳簿の記録と保存、課税仕入れ等の事実を証する請求書等、双方を保存することを要件としている。また、2005年の政府税調では「事業者の事務負担、税務執行コストの観点から単一税率が望ましいが……消費税が2桁になった場合は軽減税率の採用の是非が検討課題となる。また、仕入れ控除の際、請求書等の保存を求めるインボイス方式の採用が検討課題となる」といっている。このときから実質インボイスへの転換の準備はされている。にもかかわらず今回もインボイスへの変換を避けている。

第3の問題は簡易課税制度である。この場合はみなし控除によって仕入れ

控除が行われている。発足当初は課税売り上げ5億円以上の業者96.7％が適用を受け、みなし税率原則80％と卸売業者90％だったが、1991年適用限度を4億円に引き下げ、2区分から4区分に、1996年には5区分とし2004年には5,000万円にまで引き下げられている。これによって対象者が全事業者の50％から22％まで極端に落ちている。小商工業者にとっては重い税となっている。税務当局はみなし税率が実際の仕入れ率を上回っていれば益税となることから益税を喧伝しているが、消費税の未納がこの時期から増えている。農業はみなし控除70％とされているが、作物によってこれを超える作物も多い。規模拡大が迫られるなかで収益が細るのに税金のみ増えることとなっている。

（3）厳しい農業者への負担

EUの付加価値税では農業は課税対象からの実質除外が重要な問題であった。軽減税率、ゼロ税率適用による実質、免税としている。日本の場合はこうした対策はとられていない。

現行の消費税のもとでは5,000万円以上の売り上げの場合は本則課税で、仕入控除と売り上げへの転嫁がされることになっている。しかし、農産物出荷時の消費税の転嫁は売上高の多寡にかかわらず出来ないのが通常である。5,000万円以下1,000万円の売り上げではみなし控除で70％を認められ5％の税率となっている。たとえば、売上高3,000万円の専業農業者は45万円の消費税となる。災害等で販売額が落ち、あるいは価格が下落したとき物財費が70％を超えるときは本則によって税額控除を受けるほうがよい。しかし、作柄や価格の動向によって1年ごと対応を変えることはできない。売り上げ1,000万円以下の農業者のほとんどは農機具、肥料、農薬など資材購入にかかわる税額控除は受けられず、売り上げの際も免税なのでこれを転嫁できない。まったくの泣き寝入りである。

例を米にとって見ると、2010年度の全国平均10a当たりの生産費144,016円のうち、肥料、農機具、農薬等の物財費は84,760円、この消費税は4,238円である。一俵60kg当たりでは480円となる。米の物財費は10a当たり2005年7,800円であったものが年々上がってきている。個別農家のみならず集落

を単位とした共同作業による集落営農の場合でも、岩手県の事例では20ha規模で、肥料・農薬の購入のみでも373万5,000円、消費税額は18万6,750円となっている。米の価格は総合商社に握られ下がってきている中で、10％の消費税の引き上げは生産者米価の1割になろう。図表5のように麦・大豆はもちろん、畜産なども収益部分は少なく、物財費が大きい。こうした農家は消費税の負担を転嫁できず、農業者にとって重い税となっている。

図表5　主要農産物の物財費

（1）麦等の物財費の割合　　　　　　　　　　　　（単位：円、％、10g当たり）

	小麦	大豆	原料用ばれいしょ	さとうきび	てんさい
全算入生産費（円）	45,976	38,189	51,490	74,084	64,325
	100.0	100.0	100.0	100.0	100.0
物財費	74.9	58.8	66.8	39.5	64.4
うち農機具費	13.7	12.2	14.6	5.4	14.2
肥料費	14.2	8.6	12.6	7.1	21.3
農薬費	7.1	6.6	9.1	2.6	8.7

資料：農水省、小麦生産量調査および工芸作物生産費調査（2008年）より作成。

（2）乳牛等の物財費　　　　　　　　　　　　　（一頭当たり、円、％）

	牛乳	肥育牛	肥育豚	きゅうり（ハウス）
費用合計	746,307	549,386	30,113	3,353,238
	100.0	100.0	100.0	100.0
物財費	78.3	92.4	62.6	40.5
飼料費	44.2	49.0		
乳牛償却費	14.2	もと畜費34.1		
農機具費	3.8			

資料：農水省、畜産物生産費調査（2009年）および青果物生産費調査（94年）。

農家のみではなく農協等もかなりな負担となっている。農協の販売・購買事業は50年代のはじめから手数料主義をとっており、消費税の影響は少ないと見られているが、かなりきつい税となっている。農協の地域性や作物の違い、事業への力の入れ具合によって共通課税仕入れや非課税仕入れが異なるものの、東北の正組合員3,000人ほどの農協で2010年度の消費税納税額は4,500万円程度。秋田の大潟村では主生産物が米であること、国の補助事業等が多いことからか2011年度は1,800万円弱となっている。これが県経済連等となると関東の平均的な連合会で15.8億円の納付となっている。経済事業以外でも、厚生連病院全体の医療器機への消費税も1年間で50億円とされている。

　全国、県、市町村と段階を経た農協の販売・購買事業は現在の消費税下では段階ごとで支払わなくてはならず、総合商社的な流通構造に変える必要があるのであろう。したがって、作物によっては農協による買取りが増えてきており、農協にとっての大きな負担となっている。食料品とは別の範疇として農業への対策が必要なのである。

（４）納得のいかない農業団体（農協）の消費増税への要求
　農家と農業団体にとって現在の消費税は重い税である。逆進性緩和策の議論も低所得者ないし食料品にのみ当てられている。EUであればこのような問題では少なくとも労働組合等が問題とするのであろうが、日本では労働組合はあってなきが如く、そのようなこともない。農家と農業団体の反応もそれに似て、極めて憂慮すべき状態である。農業団体の中心的存在である農協は、今回の消費増税に当たって、当初から農業資材等に課せられた税部分を価格に転嫁できないことのみを問題にし、農業への消費税の現状をしっかりと把握することもなく、現行消費税の改善に終始してきたのである。

　農協は消費増税法案成立後、『農業に関する消費税増税対策の具体策について』を農協と組合員に示し、協議を行っている。この具体策は消費税増税法案が衆院通過後の6月25日、農協が組織した研究者からなる「農業・JAに関する消費税研究会」[2]のまとめを受けて出されている。その要求項目は次

のようになっている。
　①ゼロ税率を含む複数税率の導入、②「仕入税額補償制度（仮称）の創設」、③納税の事務負担増に対して手厚い支援を行う「移行対策」の実施、である。
　農産物が市場等を通じて価格が決まり、支払った消費税が転嫁できないとの訴えに変え、ゼロ税率・複数税率を要求したのは一歩前進かもしれない。しかし、②の「仕入税額補償制度の創設」とはどのようなものだろうか。現行消費税の1,000万円以下の売り上げの農家についての対策としては理解できるが、ゼロ税率・複数税率採用の場合は当然、インボイスとなるのであろう。②の必要性はあるのであろうか。これでは①を求めているのか、現行消費税の改善でよいのかはっきりしない。要求された方が戸惑うだろう。③の消費税増税後、納税の事務支援を農協がせよとは、税務署にとってはありがたいことなのかもしれない。
　消費増税に対する3党合意は、軽減税率や価格転嫁について、今後の検討にゆだねられている。しかし、国会の審議の中で農業とのかかわりでこの問題がまともに議論はされてはいない。逆進性緩和策について食料品と農業とを都合よく同一視し、また、低所得者対策と農業者を同列に扱うことは我田引水にも似て、誤った対策を求めることとなろう。確かに消費税の帰趨は、今後にあり、農業への関心もこれからの農業関係団体の運動しだいかもしれない。しかし、政府に要望するのであれば、消費税の基本は付加価値税であり、農業者など第一次産業の就業者にとっては付加価値部分が賃金部分でしかないことを明確にしたうえで、EUにおけるようなゼロ税率・軽減税率の適用を求めるべきである。農業者と食料品はカテゴリーが違うことを明確にすべきであろう。あまつさえ、インボイス採用に当たって研究者が農業者の記帳への不安を徴税者と同様、指摘するとは理解できないところである。農業所得税申告にあたって個々の農家の伝票処理能力は決して小商工業者に劣ってはいない。現行免税制度や簡易課税制度への言及もなく、あいまいな3党合意に寄りかかった要求は、農業者と農協を誤った方向に追いやることとなろう。

（5）消費税導入と流通機構等の変化

　EU型の消費税は生産から消費にいたる課税で導入前から垂直統合型の企業に有利とされてきた。ドイツでは売上税の導入が流通の合理化となると宣伝されたほどである。消費税が導入されて23年、この間の農産物、食品産業の再編は著しいものがある。この2、3年の農業白書でも注視しているところである。

　2010年度の農業白書では食品流通のうち食品卸売業の事業所数が1994年は9万6,000あったのが2007年には7万6,000となり、農畜産物・水産物卸売業販売額は57兆円から40.7兆円に、食糧・飲料卸売業商品販売額は47.4兆円から35兆円となっている。特に最近は中央・地方を問わず市場を通じた流通が減っている。このため政府は「第9次卸売市場整備基本方針」を出しているが、食品小売業におけるスーパー、コンビニの事業所数は上昇し販売額も上がっているが食料品専門店は急減している（図表6）。他方、地方都市では大型ショッピングモールの増加等により過疎地域のみならず都市部でさえ食

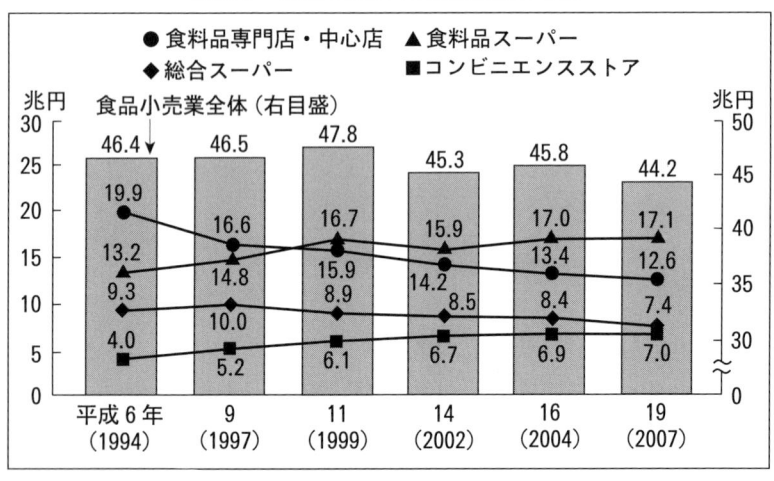

図表6　食品小売業の商品販売額の推移

	平成6年 (1994)	9 (1997)	11 (1999)	14 (2002)	16 (2004)	19 (2007)
食品小売業全体（右目盛）	46.4	46.5	47.8	45.3	45.8	44.2
食料品専門店・中心店	19.9	16.6	16.7	15.9	13.4	12.6
食料品スーパー	13.2	14.8	15.9	14.2	17.0	17.1
総合スーパー	9.3	10.0	8.9	8.5	8.4	7.4
コンビニエンスストア	4.0	5.2	6.1	6.7	6.9	7.0

資料：経済産業省「商業統計調査」。
注）食料品専門店は取扱商品販売額のうち食料品が90％以上の店舗、食料品スーパーは70％以上の店舗、食料品中心店は50％以上の店舗。

料品購入や飲食へのアクセスが出来ない状態となっていると報告している。そのため「何らかの対応が必要」とされ、57％の市町村が対策を講じている。16％は考慮中、あとは何の措置もされていない。都市部より地方が深刻であり、対応も手厚くすばやいようだ。

このようななかで、2009年の農地法の改正からスーパー系列等による農業への参入が急増している（図表7）。イオン系のアグリ創造は野菜を牛久で10ha、大分の九重で10ha、島根の安来で10ha。米については三菱商事が山形の庄内で農業生産法人「まいすたぁ」への出資をし、もみから肥料、農薬を提供し、作業は法人の農家が行い60kg当たり7,000円台で買い上げている。売るときは10kg当たり3,500円以上であろう。農産物は総合商社とその傘下のスーパー・コンビニに席巻され始めている。米の販売は5割以上が総合商社によって系列化したスーパー、コンビニなど量販店によって行われている。

図表7　2009年以降に農業に参入した主な商社等

親会社	参入会社名	参入地	設立年	作物	面積
イトーヨーカ堂	セブンファーム富里	千葉県富里市	2008年8月	トウモロコシ、大根	2 ha
	セブンファーム三浦	神奈川県横須賀市	2010年10月	大根、キャベツ	5 ha
イオン	イオンアグリ創造	茨城県牛久市	2009年7月	キャベツ、白菜、小松菜	10.7ha
	同　上	埼玉県羽生市	2010年11月	キャベツ、白菜、小松菜	6.4ha
	同　上	大分県九重町	2011年9月	キャベツ、レタス、白菜	10.5ha
	同　上	島根県安来市	2012年4月	ブロッコリー、キャベツ	10.7ha
ローソン	ローソンファーム鹿児島	鹿児島県東串良町	2011年4月	大根、キャベツ	10ha
	ローソンファーム十勝	北海道幕別町	2011年6月	馬鈴薯、大根、ごぼう	10ha
三菱商事	まいすたぁ	山形県三川町	2009年7月	米	
住友商事	さかうえ	鹿児島県	2010年10月	ケール、人参等	150ha

資料：AFCフォーラム2012年3月号。渋谷往男氏資料より。

総合商社と同様、建設業界では消費税発足と同時にデベロッパーがセメント、鉄鋼材など建設資材を本社が提供し、請負契約のもとに作業は下請けが行っている。しかも多くは派遣社員となっている。これは役務が派遣などによる場合は税額控除ができるからである（消費税法第2条第1項第12号、所得税法28条第1項）。建設業は瞬く間に大工、ペンキ、水道に至るまで派遣ないし一人親方となった。こうすれば子会社でも、企業は社会保険の事業主負担を免れるからである。今は製造業も加わり正社員はますます減少してきている。これも消費税の影響といえよう。

　次いで問題となるのは戻し税である。EUの消費税は域内の成長促進のため仕向け地原則をとっており、消費税は輸出しない。いわばゼロ税率にして輸出する。したがって輸出に伴いそれまで課されていた消費税は戻される。日本の場合も同様で（消費税法7条）輸出企業が収めた税額の還付だけではなく、その下請けなどが納めた消費税も合わせて戻される。2009年でもほぼ3兆円といわれ、湖東京至氏に拠れば、2006年、上位10社で1兆円に上っている[3]。また、帳簿方式をとっていることから来るもので、「いわゆる95％ルール」と呼ばれているものがある。売り上げのほとんどが（95％）課税売り上げの場合はすべての仕入れについて仕入れ控除を認めている。5％分の益税が発生するのである。このため上場14社を見ただけでも20億円近い額になっている。大企業ほど多いはずで全国では数千億円になろうかという[4]。そこで政府は2011年の税制改正であわてて、この制度の適用を5億円以下の売り上げとしている。

　消費税導入後の影響とともに、消費税の目的税化について政府税調での議論も見ておこう。消費税導入と福祉目的税化を巡る論議は導入当初からあり、1979年から検討されている。1986年の新型間接税の折にも考えが出されているが、89年の導入直後、参院選での自民党の惨敗で消費税の見直しを行うこととし、消費税法の改正で、「社会福祉、社会保険、その他国民福祉の経費に優先して当てる」と入れている。しかし、福祉目的税化は政府税調でも、①社会保障関係費の増嵩とともに増税が容易となるものの財政硬直化をもたらす、②消費税によって公的扶助、福祉にかかわる給付などで弱者救済を行

うことは不都合、③消費税という逆進的な税で福祉経費をまかなうことは不適格との反論が出て、採用に至らなくなっている。今回の社会保障改革の目的税化は、日本経団連をはじめとした財界等が、社会保険給付に占める税負担の割合を消費税の引き上げによって高めるべきとの要求に応じたものである。しかし、2011年6月30日に出された政府与党社会改革検討本部の「社会保障・税一体改革成案」以来、社会保障への割り振りは2.7兆円しかなく5％引き上げ分の1％でしかない。増税法案通過後は公共事業への充当すら当然視されている。逆進的な消費税で弱者救済の財源とするところに問題があるばかりではなく、つねに公共事業に財源が振り向けられることに疑問がある。

3．東日本大震災と復興特区——農業と漁業の位置づけについて

　消費増税法案のオリジナルな構想は、日本経団連など財界が示したものである。そこには農業への配慮は一切されていなかった。東日本大震災の復興に当たっても「活力ある日本の再生」「21世紀半ばにおける日本のあるべき姿を目指して」「先導的な施策」を復興の第一の理念としているのが日本経団連、経済同友会であった。政府の復興構想会議においてヒアリングをしたのは日本商工会議所を含めたこれらの団体であり、この3団体の考え方が震災復興対策の最終提言に反映されている。提言では民間資本の参入、TPP参加など災害を機に新自由主義的経済施策の導入を積極的に図ることとしている。あたかもナオミ・クラインの『ショック・ドクトリン』（岩波書店刊、2011年）を見るがごときである。

　東日本大震災は四川大震災、スマトラ大津波、チェルノブイリ原発事故が同時に襲ってきたに等しい災害である。しかもこの災害は阪神・淡路大震災のような都市型ではなく、農山漁村型であることに特徴がある。都市型の阪神大震災では、大規模公共事業中心の復興事業となり、平時では出来なかった産業インフラの建設が「創造的復興」の名の下に実施されている。10兆円の被害に対して16.3兆円の投資資金を使い、うち9.8兆円が神戸空港、新都市づくり、高速道路等巨大開発に投じられ、復興事業費の9割が大企業にわた

図表 8　東日本大震災復旧復興予算の概要

(単位：億円)

		2011年 1次補正	2011年 2次補正	2011年 3次補正	計	2012年度当初予算
国家予算全体	総　額	40,153	19,988	117,335	152,579	37,754
	災害救助等関係費	4,829	3,774	941	9,544	762
	災害救助費	3,626	−	301	3,927	−
	被災者支援経費	1,203	3,774	640	5,617	762
	災害廃棄物処理費	3,519	−	3,860	7,379	3,442
	災害対応公共事業費	12,019	−	10,696	22,715	4,678
	施設費災害復旧費等	4,160	−	4,038	8,198	413
	災害関連融資関係費	6,407	−	6,716	13,123	1,210
	原子力災害復興経費	−	2,754	3,558	6,312	4,811
	原子力損害賠償費	−	2,754	−274	2,754	−
	除染、汚染廃棄物処理費	−	−	2,459	2,459	4,513
	原子力災害復興基金	−	−	767	767	42
	全国防災対策費	−	−	5,752	5,752	4,827
	その他大震災関係費	8,018	5	24,631	32,654	3,999
	年金臨時財源補てん	財源2.5兆円	−	24,897	±0	
	国債整理基金特会へ繰入	−	−	−	−	1,253
	大震災復旧復興予備費	−	8,000	△2,343	5,657	4,000
	地方交付税交付金	1,200	5,455	16,635	23,290	5,490
	東日本大震災復興交付金	−	−	15,612	15,612	2,868

資料：財務省資料により作成。
注）1．2011年度の総額は、1次補正予算の財源となった年金臨時財源の3次補正予算での補てん（2兆4,897億円）を除いた額。
　　2．2012年度当初予算は、東日本大震災復興特別会計に計上されているもの。
　　3．2011年度3次補正の原子力損害賠償費274億円は仮払金。

っている。被災地では「10年たっても7割復興」といわれている。[6]

　今回の東日本大震災復興予算を見ても、2011年度は第3次補正予算を含め15兆2,579億円、2012年度も3兆7,754億円と金額は大きい（図表8）。しかし、3次補正11.7兆円のうち真水部分は7兆円といわれ、この中には円高対策が

2兆円もあり、そのほか学校耐震化、治山治水、道路、空港などの防災事業を含めた便乗事業が多く含まれている。復興事業は国・県・市町村を通じた計画を中心としていることから被災の農家や漁家の復興が大きく遅れている。実際2012年3月現在の復興の進捗度合いを農水省の「東日本大震災による農業・漁業経営体の被災経営再開状況」で見ると、関東3県と新潟・長野9県のうちで福島・宮城・岩手以外の農業経営体は100％の営農再開を果たしている。それに較べ、岩手県は94.8％（津波被災地18.9％）、宮城県は54.2％（同45.2％）、福島県では56％（同17.1％）である。漁業経営体では1年後に経営再開しているのは岩手県53.3％（同58.7％）、宮城県41.6％（同45.2％）、福島県1.4％（同0％）である。その進捗率は極めて低い。

(1) 復興特区法案と復興庁の発足

　震災発生後3ヶ月たった2011年6月20日、震災復興基本法が復興債の発行と特区の創設を盛り込んで参院で成立している。その後、補正予算とともに国主導型の復興推進対策として同年10月28日、『東日本大震災復興特区法案』が閣議決定している。この法案は特区被災区域として11県222市町村を対象に、第1に農地法・都市計画法上など土地利用計画などによって規制されている区域の一体的開発や手続きの簡素化を図る特例を設けること。第2に新規立地企業に対して5年間の法人税等の免除、特別融資、利子補給などの税・財政・金融の優遇措置を図ること。第3は復興交付金の創設で、復興交付金は高台移転など5省が関係して行う40件のハード事業の一括メニュー化を含んでいる。この法案とともに「復興庁設置法」を決定、2012年4月に「復興庁」を発足させている。復興庁発足によって復興本部は内閣に、盛岡市、仙台市、福島市に復興局を配置、上からの復興の体制となっている。復興特区は内容は経済特区で、政府主導による民間企業の投資拡大を狙いとしている。その認定権と復興交付金は復興庁が握り、復興局の人事も各本省からの出向者によって行われている。

　復興財源は10年間で23兆円、5年間で19兆円が必要とされているが、その財源の確保にも異例の措置がされている。主要な財源は消費税を除く税が当

てられることになるが、法人税は財界が要求した通り法人税率30%を4.5%引き下げ25.5%とし、これに10%の付加税を3年間課税することとし28.05%とした。1.95%の減税で4年目以後は4.5%の実質減税である。10年間で5.6兆円、25年間では17.6兆円の法人税減税となる。他方、所得税は付加税が5.5兆円から7.5兆円へ、個人住民税の均等割は0.15兆円から0.6兆円と負担は重くなる。復興交付金の給付は12年春から始まっているが、高台移転と従前の居住地での住宅再建では市町村の対応がまちまちで、問題が生じている。

（2）仙台市における農業特区

　仙台市の農業被害額は721億円といわれ、農業用機械・施設ではトラクター、田植え機等が2,400台、パイプハウス・温室は約10万㎡、共同利用施設として七郷地区のカントリーエレベーター・大豆センターなどの浸水と一部損壊によるもので、土地改良施設も排水機場4箇所が壊滅となっている。農地の復興作業、農業園芸施設、機械の支援はいち早く行われているものの、2012年2月仙台市が復興推進計画を出し、「単に震災以前の状況に復旧させるのではなく、東北の農業を成長性のある産業に牽引するフロンティアとして構築する」こととなり、復興の流れは変わってきている。

　①農家等の意向調査では

　震災後、復興への市民に対する意向調査は国、県、市町村などで多く行われている。しかし驚くことは、震災以前より農業への関心が強くなっていることである。最も被害の大きかった仙台東部地区の農協による意向調査は、2011年の4月末から7月にかけて行われ、地区対象農家の62.2%に当たる585戸からの回答がされている（図表9）。今後の営農への意志について7割を超える農家が現状維持、拡大と答え、水田での営農継続を集落営農の方法によるとしたものが52.8%、個別農家でやるとしたものが35.8%もいる。畑作でも個別経営で61.4%、集落営農が5.7%となっている。今後の住まいについては「前と同じ場所に住みたい」と答えた人が70.9%、集落で移転は13.3%、個別に移転も7.5%となっている。被災地といっても宅地としての資産ないし居住環境への思い入れもあり、容易に移動する気にはなれないのであ

る。昨年10月に行われた2012年度の作付け予定500haの復旧工事は自分で作付け出来るようにすると答えたのがうち470haあった。

図表9　仙台市農協の営農意向調査

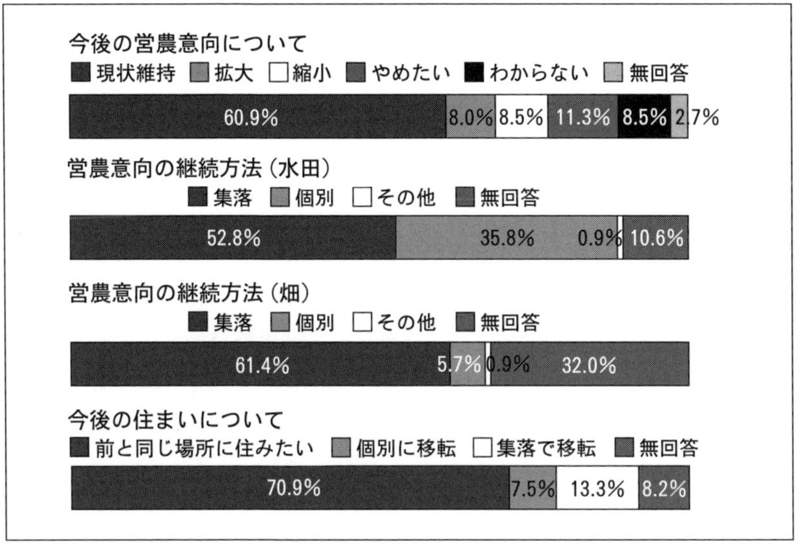

今後の営農意向について
■現状維持　■拡大　□縮小　■やめたい　■わからない　□無回答
60.9%　8.0% 8.5% 11.3% 8.5% 2.7%

営農意向の継続方法（水田）
■集落　■個別　□その他　■無回答
52.8%　35.8%　0.9% 10.6%

営農意向の継続方法（畑）
■集落　■個別　□その他　■無回答
61.4%　5.7% 0.9%　32.0%

今後の住まいについて
■前と同じ場所に住みたい　■個別に移転　□集落で移転　■無回答
70.9%　7.5% 13.3% 8.2%

資料：仙台市農協総務部震災復興推進課資料より。

　仙台市の被災のうち1,800haにかかわる国直轄の圃場整備事業は「農用地災害復旧関連区画整備事業」として行われ、通常の負担割合であれば国・県が98％、市が１％、農家が１％負担することとなっている。だが、今回は市が２％持ち農家への負担をなくすという。この整備事業への意向調査は2011年暮れに行われ、77％に賛成を得ているものの、整備内容については市の計画による「区画の大型化」に必ずしも同意してはおらず、30ａ区画の圃場も多くあることから「現状維持」が52％を超えている。仙台地区圃場整備事業推進協議会は2012年４月５日、仙台東土地改良区、JA仙台、仙台市農業委員会と仙台市が入り設置されているが、以前より生産性の高い農地の再生を狙いとしている。1,800haの農地の復旧と再生の計画も2014年完成となっているが、実質2013年度からの工事着工となろう。12年秋から始まる土地改良

事業の話し合いは容易ではないはずである。計画でさえ3年かかる工事の間、農家はどのようにして生き延びていくのだろうか。その対処方針は示されてはいない。

　②今後の農業2つの方向──農業特区と農協のチャレンジプラン

　仙台市の「農と食のフロンティア推進特区」は2012年3月5日、国によって認定されている。宮城県の「宮城県震災復興計画」「みやぎの農業・農村復興計画」を引き継ぎ、震災以前の農業の回復は困難として、農地の集約と大規模区画化、民間資本の投資によるアグリビジネスによる振興を掲げている。農業については仙台市における集落営農組織26のうち法人化した組織は4組織のみであり、企業の投資を得て行う六次産業化には経営基盤の整備が必要で、大区画整備事業により法人化を促進できることとなっている。また、農産物の加工・販売の場や農産物の収穫体験、地場農産物のレストランでの提供など、この区域への市民や観光客の呼び込みで交流人口を増加させる。特にグリーンツーリズムとしての取り組みを展開することとしている。また、地域で生産された農産物の安定供給のため、コールド・チェーンなど産地における戦略的な貯蔵・運送システムの構築を図る。エネルギー関連では施設園芸で不可欠な熱や電気の調達のため農業とエネルギー産業の融合したプロジェクトを有望視し、海岸に沿った区域での再生エネルギー関連産業の集積を図ることとしている。ともかく大規模化による農業の専業化に目標が置かれているのである。国が60年代から進め、いまだ実現できていない施策が短期間のうちに実現することは不可能としかいえない。企業の投資活動に任せ開発のみを追求し、農地を「残存農地」としてきたことを反省すべきときであろう。

　特区参加のメリットは税制上の特例措置を受けられるようになることである。それは図表10にある。このほか仙台市では企業立地奨励金等が交付される。

　仙台市のフロンティア特区は国道4号線の西側の優良農地で今回の災害でも津波の被害のなかったところである。ここを食品産業エリアとし、高速道路と海岸との津波による被災区域を農業大区画エリア、自作地エリアと想定、

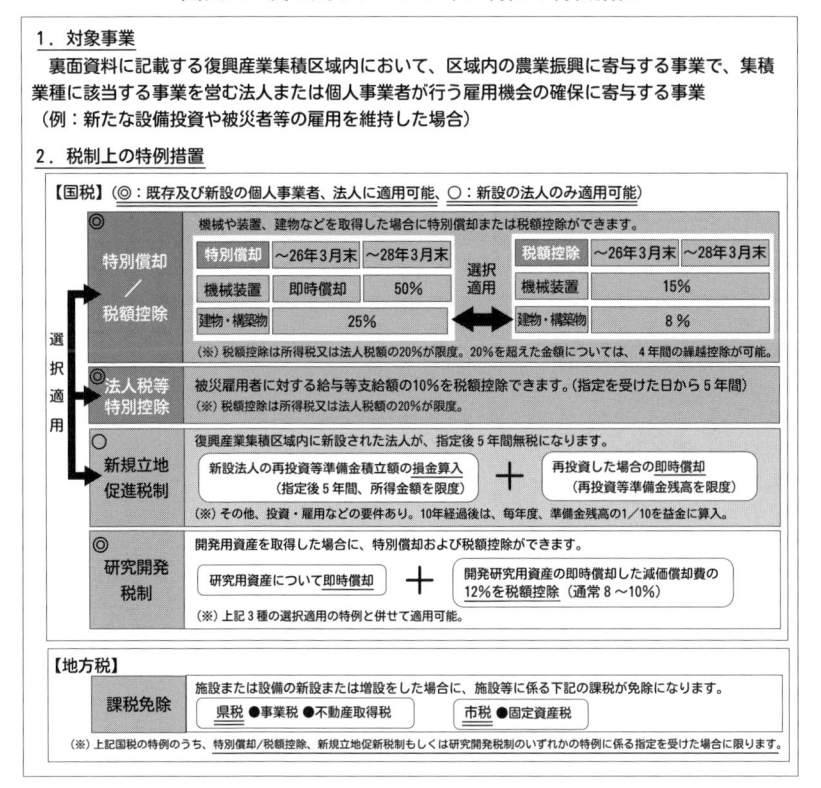

図表10　農と食のフロンティア特区の特例措置

1．対象事業
　裏面資料に記載する復興産業集積区域内において、区域内の農業振興に寄与する事業で、集積業種に該当する事業を営む法人または個人事業者が行う雇用機会の確保に寄与する事業
（例：新たな設備投資や被災者等の雇用を維持した場合）

2．税制上の特例措置

【国税】（◎：既存及び新設の個人事業者、法人に適用可能、○：新設の法人のみ適用可能）

◎ **特別償却／税額控除**
機械や装置、建物などを取得した場合に特別償却または税額控除ができます。

特別償却	～26年3月末	～28年3月末
機械装置	即時償却	50%
建物・構築物	25%	

税額控除	～26年3月末	～28年3月末
機械装置	15%	
建物・構築物	8%	

（※）税額控除は所得税又は法人税額の20%が限度。20%を超えた金額については、4年間の繰越控除が可能。

◎ **法人税等特別控除**
被災雇用者に対する給与等支給額の10%を税額控除できます。（指定を受けた日から5年間）
（※）税額控除は所得税又は法人税額の20%が限度。

○ **新規立地促進税制**
復興産業集積区域内に新設された法人が、指定後5年間無税になります。
新設法人の再投資等準備金積立額の損金算入（指定後5年間、所得金額を限度）＋ 再投資した場合の即時償却（再投資等準備金残高を限度）
（※）その他、投資・雇用などの要件あり。10年経過後は、毎年度、準備金残高の1／10を益金に算入。

◎ **研究開発税制**
開発用資産を取得した場合に、特別償却または税額控除ができます。
研究開発用資産について即時償却 ＋ 開発研究用資産の即時償却した減価償却費の12%を税額控除（通常8〜10%）
（※）上記3種の選択適用の特例と併せて適用可能。

【地方税】
課税免除
施設または設備の新設または増設をした場合に、施設等に係る下記の課税が免除になります。
県税　●事業税　●不動産取得税　　市税　●固定資産税
（※）上記国税の特例のうち、特別償却／税額控除、新規立地新税制もしくは研究開発税制のいずれかの特例に係る指定を受けた場合に限ります。

資料：「仙台市復興推進資料」より。

ひたすら企業誘致に期待している。圃場整備の農家負担が軽減されているものの、換地その他によって農地の所有権の異動が予想され、農家にとって不安はつきない。

　これに対して農協等が掲げるチャレンジプランによる復興の方向はかなり異なったものとなっている。このプランのもともとの構想は2004年、東北大学の工藤昭彦教授が中心となって作られたもので、農地を農家から集めその利用目的に応じてテナントビルのようにフロアに分け、農場制農業が行えるようにするというものである。地域をひとつの農場に見立て農地、労働力、施設・設備など資源の最適配分を行いそれぞれの生産をするというもの。団

地や連担性の高い大規模農業経営ゾーン、自給・いきがいゾーン、共同利用施設、市民農園、直売所、ふれあい交流空間を配置するものである。農協はこの路線を追求するというがどこまで耐えられるかだろう。

2012年までに行われた農業への復興事業では、農業機械のリース事業で集落営農のみを対象にしたため個別農家は対象となっていない。機械は無償で借りることが出来るものの格納庫がないため保存、整備が容易ではなかった。地域の人たち主体の事業ではないことが問題の多いものとなっている。

特区の土地利用についての計画と土地改良事業の計画はこの秋から始まる。いまは何も進んではいない。農地にかかわる整備事業を注意していかなければならないだろう。

③強引な漁業特区の導入

農業特区同様、水産業にかかわる特区が可能となっている。水産特区が提案されたのは2011年5月10日の復興構想会議で、突如、民間法人の漁業参入を推進するために宮城県知事から提案がされている。それは「地元漁業者が主体となった法人が漁協に劣後しないで漁業権を取得できる仕組み」として盛り込まれ、「東日本大震災復興基本法」にも「復興特区制度の創設」として入れられた。この特区についての審議は衆参両院で審議され、2011年12月2日、付帯決議つきで採択されている。もともと「漁業権」は農業についての水利権、森林に対しての入会権と同じようなもので、古くから自然を相手とする第一次産業の中で共有する権利として認められてきたものであり、漁業者が入り会って操業する共同漁業権、生簀を設置して行う養殖業のための区画漁業権、定置漁業権など3種類ある。漁業権は海岸線から沖合い数キロメートルまでの限られた沿岸海域に設定されているもので、沖合・遠洋漁業には該当しない。外側の海域は農林水産大臣、都道府県知事が許可する許可漁業となっている。漁業権が農地法における転用許可基準と同様、海浜開発に伴い金権化するのは高度経済成長下においてであり、多くの海浜が大規模開発とともに姿を消している。漁業権が狭められ企業による海面の利用が認められるようになるのは農地法改正の時期と重なっており、具体的にはスキューバダイビングの賃料を巡る訴訟から企業による養殖漁業での海面利用が

可能になっている。西日本におけるマグロ養殖業の乱立はこのときからである。現在漁業権漁業のうち採貝・採藻等（共同漁業権）は漁協にのみ免許され、特定の養殖業（区画漁業権）は優先順位第1位で漁協に免許されることになっている。免許を受けた漁協は自ら漁業は営まず、もっぱら漁業権漁場の管理を行い組合員が漁業を行っている。マグロの養殖も企業と漁協との協議の上で安易な撤退に歯止めをかけ実施となっている。

　今回の特区における漁業権の行使は漁協以外にもうひとつの漁業権管理者を置くことになり、漁協と組合員により行われてきた共同管理の秩序を崩すこととなる。ましてや企業による進出により地元漁業者の生業を犯すこととなる。

　今回の漁業特区における特例では、指定養殖漁業権にのみ適用することとし、被災地のうち地元漁業者のみでは養殖業の再開が困難な区域について、地元漁業者主体の法人に対して知事が直接免許を付与できるとしたのである。その上、特例導入に当たって国は浜全体の資源・漁村の管理に責任を持ち万全を期した措置をとることとしている。通常であればこのようなことまでして企業の誘致を図ることは到底想像も付かぬことなのだが、9月県議会を控え、村井知事は石巻市福浦地区に仙台の水産会社を説得し、強引に認めることとしている。

　仙台市における農業の特区はどのように動いてゆくのかはっきりとしない。漁業における特区の事例も同様である。大正大震災の際、復興に当たっては生業の復活を第一とすべきとしたのは福田徳三だが、現在では被災した人たちの生活より企業への便益を図ることが第一となって来ている。TPP問題も震災対策の一環として提言されたものだが、今までのところアメリカの対応が明らかにされていない。APEC以後のアジア諸国の動きとアメリカの大統領選後に変化が出てくるのであろう。現在、自動車、保険、農産物のうち牛肉についてはすでに日本は譲歩することとしており、実質どの程度進捗しているのか皆目わからない。9月初旬、農水省はTPPにかかわる農業への影響度を修正して発表しているが、関税ゼロは北海道を始め、沖縄の農業も壊滅的な打撃を受けることに変わりはない。しかし、消費税や特区に置ける

農業の位置づけを見るとこの傾向は日本では農業がなくなるまで続くのかと想われる。

[注]
(1) 井藤半弥『財政学研究』千倉書房　1950年　p.156
(2) 研究会のメンバーは、座長に青木宗明（神奈川大学教授）委員は川端康之（横浜国立大学教授）、関口智（立教大学准教授）、半谷俊彦（和光大学教授）
(3) 湖東京至　北野弘久編『日本税制の総点検』2010年　p.171〜172
(4) 中島孝一「消費税の改正とその影響」税経通信　2011年3月号　p.134〜140
(5) 藤田晴「消費税の福祉目的税化問題」宮島洋編著『消費課税の理論と課題』税務経理協会　2003年　p.157〜179
(6) 宮入興一・山口二郎・鈴木宣弘他『復興の大義―被災者の尊厳を踏みにじる新自由主義的復興論批判』農山漁村文化協会　2012年

第4章　TPP問題と日本農業

1．アメリカから求められ参加したTPP

（1）1960年代から始まる自由化問題

　貿易自由化と関税障壁をめぐる問題は1960年代から始まっている。当時のヨーロッパ共同体（EEC）結成に伴う域内関税の撤廃とEECの輸出の伸張に対し、アメリカが打ち出したケネデイの関税一括交渉がその嚆矢である。本格化するのは1970年代になるが、石油危機後のスタグフレーションとともに経済摩擦が激化してからである。日米間では沖縄返還問題と繊維交渉がいつの間にか取引され、繊維産業への補償が問題となる。その中で農産物、特に穀物の輸出入に変化が生じてくる。1980年代を前にEECが穀物輸入国から輸出国に転じるのである。先進国の農業保護政策が定着し、ヨーロッパに過剰問題が生ずるようになり、アメリカとの輸出競争とともに、後進国の農業保護政策と衝突することとなったのである。いうまでもなくアメリカの工業の没落、比較劣位化が農産物輸出に集中させる要因にもなったのである。

　1980年に入ると、日本は対外的には円高の下で、現在の中国がアメリカに攻められているように、円安と内需拡大を求められ、特に、農産物の自由化が大きな課題とされたのである。以後、農産物の自由化はアメリカのみならず、国内では財界からも求められ、内・外圧両面からの圧力を日本農業は受けることとなる。まず、輸入制限12品目の関税化と牛肉・オレンジの自由化が課題とされ、1980年代後半には全米精米協会（RMA）の通商法301条をちらつかせた食管の廃止と米の自由化要求が始まる。

　米は1993年末のガット・ウルグアイラウンド農業合意がされ、日本は関税を阻んだものの、ミニマムアクセスを受け入れ、1999年関税化に移行したが、今でも77万tの米を輸入している。このあと、1995年からWTOが設立され、

関税を中心とした貿易交渉はここで行われることとなっている。

(2) WTOとFTA、EPA

WTO、FTA、EPAの関係は図表11のようになっている。WTO（世界貿易機関）は、現在154カ国が加入している貿易協定であり、今では中国、インドも加わっている。関税引き下げを中心に14分野に分かれて検討が進められている。ここでは途上国には関税削減の割引措置が認められ、削減の義務はない。ただし、その決定は全会一致で主要国ひとつの反対でもあれば、合意とはならない。現在は、ドーハラウンド以来の交渉が行われているものの、

図表11　FTA・EPA・TPP、WTO

協定	範囲	関係国	機関	特徴	日本の立場
自由貿易協定（FTA）	物品の自由化（90%）	2カ国〜数カ国	なし	・2カ国間〜数カ国間の交渉で協定を作成 ・先進国─途上国の場合、途上国に優遇措置なし ・途上国同士の場合、90%のしばりなし ・農業国内保護の削減は対象とせず	農産物、重要品目を除いた自由化
経済連携協定（EPA）	物品の自由化（90%）＋金融・サービス等を含む				
環太平洋連携協定（TPP）	物品の自由化（100%）＋他分野	9カ国（11.1月時点）			
世界貿易機関（WTO）協定	物品の関税引き下げ、サービスなど14分野	加盟154カ国	WTO（世界貿易機関）	・全会一致による決定 ・後発途上国（全体の1／3）に削減義務なし ・途上国（全体の3／4）に優遇措置 ・農業国内保護の削減も協定の一部	漸進的自由化（一定の関税の引き下げ、重要品目への考慮）

資料：服部信司「TPP参加問題と日本農業・日本経済」2011年4月号『農村と都市をむすぶ』全農林労働組合より。

アメリカが農業での自国の保護を譲らず、議長国提案に応じていないことから交渉は進んでいない。この4月21日、WTOはドーハラウンド交渉の議長提案を発表したものの行き詰まりは決定的となっている。アメリカと後進国との意見の合意は得られないままである。

　WTOとの協定が合意に達しない場合とられている方法が、複数国・2国間で行われるFTA（Free Trade Agreement 自由貿易協定）である。ここでは「実質的すべての品目の関税を一定期間後に撤廃していくもの」とされているが、90%が『デファクトスタンダード』（事実上の世界基準）となり、農業の国内保護削減は協定の対象とされないこととなっている。

　EPAは「物品の貿易以外の分野を含む協定」で、協定が途上国との間で結ばれる場合は「90%以上の自由化が必要」などの縛りもない。経済協力などで合意することが認められている。

（3）APEC、ASEANの中のアメリカ

　菅首相がTPPへの参加を表明したのはAPEC（Asia Pacific Economic Cooperaion 太平洋経済協力）首脳会談の議長国のときである。APECは1989年オーストラリアの提唱で生まれた経済協力協定である。そしてASEAN（東南アジア諸国連合）は、まとまった経済協力を行う連合である。2006年、APEC、ASEANのいずれにも参加していないアメリカがアジア太平洋自由貿易圏構想（FTAAP）を提唱したが合意にはいたらなかった。日本はこのアメリカの提案の位置づけのために、アメリカ支援のためにTPP参加を示唆したとされている。

　問題となっているTPP（Trance Pacific Partnership 環太平洋経済連携協定）とは、2006年、シンガポール、ニュージーランド、チリ、ブルネイの4カ国でそれぞれ貿易上で影響の少ない国同士が、物品の自由化において一定期間後（2017年）までに「すべての品目（100%）」の関税撤廃を約束したのである。これにすぐ反応したのがペルー、オーストラリア、マレーシア、ベトナムそれにアメリカである。現在9カ国で協議を行っている。

（4）アメリカの不況とTPP

　TPPは「20世紀型FTA」とも呼ばれていて、APECの中でFTAのモデルを作ろうとしているといわれている。アメリカの意図はブッシュ政権から続く不況で、輸出産品が少なくなる中で、「金融」「投資」を含めた協定を狙いとしている。単なる物品の自由化ではない。全分野の交渉への参加を求めている。

　これまでのAPEC、ASEANでは、日中韓が加わり、不在となっていたアメリカが、TPPを通じてアジアへの関与を強めようというのである。オバマ政権の主要な経済政策のひとつは輸出の拡大であり、就任時の演説で5年間に輸出の倍増を目指すといっている。TPP参加で輸出増をしようとするのは、FTA、EPAでは自国の農業保護の削減が交渉の対象にならないからである。このため事前に、オーストラリアとのFTA交渉ではチーズなど酪農製品、砂糖などの維持を確保しようとしている。

　アメリカはTPPの合意を持ってAPEC、ASEAN内の交渉を進めようとしているが、狙いは中国と日本にある。何しろアメリカが中国のWTOへの参加を承認したのは、中国が食糧自給を放棄したことが条件となっており、その後の中国のアメリカからの穀物輸入は飼料を中心に急増している。TPPは物品以外の分野では知的財産権、投資、サービス（一時入国、電気通信など）、政府調達、金融、労働力など多方面にわたるものである。物品でいえばもちろん農産物が中心であり、輸入が増加しつつある中国と日本がターゲットとされている。

2．TPP参加検討とその狙い

（1）菅首相の狙い

　民主党の2010年選挙のマニフェストで戸別所得補償方式とニュアンスが異なる表現がされていたのが、FTA問題である。それまでの自民党より積極的にWTO、FTA交渉と農業振興を同時遂行できると主張していた。TPP参加表明のあと国家戦略室主催のフォーラムで発表された政府の説明は次のようなものである。

日本は高齢化・人口減少により国内市場が縮小し、外需が必要とされている。これからの世界経済の中心はアジアであり、アジアの国との連携が必要になっている。それにはEPA、FTAによる関係の推進が必要だが、日本は今韓国に先を越されており、市場を奪われかねない。このためFTAAPを実現することが必要だ。TPPの参加は農業にとっては大変になるだろうが、輸出できる農業を作ればよい[1]。

　この論理は後に述べるように、経団連などの提言に沿うものである。

（2）GDPに与える影響

　このような菅総理の意見表明に対し、農林水産省は図表12のような資料を出している。TPPに参加すれば、農林水産物の生産の減少が4兆5千億円、

図表12　TPPによる影響（農水省発表資料）

試算の結果
- 農林水産物の生産減少額※ ………… 4兆5千億円程度
- 食料自給率（供給熱量ベース）………… 40%→13%程度
- 農業の多面的機能の喪失額 ………… 3兆7千億円程度
- 農林水産業及び関連産業への影響
  ・国内総生産（GDP）減少額………… 8兆4千億円程度
  ・就業機会の減少数 ………………… 350万人程度

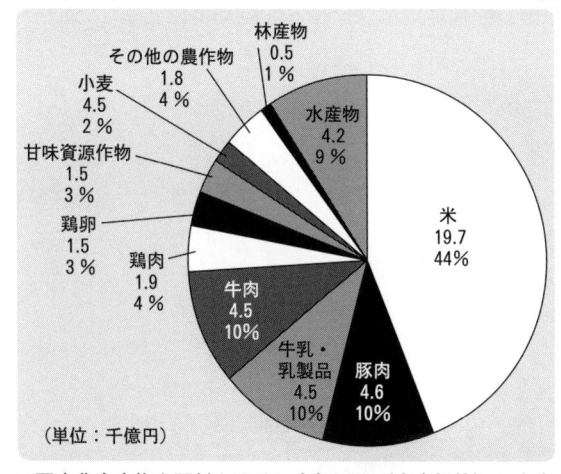

品目	金額(千億円)	割合
米	19.7	44%
水産物	4.2	9%
林産物	0.5	1%
その他の農作物	1.8	4%
小麦	4.5	2%
甘味資源作物	1.5	3%
鶏卵	1.5	3%
鶏肉	1.9	4%
牛肉	4.5	10%
牛乳・乳製品	4.5	10%
豚肉	4.6	10%

（単位：千億円）

※国産農水産物を原料とする1次加工品（小麦粉等）の生産減少額を含めた。

今40％といっている自給率は13％くらいになる。水田などは多面的機能を持ち環境保全の役割をしているが、そういったものを含めて喪失額が3兆7千億円。合わせて8兆4千億円ほどのGDPへの影響が出る。就業機会の減少数は350万人に上るであろうと。

それに対して経済産業省は、TPPに入ればGDPが10.5兆円プラスする。但し、失業者は80万人増えることになるであろうという。雇用機会が80万人減るが、GDP10.5兆円プラスになるから、今の不況を克服するにはこの方法がいいのではないかと。

他方、内閣府は小さく見積もって、6.1兆円から6.9兆円のプラスになるであろうという。農水省と内閣府が計算をすると、両方で考えてもGDPは大して増えないであろうということになる。経産省は今の経済を成長に乗せ、プラスに持って行き、日本の経済を立て直すにはTPP以外にはあり得ないという。メディアを含めてTPPへの参加を声高にしている。

TPPの問題というのは、交渉分野が24の作業部会を立ち上げて議論をするとなっている。市場アクセスの関税撤廃でいうと、繊維、衣料品。工業といっても、中小企業対応のところが多くなっている。それと農業。例外を原則認めないので、これらの分野への影響が大きくなる。それ以外にも、銀行、保険、電気通信、原産地規則、衛生、食物検疫だとか、政府調達、知的財産権など、いろいろな分野にわたって、それぞれの交渉をしていかなければならない。本当に関税が撤廃されていくと一体どうなるのか見当が付かないほどの影響が出よう。

関税が全部撤廃されれば、日本の産業構造を含めて大転換になっていくであろうことは間違いない。まさにClient Stateになっていくのではないか、という恐れがある。

（3）世界一の農産物輸入国と財界の要求

例えば農業でいえば、日本の場合（図表13）1970年代から、バナナから始まって牛肉、オレンジ、それから米も自由化されてきている。農産物輸入金額は世界で1番となっている。純輸入額が403億ドルで非常に突出した輸入

額である。しかも自給率が41％で、先進国の中では最低になっている。関税率も11.7％と、関税の許すところまでかなり開放している。今回はそれ以上に輸入しろといっている。

図表13　主要国の農産物輸出入額（2006年）

国	輸入額（億ドル）	輸出額（億ドル）	（純輸入額）
日本	423	20	(403億ドル)
イギリス	458	196	(262億ドル)
中国	378	224	(154億ドル)
ドイツ	577	474	(103億ドル)
韓国	124	24	(100億ドル)
アメリカ	676	714	(−38億ドル)
フランス	373	504	(−131億ドル)
オーストラリア	57	215	(−158億ドル)
オランダ	320	549	(−229億ドル)
ブラジル	47	347	(−300億ドル)

資料：農林水産省。前図に同じ。

　現在、日本からアメリカへの輸出の場合は、無税が40.9％で有税が59.1％。アメリカは、自動車をはじめとして必要なかなりのものに関税障壁を設けている。逆に日本の場合は、有税はわずか25.5％で無税が74.5％、完全に日本の方が開放している。
　財界をはじめトヨタ自動車などが「TPPに入れ」といっているのは、乗用車の場合、韓国がアメリカとのFTAで関税をゼロにするので、韓国が乗用車の輸出では日本より有利になる。自動車会社としては競争力を保つためには韓国並にゼロにしろという主張となっている。韓国の場合、この4、5年でウォンの価値が半額くらいになっている。日本は逆に20％くらいの円高なので、少し円安に振れればこの2.5％などすぐに無くなってしまう。にも

かかわらず、2.5％を無くせというのである。

　日本は自動車をアメリカで製造している場合が多い。韓国は韓国から直接輸出している。アメリカでの自動車の生産はトヨタの前に、ホンダなどが行っていて、トヨタが入り込んだのが確か20年くらい前。フォルクス・ワーゲンがアメリカ進出で失敗したので、トヨタ方式の生産がアメリカで可能かどうかを東大とハーバード大で3部門に分けて2年間調査している。その結果、どこに生産拠点を作ればいいかを決め、結論は、ドイツ人の居住地のところに工場を作っている。黒人の多いところではトヨタ方式は入らない。そういうことまでして生産拠点を確保している。日本の場合はアメリカでの供給量の方が多い。韓国の場合とは比較にならないと思われる。

　2011年4月19日、経団連は「わが国の通商戦略に関する提言」を出している。ここでは関税の撤廃のほか、インターネットを通じた貿易自由化、インフラ輸出関連の政府調達市場の開放、制度・企画の調和、外国投資に対する差別等の撤廃と投資仲介制度の導入など、多岐にわたっている。しかも、農産物では世界最大の農産物輸入国であることを知った上で、経団連の提言では、レアアースを含む資源・食糧の供給国における輸出制限の禁止を主張している。食糧自給より輸入による安定を求めることで対処し、一方で生鮮加工食品の輸出拡大を通じた食品産業の強化をうたっている。1970年代から続く農産物輸入路線となっている。

3．農業のWTO対策——安上がり農政の展開

（1）財政再建から縮小

　ところで今、日本の農業はどうなっているのだろうか。日本の農業政策は、1980年代から大きく変わってきている。

　それまでの日本経済における農業の役割は、第1に市民への安定し、しかも安価な食料の供給にあった。低賃金の基礎だからである。第2は1970年代まで、景気変動の場合の労働力の調整弁だった。景気変動は第2次産業の変動に対し、第1次産業の労働者の流動で対処してきていた。国の経済を安定

させるために農業の保護が必要だったのである。しかし、1970年代後半の石油危機以後、日本の産業構造は重厚長大から軽薄短小といわれるIT産業中心に変わり、労働力の調整は第2次産業と第3次産業との間で行われるようになった。食料の安価で安定的供給のみが農業政策の役割となった。これによって農産物の自由化はより進むこととなっている。今では農業労働力に安い外国人を求めるようになってきている。

　具体的な政策として、いわゆる財政再建で、中曽根首相が臨調を立ち上げる。他方で前川レポートが国際協調路線で輸出主導型経済を推進する。財政的には、1970年代から始まった赤字国債の発行を1982年から1989年の間でゼロにしていく。そのため財政赤字の原因である国鉄と健保と米の食管の赤字、この3つを退治しなくてはいけない。国鉄については民営化。健保については掛け金の引き上げ。食管赤字は、生産者に対しては生産費を保障する価格で高く買い、消費者に対しては家計費を損なわないような価格で安く売る。その差額を財政でみるというのが食管だった。これを無駄とした。食管は1982年から1989年の間で売買逆ザヤがゼロになる。1989年で財政再建が終わるが、その時、米の価格でいえば、政府米は安く買って高く売ることになっている。農林水産予算は1982年3兆7,000億円から1992年には2兆7,000億円となっている。

（2）農業政策の転換

　1993年、ガット・ウルグアイラウンド農業合意となるが、農業政策は1992年に大きな転換をしている。

　それまでの農業政策は農業生産者全体を対象にしていたので価格政策が中心だった。それを農業政策の中心を担い手とすると、1992年に決めている。いわゆる新農政といわれるもので、農業政策の対象を担い手に絞る。担い手とは認定農業者と法人となる。認定農業者というのは、例えば米なら4ha以上とか、内地の酪農であれば30頭以上とか、北海道なら60頭、70頭以上とか、品目ごとにそれぞれの専門農家的な基準を決めて認定農業者として、他は法人化したものを対象に農業政策を行い、その他の人たちは対象としない、

としたのである。

　1993年はガット・ウルグアイラウンドで、完全に米は自由化される。その中でMA米（ミニマムアクセス米）として、日本は生産量の約8％を買うことになる。現在でも77万t。1994年から毎年買い続け、1,056万tもの米を輸入している（図表14）。その中でアメリカ米を必ず半分は買うことになっている。

図表14　MA米の輸入数量（輸入先国別）

（単位：万玄米トン）

	1995年度輸入	1996年度輸入	1997年度輸入	1998年度輸入	1999年度輸入	2000年度輸入	2001年度輸入	2002年度輸入
米　国	19	23	29	32	34	36	36	36
タ　イ	11	14	15	15	16	17	15	16
中　国	3	4	5	8	9	10	14	11
オーストラリア	9	9	9	11	11	12	11	10
その他	1	1	2	2	2	2	1	5
合　計	43	51	60	68	72	77	77	77

	2003年度輸入	2004年度輸入	2005年度輸入	2006年度輸入	2007年度輸入	2008年度輸入	2009年度輸入	合　計
米　国	36	36	36	36	36	43	36	504
タ　イ	15	19	19	18	25	27	33	274
中　国	11	10	9	8	8	7	7	124
オーストラリア	9	2	2	5	−	−	−	100
その他	5	10	11	10	1	0	1	154
合　計	76	77	77	77	70	77	77	1,056

注）各年度の輸入契約数量の推移。
（参考）MA米以外で、枠外税率を支払って輸入されるコメの数量は、毎年0.1〜0.2千トン程度。

　この農業交渉で、日本は「1粒たりともコメは輸入しない」と主張し、アメリカ並みのウェーバー条項を主張して、この問題については絶対に触れさせないという対応で進めていたが、1993年12月26日にガラッと変わってアメ

リカのいう通りになり、MA米となっている。なぜウェーバー条項を主張できなかったのか。当時、OECDの事務局次長の谷口誠氏が、2011年3月号の『世界』で「日本には国際的に孤立してまで日本の農業を守るという強い国家的意識統一ができていなかったし、外務省などは外圧を利用して日本の農業の自由化を図ろうとしていた」といっている。この後の農業政策は米を含め、基本はWTO対策に沿った政策を模索することとなっていく。

（3）WTO対策としての農業政策

1993年以後農林予算は変わる（図表15）。食管法は1996年に食糧法に変わり、米関係費は、生産調整と米の価格調整が基本的な柱となった。食管の時と違って、食糧法になってからの政府の役割は備蓄と価格調整の2つとなる。

図表15　国家予算に占める農林予算の変化

（単位：億円、%）

年　度	A 一般会計歳出	B 一般歳出	C 農林水産総額	D 農業関係	C/A	C/B	D/B
1970	82,131	61,540	9,921	8,851	12.1	16.1	14.4
1980	436,814	303,610	37,765	31,080	8.6	12.4	10.2
1990	696,512	392,711	33,009	25,188	4.7	8.4	6.4
1992	714,897	421,043	37,525	27,793	5.2	8.9	6.6
1995	780,340	499,001	45,999	34,251	5.9	9.2	6.8
1997	773,900	438,060	35,922	29,226	4.6	8.2	6.1
2000	897,702	524,952	38,969	29,481	4.6	7.4	5.6
2002	836,884	511,493	34,713	25,462	4.1	6.8	5.0
2004	868,787	509,381	32,723	24,267	3.8	6.4	4.8
2005	867,048	496,439	30,809	22,559	3.5	6.1	4.5
2006	834,583	478,423	29,245	21,393	3.5	6.1	4.5
2007	829,088	469,784	26,927	20,431	3.2	5.7	4.3
2008	830,480	472,845	26,370	20,045	3.1	5.5	4.2
2009	885,480	517,310	25,605	19,410	2.9	4.9	3.7
2010	922,992	534,542	24,517	18,325	2.6	4.5	3.4

注）1．2006年まで補正後、2007年以後は当初予算。

しかし、備蓄の問題では1993年、1994年に大きな誤りを犯している。1993年は大凶作、1994年は豊作になった。そこで備蓄を150万 t にするが、回転備蓄として１年間備蓄したものを次の秋、新米が出て来る時に、買い取った価格に金利、倉敷料を入れて売ることにした。玄米は17℃以下に保っていれば、１年間は品質がさして変わらない。しかし、常温では必ず変質する。６、７月に米を買うと白い米が混じっているが、それは粘り気が無くなって油の質が変わるから、それを抑えるためにもち米を入れる。１年も玄米を常温で保存したら完全に売り物にはならない。それにもかかわらず、新米が出て来る時に、金利、倉敷料をプラスして前年産米を売ったので、卸も買わず、小売も買わない。それで在庫がどんどん増えた。結局、５年くらい経って、過剰米となってその処理に何百億円かを掛けることとなっている。米の政府による買い入れ、備蓄は減少し、その機能もなくなる。価格調整のための自主流通米等への助成は、米専業農家に対する価格変動への補塡となるが、低落した価格の90％の補塡で生産者の一部拠出で行っている。WTOの生産調整下の青の政策である。しかし、価格は下がり続け、所得も保証されてはいない。成果の上がらぬものとなった。

　米関係で残ったのは生産調整で、生産調整は、初めは米の所得並みの奨励金を出していた。1969年から1978年の水田利用再編までで、1978年の水田利用再編対策で転作を重視するようになって変わってくる。生産調整は水田に全部転作をすることになったので、転作保障をするから米の所得補償を半分にするとして、生産調整の経費を削っていく。最終的に米の所得補償という考え方が無くなるのは、1990年代後半、生産調整が全部転作の予算になった時である。2000年代になると転作奨励金を中心とした生産調整となり、2004年にまた変わる。直接支払い方式といい、米だけではなく、米と麦と大豆と甜菜、原料用馬鈴薯の４品目の品目横断的経営安定対策となる。４つの品目の専業農家を対象にした所得政策に切り替えている（図表16）。４つの品目を合わせて、固定部分と変動部分に分けて所得補償をやっていくという方式に変えている。これによって、米の価格補償的なものは一切無くなっている。

第2部　政策転換となった諸問題

図表16　日本的直接支払い方式（品目横断的経営安定対策）

①生産条件格差是正対策の新・旧制度の比較

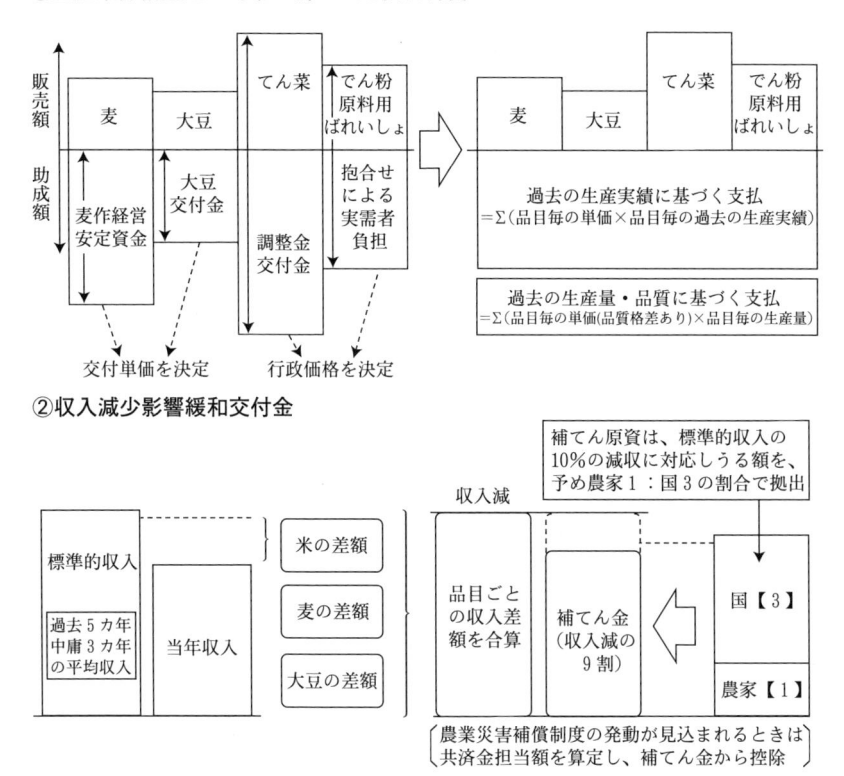

②収入減少影響緩和交付金

　図表17は、一般的な意味の農業振興政策費、この経費の柱は価格政策で、野菜価格安定、果実価格安定、鶏卵価格安定、飼料穀物備蓄対策、加工原料乳対策といったもの。交付金と補助金では、指定生乳生産者団体補給交付金、国内糖調整交付金、これはサトウキビとビート。牛肉等関税財源、これは牛肉に対して30何％かの関税を掛けていることから、輸入差益を充てた子牛や畜産・酪農農家に対する奨励金である。農業振興政策はこうした価格対策が多いが、例えば、国内糖、大豆、麦、原料用馬鈴薯は北海道で輪作体系の作物で、いずれも輸入差益が財源になっている。加工原料乳対策は輸入チーズやバターの関税で、牛乳に対する付加をしている。これも輸入差益で、価格

政策は、野菜価格安定基金以外では、鶏卵も液卵の輸入差益でやっていて、ほとんど輸入差益が原資になっている。WTO以後は直接支払い政策といっても一般財源は使わない安上がりな政策を求めてきたのである。

　TPPになったらどうなるか。関税がゼロになり、輸入差益がゼロになり、北海道の麦と大豆、甜菜も無くなっていく。サトウキビも同様、南と北を中心に、日本の農業は無くなることになる。農水省がTPP参加への反論をあわてて出したのも、安上がり農政さえできなくなるというのが本音なのかもしれない。

図表17　農業生産振興費の主な対策

（単位：100万円）

	2003年度	2004年度	2005年度	2006年度
農業生産振興費	53,516	61,108	44,145	50,738
①生産振興総合対策	13,242	21,233		
②野菜価格安定及び需給調整対策	9,716	9,249	9,507	9,580
③果実価格安定及び需給調整対策	1,277	1,260	1,953	
④鶏卵価格安定対策	1,402	1,376	1,373	1,337
⑤飼料穀物備蓄対策	1,335	1,235	4,405	4,039
⑥加工原料乳対策	20,068	20,250	20,811	22,551

注）補正後の金額である。

（4）アメリカとヨーロッパでは

　1992年での日本の農業政策は専業農家に集約し、その人たちに対して経営保障をするというのが目標だった。アメリカの場合は1933年の農業調整法からずっと価格保障で、今でも続けている。2008年では予算額をまた上げて、価格保障だけでアメリカは日本円で2兆8千億円くらい使っている。アメリカは自国の農家に対して価格保障を行い、日本ではやってはならないという。ヨーロッパの場合は、直接支払い制度で経営だけは守ろうとしている。西ドイツでは畑作で25haが平均だったが、東ドイツと一緒になって平均の経営規模は大きくなっている。東ドイツでは今では個別経営で1千haくらいの

農場がある。そのため、ヨーロッパの直接支払い制度は例えば、25haの平均ではなく、20haくらいの人がやっていけるところで切っている。それ以上の経営は自分で稼いでいるのだから補償する必要は無い。日本とは逆の補償となっている。日本の場合は農家を育成するためにお金を出す。例えば酪農にしても肉畜にしても、北海道では100頭の乳牛が無いと酪農はやっていけない。乳価がそのままで、エサの価格はぐんぐん上がるので、つぎは120頭無いと続けられない。これでは基準がつねに大きくなるばかりとなる。どこかで息切れしてしまう。

　日本の農業の場合、直接支払いなどは非常に難しい。それにもかかわらず政策の重点を個別経営の補償において、それが今失敗している。そのために何とかそれを米で取り戻そうと、小沢一郎が中心になって戸別所得補償方式で票を取った。しかし、それ以上のことはできていない。畜産政策などはほとんど変わらない。畜産や果樹など、競争が激化してくれば専業農家の規模がだんだん大きくなってくるから、農家が増えるとは考えられない。それが今の内容になっている。

　これと同じようなことをやって失敗したのが、韓国。韓国は一生懸命に専業農家を作ろうとして、貸し付けで農家の規模を拡大しようとした。しかし、畜産でいえば、飼料価格などが非常に上がり、それに追い付けなかった。それで農家は借金漬けとなって韓国農業は今、低迷し、FTAではアメリカの言いなりになっている。

4．アメリカの農産物自由化対応と市場開放政策

　農業の場合、アメリカはウェーバー条項を守っている。これはガット・ウルグアイラウンド前から、自分のところは農業の価格保障をやるが、あなた方はやってはいけないというもの。アメリカは絶対に主要品目の関税を撤廃しない、手をつけさせませんというのが、ウェーバー条項である。それをずっと貫いている。だから、アメリカの農家は農産物価格支持政策の下で保護されつつ、その上で過剰になったものは輸出奨励金を付けて海外に出してい

る。これはEUも同じ。輸出奨励金は米では約30％で、外国に来る場合は3割安くなって入ってくるということになる。競争力が高くて、後進国はいくら生産性を上げても容易に追い付かない。しかも、米はMA米でアメリカ産の米を半分買うようになっている。これが日本に対する自由化の対応となっている。

　牛肉については、O-157が出ても自分たちの牛は大丈夫だと主張している。今回の韓国との間も、日本と同じく牛の月齢問題が解決していない。

　オレンジは自由化して日本に入っているが、日本の温州みかんは1個もアメリカに入っていない。静岡の三ケ日農協などはカナダに輸出している。

　これは農業だけの問題ではなく、日本への市場要求はずっと続いている。一番激しく要求があったのは1989年から1990年にかけての日米構造協議で、この中で銀行の持ち株制度を止めさせられたり、労働者の派遣制度を入れたりして、産業構造も変わっている。日本は社会資本の整備がされていないから、10年間で430兆円の整備をしろといわれ、日本政府は社会資本、公共投資の政策で430兆円の計画を立てた。それで1990年から必死になって公共事業を行っている。途中でそれを630兆円に引き上げ、頓挫するものの、国内で土建業者に大儲けをさせる土台が作られている。

　もっと際立ってくるのが2000年に入ってからで、2002年に小泉内閣になる。ここになると、日米パートナーシップで、日米の包括協議に計画を出して、毎年首脳会談をやり、その報告を求められている。その中で、例えば保険などにアメリカの会社が入ってくる。医療保険と自動車保険は2年間、日本の中小の保険会社とアメリカの保険会社にやらせて、それが定着してから、日本の一般大手の保険会社に損害保険をやらせるというふうに、市場を開放している。法科大学院も同じ、最近のことでいえば、高速道路でオートバイの速度規制が80kmから100km以上になった。2人乗りもO.K.になった。これはハーレイ・ダビッドソンの要請によるもの。これらがひとつひとつ、首脳会談の報告事項になっている。

　ひどいのは税制までがアメリカの制度をそのまま入れている。中小企業の継承税制というのは、経済産業省がアメリカの継承税制をそのまま入れたも

のである。日本の場合の中小企業は、親父さんなんかが町工場でやって、それがだんだん大きくなって、3代目の孫くらいになると100人、200人の従業員を抱えたり、あるいは商店でも拡大して、それをどうやって継承するかという問題である。農業の場合は相続税猶予制度があるが、中小企業にはない。そこにアメリカの継承税制をそのまま入れている。アメリカの中小企業というのは大企業が子会社を作っていくもので、株の分割をしていくということになる。日本の中小企業の人たちに株の分割をしろということにして、全部株化していく。銀行からの借り入れや親族で分割できない場合は従業員にも分割しろというのが継承税制で、それで分割した場合、従業員は株をもらったから俺たちも独立したいとなる。そうすると会社は訴訟が起こって潰れていく。そういうケースが増えてきている。中小企業の形成の過程も全く考慮しないで、他国の制度をそのまま入れてくる。商法も会社法になった。日本の家族制度に合った合資、合名、有限会社は無くなった。LLPとLLCになっている。この2つが日本の中小企業の今の言い方となっている。

　今、TPPでも一番狙われているのは医療だといわれている。例えば、ゼネラルエレクトリック社はMRIの権利を持っている。それを日本で入れるとき、なるべく病院に施設しないようにしている。別会社を作って、わざわざ病院からMRI設置場所に患者を導くようになっている。これはゼネラルエレクトリック社の要望によるものである。最終的には、日本の健保の体系を変えたいということである。それで民営化していくというところが狙いである。

　韓国では、農業を後退させ、シンガポール化している。NHKで放映していたが、ロシアに1万ha韓国の企業が農地を買って農場を経営している。それ以上にアフリカのスーダンでついこの間67万ha買っている。アフリカでは20万haずつ2つの国で買っているから、アフリカで100万ha以上買っていることになる。バイオテクノロジーへの関心とともに自分のところで農地を確保できないから他国で確保している。韓国の場合は、現代とかサムソンとか、大企業に買わせている。

5．TPP対策は出せるのか

　TPP対策では、今いろいろいわれていて、日本農業の対策を講じればTPPは入ってもいいではないかという人もいる。要するに、農業のこれからの対策を明示すればよいといっている。中にはどのくらいかかるのかを計算して3兆円から4兆円の場合は消費税を上げた場合に2％分を寄こせというのがある。これで農業に対する安定した予算が確保できるという。消費税がどのようになるかは見当が付かないにしても、専業農家に対する奨励金を非専業農家が支払う結果となってしまいそうである。

　それでは、今、日本の農業はどうなっているのか。図表18では農家類型別の農家数で、農地の平均は1.9haとなっている。販売農家数を全面積で割っている。しかし、この戸数では、自給的農家と土地持ち農業者122万戸を含めた199万戸が対象になっていない。これを入れれば1.2haくらいとなる。これが日本の農家規模である。それとアメリカの198ha。EUは全体としては13.5ha。ドイツは大規模農場制を取っていた東ドイツと一緒になったので45.7ha、フランスが55.8ha、イギリスが58.8ha。オーストラリアは3,023haで、飛行機で種を撒く規模となっている。そういうところと競争している。

　しかも、日本の場合は1992年から主業農家を対象として農業政策をやっている。2009年で主業農家の数は35万戸しかない。この35万戸に対する農業政策をやることになっているわけで、安上がりにしてもお金がかかるというのが日本の状態になっている。

　日本の場合は水田が中心になって多品目少量生産の複合経営がほとんどである。畜産とか果樹は専業化している場合が多いが、これは輸入差益の価格政策が無ければやっていけない。従って、農業全体でどうすればいいのかとなると、複合経営的なものを地域として残していくという政策をやっていかないと駄目だと思われる。そういう展開の仕方で、農業政策をもう一度やり直さないと、日本の食料自給は到底無理である。

　穀物自給というのは、アメリカもやっているし、ヨーロッパもやっている。一定価格で下限価格を決めてきちんと農家に保障していくべきで、これを行

うべきである。自国の食料は自国で確保するということを明確にしていかないと、農業は残らない。

図表18　農家類型別の農家数等の推移

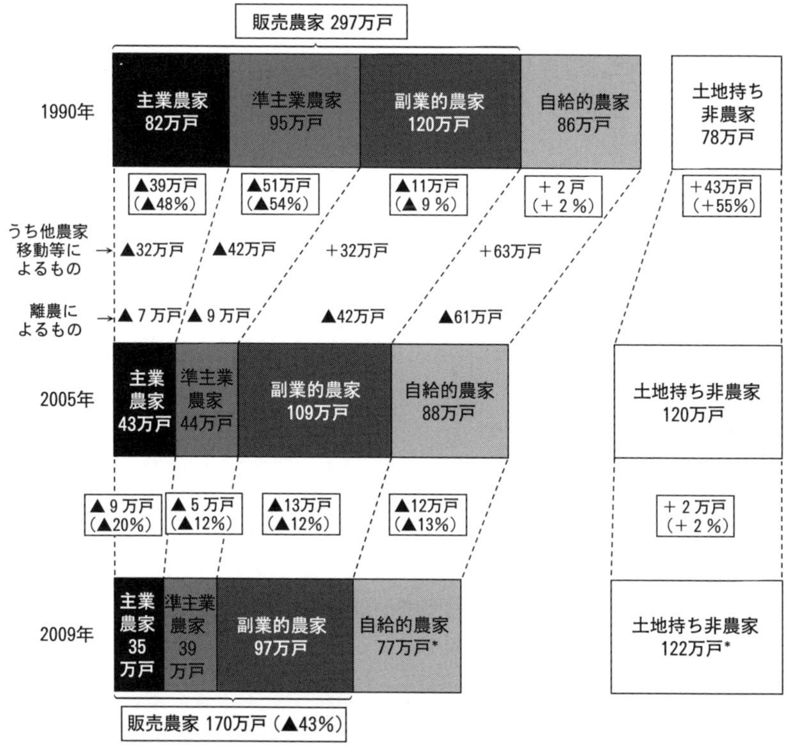

販売農家 297万戸

1990年
- 主業農家 82万戸
- 準主業農家 95万戸
- 副業的農家 120万戸
- 自給的農家 86万戸
- 土地持ち非農家 78万戸

▲39万戸（▲48%）／▲51万戸（▲54%）／▲11万戸（▲9%）／＋2戸（＋2%）／＋43万戸（＋55%）

うち他農家移動等によるもの → ▲32万戸／▲42万戸／＋32万戸／＋63万戸

離農によるもの → ▲7万戸／▲9万戸／▲42万戸／▲61万戸

2005年
- 主業農家 43万戸
- 準主業農家 44万戸
- 副業的農家 109万戸
- 自給的農家 88万戸
- 土地持ち非農家 120万戸

▲9万戸（▲20%）／▲5万戸（▲12%）／▲13万戸（▲12%）／▲12万戸（▲13%）／＋2万戸（＋2%）

2009年
- 主業農家 35万戸
- 準主業農家 39万戸
- 副業的農家 97万戸
- 自給的農家 77万戸*
- 土地持ち非農家 122万戸*

販売農家 170万戸（▲43%）

資料：農林水産省「農林業センサス」、「農業構造動態調査」。

注）1．増減戸数の内訳は、各類型別農家の1990～95年、1995～2000年、2000～05年の移動を下記により求めた合計。
　　　他農家移動等＝（他農家からの移動－他農家への移動）＋（不明世帯（入）－不明世帯（出））
　　　離農＝新設農家－離農世帯
　　2．新設農家とは、調査時に農家でなかったが、次回調査時には農家であった世帯。
　　3．離農世帯とは、調査時に農家であったが、次回調査時には農家でなくなった世帯。
　　4．不明世帯とは、転居した世帯のうち、転居先及び転居元が不明の世帯。
　　5．＊は2008年の数値。

農業について日本人はあまり関心が無い。農業というのは社会が進歩していく中で取り残されていく部分だという、暗黙の了解があるようだ。社会が進歩するには農業はいらないよという感触がある。未だに長男を含めて農業をやっているというのを大手を振っていう人は少ない。農業外に行くということが進歩となっている。今は駅前で銀座通りなんていわないが、昔でいえば東京化すること。農業から他に転じることが進歩とされてきている。
　ここの所を消費者をも含めてもう一度考え直さなければいけない。ヨーロッパの場合も、アメリカですら、食料は地域自給の考え方となっている。ニューヨークは囲んでいる4つの州で、穀物から、酪農製品から、すべて自給するようになっている。日本では、冬に中国やカリフォルニアからブロッコリーやレタスを飛行機で輸入するが、そんなことはニューヨーク市民が絶対認めない。市民が認めない。日本の場合は安ければいいと平気で買う。その違いが、例えば農業交渉でも何でも、大きく出てくる。経済成長だけに目を奪われていてよいのだろうか。
　輸出産業が日本の財界のイニシアティブを握るのは1997年。1999年の経済企画庁経済審議会の報告「経済社会のあるべき姿と経済新生の政策方向」に、その審議会の構造改革部会での「企業が国を選ぶ時代」との認識が明記され、日本における事業環境を国際的に魅力あるものにするとの方向が示された。大震災を機に部品部門等をアジアに移すという。その理由のひとつにTPP参加の延期を挙げている。イギリスの産業資本主義が最高潮に達したとされるのは1895年。しかし、その時期失業者はあふれ、資本は海外に流れ、『帝国主義論』の著者ホブソンは、イギリスの政府の経費膨張と財政逼迫を指摘し、国内経済の疲弊を案じている。その結果帝国主義反対を唱えている。この時期に同時に自然保護と国土保全を目的としたナショナルトラストと国際協同組合連盟などが出来ていることも象徴的である。資本の論理の貫徹が、その後のイギリスの国内産業を衰退させ、食糧自給も1940年代には30%以下にし、50年かかった今、やっと100%近くとなっている。改めて考えさせられることである。

[注]
（1）谷口信和『農村と都市をむすぶ』2011年4月号　pp.29〜39　全農林労働組合
（2）谷口誠「米国のTPP戦略と『東アジア共同体』」2011年3月号　p.45『世界』岩波書店

第3部

農業政策の変容

第1章　農業政策の再構築は出来るか
―民主党マニフェストと農業政策

1．農業のマニフェストとINDEX

（1）中心は「戸別所得補償制度」

　09年民主党へ政権交代をもたらした農業関連のマニフェストは「戸別所得補償制度で農山漁村を再生する」であった。その政策目的は、第1に農山漁村を生産・加工・流通までを一体的に担う6次産業によって活性化する。第2に主要穀物等では完全自給を目指す。第3に小規模経営の農家を含めて農業の継続を可能とし、農村環境を維持する。第4に国土保全等、多面的機能を有する農山漁村を再生するというものであった。具体策の第1は「戸別所得補償制度」で、販売農家に対し農畜産物の販売価格と生産費の差額を補填すること、とした。戸別所得補償制度では規模、品質、環境保全や主食用米からの転作等に応じた加算を行うこと。畜産、酪農、漁業に対してもこの制度を導入すること。加えて「森林管理・環境保全直接支払い制度」も入れて総額1.4兆円を投入するとした。農業関連のマニフェストにはこのほか「食の安全・安心を確保する」として、食品トレーサビリテイ・システムの確立、原料原産地等表示の義務付けを加工食品に拡大することや、BSE対策と輸入牛肉の条件違反の場合の全面輸入禁止などへの対応、食品安全庁の設置による食品管理機能の一元化等で3,400億円をつぎ込むとした。

　総選挙を前にしたマニフェストの項目は簡素化されていて説明もなく、分かりづらい。これより1ヶ月前、民主党政策集「INDEX2009」が出されており、ここではより踏み込んだ政策が示されている。そこでこれにより詳しくその内容をみよう。

　INDEXでは、マニフェストの具体策にあった「農業者戸別所得補償制度の導入」が第1の項目にあがっている。その説明は次のようである。「米、

麦、大豆等、販売価格が生産費を下回る農産物を対象に、食料自給率目標を前提に策定された「生産数量目標」に即して生産を行った販売農業者（集落営農を含む）に対して、生産に要する費用（全国平均）と販売額（全国平均）との差額を基本とする交付金を交付する。」「交付金の交付に当たっては品質、流通（直売所等の販売）・加工（米粉等の形態での販売）への取り組み、経営規模の拡大、生物多様性など環境保全に資する度合い、主食用の米に代わる農産物（米粉用、餌料用等の米を含む）の生産の要素を加味して算定する。これにより食糧の国内生産の確保および農業者の経営安定を図り、食料自給率を向上させ農業の多面的機能を確保する」というもの。

いうところは、米麦等主要穀物にかかわる不足払い制度を導入し、各品目ごとの所得維持政策をはかろうとするもので、もちろん畜産、野菜、果樹等にも適用していこうというのである。ただ、マニフェストでは米対策、水田農業対策に中心をおき「水田農業の再生と米の供給安定体制の確立」をあげている。水田農業の再生とは、参議院での法案提出の際あいまいになっていた米の生産調整への対応を明確にして、「現行の生産調整を廃止し、主食用のほか、米粉用、飼料用、多用途の米の計画的な生産流通を行う」として、水田の全面的利用を言っている。また、食糧法の下で行われてきた米の備蓄制度をこれまでの回転備蓄から棚上げ備蓄に変え、ミニマムアクセス米を含め300万tの備蓄にすることとしている。

マニフェストの狙いは、生産調整を含めた水田農業の見直しである。そのため、政策の根拠を国家戦略目標として、食料自給率向上におき、主要農畜産物の生産数量目標を設定し、10年後50％、20年後60％の食料自給率引き上げを行うとしている。

第2の項目は農地問題で、食料自給率を確実にする意味からも、必要最低限の食糧を国民に供給し得る自給力の指標として、確保すべき農地面積の目標となる農地の総量を設定するといっている。しかし、具体的な農地制度への言及はなく、09年に成立した改正農地法に沿った方向で、農業への参入の緩和と一筆管理からゾーニング規制（地域別規制）、「都市・農業地域土地利用計画制度」の創設を述べている。当面の農地制度への対応としては「農地

の農業上の利用を確保する責務」を明確化し、農業の新規参入には「所得目標」や「経営規模を設定しない」ことを強調している。米政策、農産物価格政策では前政権との違いを明白にしているものの、農地制度に関しては財界等が求めていた法改正の趣旨に沿った政策を展開している。

第３の項目は「直接支払いを通じた農村集落への支援」と「農山漁村の６次産業化」で、これは、これまでの自民党政策の延長線上のものとなっている。ただ、農村集落活性化では現在行われている「農地・水・環境保全向上対策」を見直し、農村集落に対し「資源保全管理支払い」「環境直接支払い」、条件不利地域に対する「中山間地域直接支払い」の３つの直接支払いを実施するとしている。あわせて、有機農業の推進を図ることとしている。

第４の項目は食の安全・安心に関することで、トレーサビリティ・システムの導入や食品表示の拡大、行政組織として農林水産省と厚生労働省の関係部署の統合を図り、「食品安全庁」を設置するとしている。問題となる農業の公共事業については諫早湾干拓事業についての言及があるものの、触れられていない。

農業にかかわるマニフェストは、最も具体的な内容を持っているのが米対策、特に水田農業に充てられており、中心は、不足払い制度の導入にある。しかし、食料自給率の向上を真正面にすえて、国内の農業政策の転換をはかる方向は明確にされているものの、対外的な農産物の輸入障壁等の対策についてはニュアンスが異なっている。これまでの政権より積極的なのである。マニフェストでは「農林水産物の国内生産の維持拡大および農山漁村の再生と世界貿易機関（WTO）における貿易自由化協議や各国との自由化貿易協定（FTA）締結の促進とを両立させる」といい、FTAでの推進を明確にしている。戸別所得補償にかかわる米・水田農業対策の転換とFTA等の締結がどのように結びつくのか定かではないが、マニフェストの政策はかなり矛盾している。

（２）失われた農業政策——マニフェストの背景

マニフェストに掲げられた「戸別所得補償制度」は今回がはじめてのもの

ではない。この考えが民主党から示されたのは2004年5月の「農林漁業再生プラン」（骨子）であり、07年の参議院選挙はこの戸別所得補償制度によって農村部で大勝し、ねじれ国会となっている。07年の参議院選挙後の10月「農業者戸別所得補償法案」を参議院に提出し、可決されているものの、衆議院では否決されている。2007年は一年で4人もの農林水産大臣が交代した年である。米政策の転換が行われ、「戦後農政の大転換」とされた担い手に対する「品目横断的経営安定対策」が発足している。農業政策はこの段階から際立って担い手育成の構造政策に収斂し、米と農地を柱としたそれまでの農業政策がほぼ終わりを告げている。その後、これまでの農業政策が失速した状態で09年の衆議院選挙を迎えたのである。そこで、マニフェストが再び農村部で最大の効果を発揮したのである。その背景を一瞥しておこう。

①農産物自由化と構造政策

現在の農業政策の発端は80年代後半にある。日本の経済が完全に輸出主導型の構造となり、円高が進むなかでアメリカに内需拡大を迫られ、日米構造協議で銀行の持ち株制度や取引・労使慣行まで変更を求められる。その結果、「公共投資基本計画」で10年間に430兆円の公共投資等を義務付けられる。農業では米の自由化が最終段階を迎え、93年にガット・ウルグアイラウンドの農業合意により翌年からWTO体制に入る。

これより先、92年に政府は「新農政」を発表し、完全自由化の下での農業政策を明らかにする。そこではこれからの農業政策は担い手たる認定農業者と法人に政策の対象を絞ることとしたのである。以後、農業政策は担い手の育成、構造政策が前面に出されてくる。明治から続いた集落を基盤とした農業施策は姿を消し、農業団体を通ずる対策はなくなる。生産流通段階においては規制と保護のあり方を見直し、市場原理・競争条件の強化を図ることとなる。しかもWTO後の農業政策は、農業の公共事業によってすすめられ、UR対策は6年間で6兆100億円をかけたものの、その大部分は公共事業で、国の農業予算は公共事業が50％を超え、都道府県の農業関係費も8割が公共事業となる。しかし、これも97年の「財政構造改革」によって幕切れとなり、2002年小泉内閣となって「三位一体改革」で価格政策をはじめとした経費削

減が迫られ、農林水産予算全体が落ち込むこととなる。2006年に食糧法が改正され価格政策は完全に廃止され、次年度から「品目横断的経営安定対策」による対策のみが残されることとなった。

②米政策の転換と所得の低減

政策の転換は米を中心に行われた。変革の過程は図表1にある。食管法に変わる食糧法が施行されるのが96年。食糧法の基本的な変化は政府の役割を米の輸出入管理と備蓄においたことである。流通を自由にした意味はそれまで米屋のみに許可していた米の販売を、誰でもどこででも売れるようにし、農家さえ自ら売れるようにしたことである。価格の調整は生産調整と政府の備蓄によることとし、備蓄は年間、政府が150万t、全農が調整保管として50万tあわせて200万tとするというもの。しかし、実際は備蓄米の売渡が1年後で、備蓄にかかわる金利・倉敷料を含めると、古米になっているにもかかわらず売渡し価格は低く出来ない。その結果、買い手がつかず、豊作も重なり在庫を増やし、却って財政負担を多くしていった。他方、生産調整も面積の拡大、奨励金単価の引き下げなどでこれも進まず、ここでも財政負担の増大を余儀なくされる。米政策の大転換は「三位一体改革」後に行われるが、ここでは新自由主義がまかり通ることになる。「米のあるべき姿」は、「生産者が消費者を見つけ出し、消費者が望むだけ作ればよい」との論である。生産調整も備蓄にも政府の役割はいらないということだ。やむを得ず、天候等による凶作の場合は国が対応するが、豊作等による過剰は生産者が責任を持って処理することとなる。政府買い上げは実質なくなり、過剰米対策が浮上する。これは生産者が60kg当たり3,000円積み立て、過剰となったときは米穀機構が7,000円で買上げる。それを飼料用米として売り渡す。米は飼料価格となる。さらに米の生産調整も面積による配分から数量によるものとなり、転作作物への助成金は「産地づくり交付金」となる。それでも財政縮減は出来ない。07年以後は、生産者・生産者団体が責任を持ってすべきとの趣旨から、生産調整の割り当て事務等を農業団体に委ね、この交付金は転作作物の重点化とその単価まで地域に委ねられることとなった。そして米価格の変動・調整対策から担い手に対する経営安定対策に切り替えたのである。そのシス

第3部　農業政策の変容

図表1　米政策改革システムの展開過程

			食糧法 (平成8〜15年度)	改正食糧法	
				第1ステージ (16〜18)	第2ステージ (19〜21)
需給調整システム	生産調整	対象実施システム (対象、主体)	ネガ方式(調整面積対象)過去の生産調整実績基準行政による目標割当	ポジ方式(生産数量対象)過去の生産面積基準から現在の販売実績基準への漸次的移行行政による目標割当て	同左 販売実績基準の完成 生産者団体主役の目標割当(政府機能は情報提供へ)
		助成体系	生産調整面積への助成基本助成(生産者とも補償)と各種政策加算(団地化・土地集積加算、高度土地利用加算等)	産地づくり対策(目標数量との切組)基金部分(政府助成)と各種政策加算(担い手加算、麦・大豆品質加算等)の傾斜拡大地域水田農業ビジョンとの連動制	同左 助成単価・使途の地方分権化 重点助成の別枠化
	流通過剰米対策		政府備蓄(150万トン基準、上下50万トン幅)全農調整保管(政府備蓄を上回る数量)	政府備蓄の中立化(100万トン上限の回転備蓄)集荷円滑化対策(作況超過米の生産者割当制)	同左 同左
価格変動対策 (担い手対策)			稲作経営安定対策(政府・生産者拠出によるとも補償、平成10年〜)①一般コース、②担い手コース、③計画外流通米コースに三分化(平成12年〜)	稲作所得基盤確保対策(生産調整参加者一般対象)と担い手経営安定対策(担い手対象)の二階建 担い手対象・要件の明確化(認定農業者と集落営農)	品目横断対策による担い手対策の制度的分化と総合化 ①畑作価格対策の廃止と担い手交付金法への統合 ②変動緩和対策と生産性格差是正対策の二本建 ③担い手要件の緩和 非担い手に対する経過助成(稲作構造改革促進交付金)

テムは図表2の通りで、「品目横断的経営安定対策」と呼ばれている。経営実績に基づきナラシと呼ばれる一定の所得を補填し、ゲタという過去の経営努力による品質や生産性の向上に対し、所得の下支えを図るというものである。米以外の作物は麦、大豆、てん菜、でん粉原料用ばれいしょが対象となる(図表3)。当面米はゲタの対象からはずされたが、それは米の損益分岐点

が10haになっているので、これ以下の生産者にとって経営規模を拡大することは不可能だからである。これらの結果、米の価格は凶作時を除き下がり続け、直近でも下げ続けている。米の担い手に対する経営安定対策も価格が下がれば過去3ヵ年中3ヵ年の平均なので補償基準も下がり、補塡は下落幅の90％なので、所得は減少するばかりである。「品目横断的経営安定対策」は「水田畑経営安定対策」として麦、大豆4品目の畑作物に実施されている。

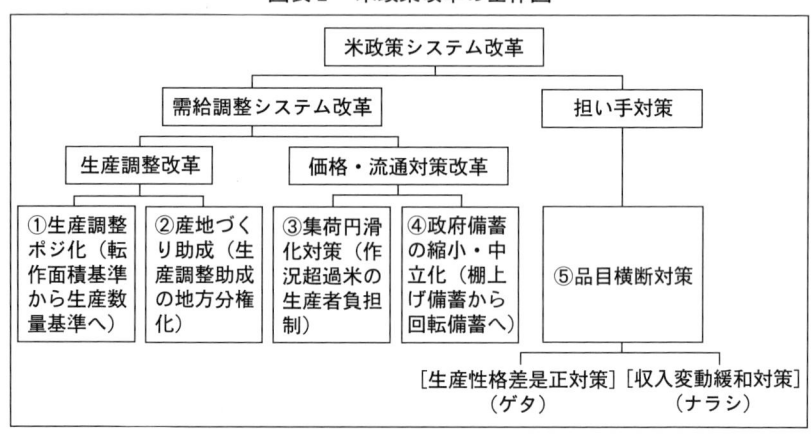

図表2　米政策改革の全体図

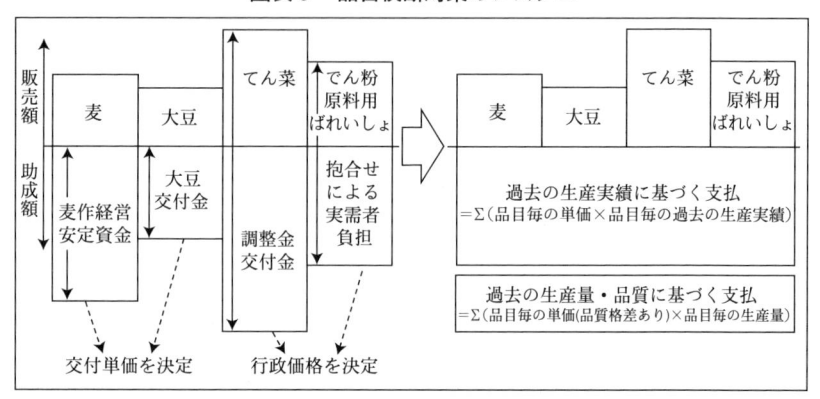

図表3　品目横断対策のシステム

しかし、先にも述べたように、これを機に各作物の価格対策は完全に廃止された。しかも、担い手へのこの事業は、麦等は、食管特別会計の流れで行っているので、原資は輸入差益で、一般会計には影響しない。輸入による農産物対策は輸入差益で財源を出し、担い手対策以外の国内農産物への財政負担は減少し続けているのである。

国内産米の価格は下がり続けているが、一方でMA米や輸入米が加工用等へ出回るなかで歯止めのない状態である。米価格の下落には消費の減退と流通面にも原因がある。流通を自由化したことにより、米の販売はスーパーなど量販店が価格形成力を持ち、牛乳と同様目玉商品として、値下げ競争の対象となっている（図表4）。07年と10年前との比較をすると消費者米価は18％下がり、生産者米価は25％下がっている。米生産費が18％下がっているものの、米生産者の所得は33％減少している。生産者米価は92年来、凶作の年を除いて全国平均の生産費を充足していない（図表5）。08年の生産費から見ると5ha以下の米生産者では農家手取り価格は生産費を下回り、農家余剰は生じない。規模拡大など無理である（図表6）。

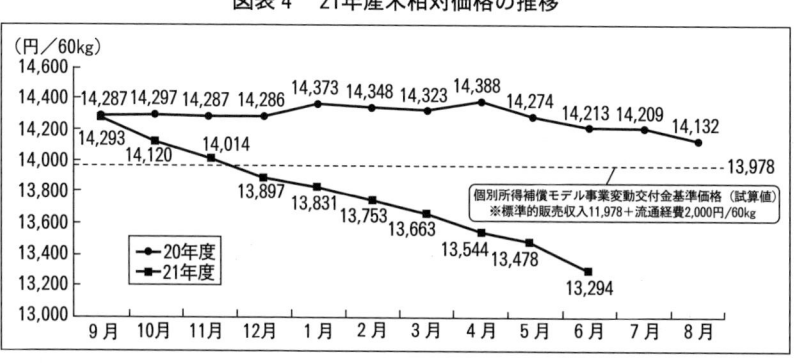

図表4　21年産米相対価格の推移

資料：農林水産省「最近の米をめぐる関係資料」より作成。
注）1．価格は、農林水産省の公表価格をもとに、包装代・消費税相当額を控除した価格。

図表5 米の価格と生産費の推移

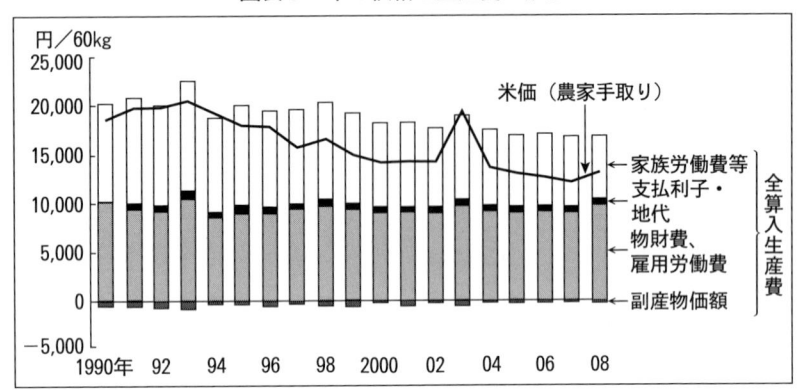

凡例:
- 米価（農家手取り）
- 家族労働費等
- 支払利子・地代
- 物財費、雇用労働費
- 副産物価額
- 全算入生産費

資料：農林水産省「米及び小麦の生産費」、(財)全国米穀取引・価格形成センター「コメ価格センター入札結果」。

注）1．米価（農家手取り）は、それぞれの年産のコメ価格センターの平均価格から、相対価格との差額1千円と流通経費2千円を引いたもので60kg当たりの価格。
　　2．物財費は、種苗、肥料、農薬等の流動財費と農機具等固定財の減価償却費の合計。
　　3．全算入生産費=(物財費、雇用労働費)+(支払利子・地代)+家族労働費等-副産物価額
　　　家族労働費等は、家族労働費と自己資本利子・自作地地代。

図表6　経営規模別の米の生産費（2008年産）

（単位：円／60kg）

	全算入生産費	物財費、雇用労働費	支払利子地代	家族労働費等	副産物価額
平　均	16,497	9,835	565	6,458	▲361
0.5ha未満	25,294	14,857	58	10,750	▲371
0.5〜1.0	22,035	13,610	230	8,568	▲373
1.0〜2.0	17,636	10,559	290	7,159	▲372
2.0〜3.0	14,508	8,381	563	5,902	▲338
3.0〜5.0	13,294	7,742	878	5,034	▲360
5.0〜10.0	11,964	7,068	949	4,302	▲355
10.0〜15.0	11,130	6,490	990	4,017	▲367
15.0ha以上	11,503	7,100	1,233	3,521	▲351

資料：農林水産省「米及び小麦の生産費」、「農林業センサス」（2005年）、(財)全国米穀取引・価格形成センター「コメ価格センター入札結果」。

注）1．物財費は、種苗、肥料、農薬等の流動財費と農機具等固定財の減価償却費の合計。
　　2．全算入生産費=(物財費、雇用労働費)+(支払利子・地代)+家族労働費等-副産物価額
　　　家族労働費等は、家族労働費と自己資本利子・自作地地代。
　　3．農家の割合は、2005年の数値。

米ばかりでなく、農業生産額そのものも下がってきており、2009年と1990年と比較すると農業生産額は13.7兆円から9兆円、販売農家戸数は297万戸から170万戸へ130万戸減り、主業農家は82万戸から35万戸となっている。今の農業政策はこの35万戸のみを対象にしている。農地面積は524万haから461万haに、耕地利用率は102.0%から92.2%と落ち込んでいる。

畑作物・畜産物などは輸入差益を原資に担い手中心の対策となり、国内土地利用作物である米等は置き去られたのである。ここに戸別所得補償制度が大きな期待を持って迎えられた背景がある。

2．マニフェストと10年度農業予算

（1）非公共事業への傾斜と公共事業の削減

国債を含め92兆円に膨張した10年度予算のなかで最も減少したのが農林水産予算である。90年代からの農林水産予算を見ると93年度の4兆6,000億円を頂点に減り始め、2000年に入って3兆円台となり、減り続けている。一般会計歳出から国債費・地方交付税を差し引き実質的な予算である一般歳出で見ると農林水産予算は80年代では10%、90年代に入り8%となり、2000年になると6%となる。2010年は4.5%となった。水産業と林業予算を除けば一般歳出の3.4%に過ぎない。

10年度の農林水産予算は2兆4,517億円、うち農業予算は1兆8,325億円と09年から2兆円を割っている。さらに農林水産予算の非公共事業と公共事業の構成を見ると05年度以後ほとんど変わらぬ比率であったものが、10年度は公共事業が26.8%と急減し、非公共事業が1兆1,599億円と膨らんでいる。農林水産予算は減少している上で質的にも変わってきている。そのなかで、今回のマニフェストによる事業への取り入れの結果を追ってみよう。

（2）主要事業の内容――一貫性を欠く政策の展開
①戸別所得補償モデル事業の内容

マニフェストの目玉であった戸別所得補償制度は、10年度ではモデル事業

として行われる。本格化は11年度からとされた。その総額は5,618億円である。その構成は図表7にある通り。戸別所得補償モデル事業は3,371億円、しかも順位は2番手となっている。すでに述べたようにこれまで民主党として出されてきた戸別所得補償事業の試算では04年の「農林業再生プラン」、09年の参議院に提出された「農業者戸別所得補償法案」では、前者が9,998億円、後者は1兆242億円なので、戸別所得補償制度としてはかなり減ってきている。しかし、内容を見ると水田の主食用米への対策が農林業再生プランでは145万ha、5,050億円。参議院の法案では132万ha、3,525億円となっていて、07年の主食用米対策に近いものとなっている。ともかく水田からはじめてみようとのことであろう。

図表7　戸別所得補償制度のモデル対策

	億円
戸別所得補償制度のモデル対策	5,618
（1）水田利活用自給力向上事業	2,167
（2）米戸別所得補償モデル事業	3,371
（3）戸別所得補償制度導入推進事業	80

「平成22年度農林水産予算の概要」（H22・1）による。

　まず、米戸別所得補償モデル事業（以下「モデル事業」）についてみてみよう。その狙いとして1つは、自給率向上のための戦略作物等への直接助成、2つは自給率向上の環境整備を図るため、水田農業経営のための助成を内容とする対策とし、本格実施に備えるというもの。事業の趣旨では「意欲ある農家が水田農業を継続できる環境を整えることを目的に、恒常的に生産に要する費用が販売価格を上回る米に対して、所得補償を直接払いにより実施すること」とした。この事業はあくまで水田農業として行うのである。その方法は通常作付けされている米価が生産費以下であることを明らかにした上で、その補塡をすることである。

　交付対象者は「米の生産数量目標」に即した生産を行った販売農家・集落営農のうち、「水稲共済加入者又は前年度の出荷・販売実績のあるもの」と

なっている。生産調整参加等の条件は引きつがれたが、担い手要件はなく、今回はすべての販売農家が対象となっている。全体の生産数量目標は855万ｔで、この事業の対象数量の目標は農家自家飯米用分を除く700万ｔとなっている。平均収量は10ａ当たり530kgなので、面積で132万haが対象となる。交付金の対象は主食用米の作付面積から個人・集団とも飯米相当の10ａ控除して算定するとしている。少しでも交付金を少なくするためと数字合わせであろう。交付単価は図表8にあるように定額部分と変動部分に分けられ、定額部分は10ａ当たり15,000円。算定の基礎は「標準的な生産に要する費用と標準的な販売価格との差額」である。これを全国一律単価とし、これに交付対象面積を乗じた金額を当年産の販売価格いかんにかかわらず交付する。15,000円の根拠は標準生産費を過去7年間のうちなか5年を取り「経営費＋家族労働費の8割」で60kg当たり13,703円。標準販売価格は相対価格（流通経費、消費税を除く）の過去3ヵ年平均11,978円で、定額支払い分は60kg当たり

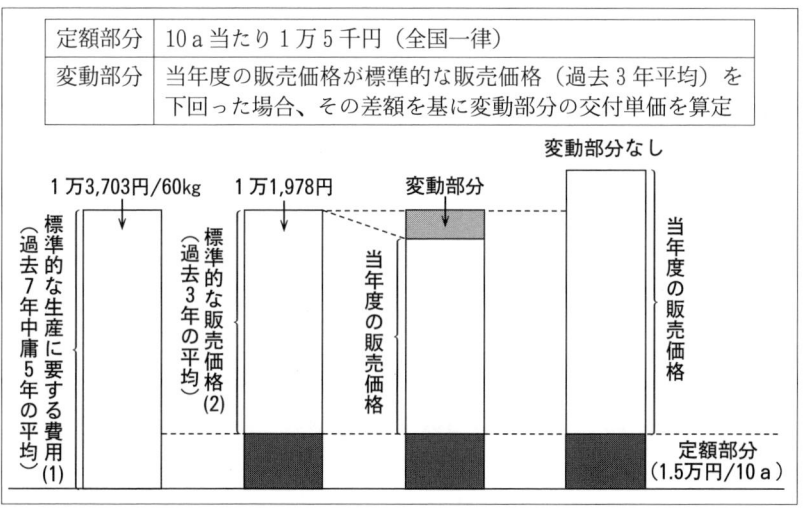

図表8　コメ戸別所得補償（平成22年度予算）のしくみ

定額部分	10ａ当たり1万5千円（全国一律）
変動部分	当年度の販売価格が標準的な販売価格（過去3年平均）を下回った場合、その差額を基に変動部分の交付単価を算定

資料：農林水産省資料より。
注）1．標準的な生産費＝経営費（物財費）＋家族労働費の8割。
　　2．標準的な販売価格＝出荷団体・出荷業者と卸売業者との間の相対取引契約の価格から、運賃・包装代・消費税等の流通経費を引いたもの。

1,725円で、これを10a当たりに換算して出している。定額部分は今年の12月末までに直接農家の口座に振り込まれることになる。定額部分の総額は1,980億円、戸別所得補償額の6割に当たる。この定額部分は販売額が標準生産費60kg当たり13,703円を超えても支払われる。

変動部分については10年産米の販売価格が標準的な販売価格を下回った場合、その差額をもとに変動部分の交付単価を算定し、これに交付対象面積を乗じた金額を交付する。

変動部分の総額は1,390億円で、60kg当たり1,192円となる。標準価格から見ると本年産米は60kg当たり10,780円まで下落しても補償されることとなる。定額部分の15,000円は転作作物の所得との調整も経ていて、主食用米と所得との整合性は保たれている。

モデル事業は、いわゆる不足払い制度で、下限価格の設定であり、これまでの米価の下落を止める手段である。これまでの米の経営安定対策は担い手生産者の拠出を伴い、しかも下落幅の90％の補償となっていて、下落を止められなかった。本年産の急落の際の措置は置いておくとして、下限価格60kg当たり13,703円は保証されている。交付単価算定の労働費8割は数字合わせであろう。問題はその効果で、08年産の生産費から見ると5ha以上の農家にとっては余剰が生ずることとなる（図表6参照）。もっとも作付けの多い1ha以下の農家にとってはその効果はわずかであろう。農水省は8月末、この事業のアンケートの結果を公表しているが、本格実施に当たって最も強い要望は、標準販売額の指標を下げないでほしいということである。

②転作対策としての水田利活用自給力向上事業

この事業は戸別所得補償モデル対策に転作対策として加えられたものである。その趣旨はマニフェスト同様「自給率の向上を図るため水田を有効活用して麦、大豆、米粉用米、飼料用米等の戦略作物の生産を行う販売農家に対して、主食用米並みの所得を確保しうる水準を、直接支払いで交付する」というものである。従来の助成体系を大幅に簡素化し、全国統一単価の設定など分かりやすい仕組みとしたという。交付対象者はこれまで生産調整などに協力してこなかった農家等も参加できるようにし、ともかく水田農業の活性

化を図ることとしている。図表9にあるように交付単価は麦、大豆、飼料作物などはこれまで同様10 a 当たり3万5,000円、新たに新規需要米として米粉用米、飼料用米、バイオ燃料用米、WCS用稲は10 a 当たり8万円と大幅アップ。これまでのそば、なたね、加工用米は2万円、その他作物（都道府県単位で単価設定可能）1万円、二毛作助成（主食用米と戦略作物又は戦略作物同士の組み合わせでも可）1万5,000円となっている。農水省が二の足を踏んでいた米粉用米、飼料用米、バイオ燃料用米などに8万円出すことが目玉である。また、二毛作についても対象としていることが水田利用を念頭に置いた対策としている結果であろう。しかし、転作作物の促進についてはこれまで産地づくり交付金によって都道府県に任せたこともあり、交付金の単価が産地づくり交付金のほうが高くなるケースが出て、急遽、激変緩和措置が取られることとなった。

図表9　交付単価

作　物	単価（10 a 当たり）
麦、大豆、飼料作物	35,000円
新規需要米（米粉用・飼料用・バイオ燃料用米、WCS用稲）	80,000円
そば、なたね、加工用米	20,000円
その他作物（都道府県単位で単価設定可能）	10,000円
二毛作助成（主食用米と戦略作物又は戦略作物同士の組み合わせ）	15,000円

　激変緩和措置の総額は310億円。そのうちその他作物への助成に260億円。麦、大豆、飼料作物の調整に5億円。二毛作助成の45億円である。水田利活用自給力向上事業は水田に作物を作付けすることを目的とし、参加者を多くすることを狙いとしている。しかし、作物ごとの生産数量目標がなく、マニフェストにあった品質、規模、環境保全への加算も見られない。激変緩和措置によって政策の欠陥を補塡しなければならないというのは政策としては異例である。しかも、水田転作に関しては担い手を対象とした、品目横断的経

営安定対策が特別会計で、水田畑作経営所得安定対策として行われている。
　「水田畑作経営所得安定対策」は特別会計で2,330億円の事業である。米は除かれている。麦、大豆、なたね、でん粉原料用ばれいしょに対し、いわゆるナラシとゲタの対策を行っており、生産条件不利補正対策で固定払いとして1,023億円、成績払いに525億円、収入減少影響緩和策764億円が出ている。担い手である認定農業者と法人について04年から06年の実績をもとに補償をしているのだが、水田利活用の事業とは考えがまったく異なるものである。政策的には事前の調整が必要であったことはいうまでもない。

（3）棚上げ備蓄への変更
　04年の食糧法の成立から米政策での国の役割は、備蓄と輸出入管理となったが、事実上備蓄は米価の調整機能を果たすものでもあった。しかし、玄米を中心とした保管では1年を経たら食味と品質は落ち、通常の価格では流通できない。にもかかわらず買入価格と同様の水準の価格で売り渡せると考えたところに回転備蓄の誤算があった。そのため備蓄は結局、緊急時の買い上げに限り、そのつどの在庫調整となっている（図表10）。マニフェストの提案は回転備蓄から棚上げ備蓄への変更にあるが、その検討は食糧・農業・農村政策審議会食糧部会で行われており、実施時期を11年度として検討を進めている。現在の段階では国産米を5年間棚上げ備蓄し、備蓄後、非主食用途へ売却することとしている。数量は100万ｔ（年間20万ｔの買い上げ）、別途MA米として輸入量77万ｔがあり、これを含めた備蓄にするという。棚上げ備蓄にかかわる財政負担は売買差益を380億円程度と見積もっており、マニフェストにあるMA米を含む300万ｔとは程遠いものとなっている。回転備蓄の場合も米の品質の劣化を考慮に入れず行っていることに不思議さを感じるところである。

図表10　政府備蓄米の買入れ等について

年 産	買入 数量	買入 決定時期	販売 主食用	販売 援助用等	販売 飼料用	在 庫
12年産	41	12年9月「平成12年緊急総合米対策」	23	4		176
13年産	8	13年11月「当面の需給安定のための取組」	20	1	8	155
14年産	14	14年12月	38			131
15年産	2	15年11月	106	▲35	33	60
16年産	37	16年11月	5	1	8	84
17年産	39	17年11月	12	4	31	77
18年産	25	18年11月	25			77
19年産	34	19年10月「米緊急対策」	12			99
20年産	10	20年10月	20	3		86
21年産	16	21年11月	3	1		98

注）1．販売欄の数値は、12年産の場合は12年11月～13年10月における販売数量で14年産まで同様であり、また、15年産の場合は、15年7月～16年6月における販売数量で21年産まで同様である。
　　2．注）1．により販売において重複する期間（15年7月～10月）における数量は、主食用で32万トンである。
　　3．在庫欄の数値は、12年産の場合は13年10月末の数量で14年産まで同様であり、15年産の場合は、16年6月末の数量で21年産まで同様である。
　　4．援助用等欄の▲数値はJIAC（国際農業交流・食糧支援基金）からの返還米である。
　　5．ラウンドの関係上、計と内訳が一致しない場合がある。

（4）6次産業による産業創出政策

　戸別所得補償とともにマニフェストに上がっていたのが、6次産業による地域振興策である。その政策目標は「農林水産業・農山漁村と2次産業、3次産業との融合・連携等により、新たな付加価値を生み出し、農林水産業の成長産業化、食品産業の高度化、新産業の創出を図ること」となっている。08年から始まったこの事業は、昨年までは農商工連携対策として行われていたが、10年度の予算は130億円で昨年より大幅に減っている（図表11）。その内容を見ると、地域の農業産品の輸出については従来どおりの事業額となっているものの、地産地消、販路の拡大を図る地域の直売所、加工処理施設などの設置や朝食の欠食予防、学校給食の推進などの事業が4分の1に減っている。替わって資源・環境対策としての食品廃棄物抑制策などの研究に変えられ、食品産業プロジェクトと食品産業の中小企業を対象とした事業となっ

ている。環境面では温室効果ガス排出削減、容器包装廃棄物の再商品化、地域の第2世代バイオ燃料の原料の利用可能性等の調査に力を入れている。食品製造業者へのHACCP手法の導入、一般的衛生管理のための基礎研修など企業体質の強化を図るものに変わってきている。どちらかといえばこれまでの地域中心の農業者、商工業者への対策事業であったものから、一般企業の体質強化に力点を置いてきている。地域の雇用を創出するとの考えからはむしろ遠くなっている印象を受ける。事業の結果を見るしかないだろう。

図表11　農林漁業の6次産業化関連予算の推移（2008～2010年度）

(単位：億円)

	2008年度	2009年度	2010年度
6次産業創出総合対策　総額	―	―	130.73
（農商工連携推進対策）	108.21	178.72	―
1．地産地消・販路拡大・価値向上	75.43	146.12	33.58
2．流通の効率化・高度化	10.01	9.93	1.89
3．国際展開（輸出促進など）	20.52	20.68	14.19
4．資源・環境対策	‥	‥	73.10
5．品質管理等による企業体質強化	‥	‥	3.29
6．緑と水の環境技術革命プロジェクト	‥	‥	4.68

資料：農林水産省予算の概要　平成20年度、21年度、22年度。
注）2008年度、2009年度は「農商工連携推進対策」。趣旨の一致する事業について合算して表示した。

（5）中山間地域等直接支払い交付金、農地・水・環境保全対策

　農山漁村の活性化については、マニフェストでは集落の活性化とともに、中山間地域の直接支払い制度についてより充実した提言を行っていた。しかし、集落活性化については「活力ある農山漁村村づくり推進事業」が前年の半額となっている。人材派遣育成事業、こども農山漁村交流プロジェクトは継続して行うこととしている。すでに10年を超える「中山間地域等直接支払い交付金」については地域ぐるみの取り組み条件を見直し、高齢者も参加できるようにして、小規模高齢化集落支援加算を加えている。農地・水・環境保全対策では「資源保全管理支払い」「環境直接支払い」の創設を提言していたが実現はなく、化学肥料、化学合成農薬などの使用を制限する活動に支

援をすることとしている。

この問題については、所得補償と同様の性格を持つ事業でもあり、事業の継続を確保したことに意義を持たせている。

マニフェストの事業への反映は短兵急に行うものではなく、これまでの政策との整合性をもとめられている。しかし10年度についてはモデル事業が中心であり、11年度以後の本格的制度への移行後が問題となろう。

3．農業の公共事業の政策転換

10年度国の予算編成の基調は「コンクリートから人へ」であった。これまでの公共事業費は瞬く間に削られ、福祉予算等に回ることとなった。農業予算も90年代から続いた公共事業予算が一挙に削られ非公共事業に取って代わられたのである。だが、一見大転換と見られるこの削減は90年代後半から続いているものであり米政策の転換とも呼応した動きでもある。農業の公共事業はいまやストックマネージメントの時代となったのである。

（1）施設管理中心の事業へ――土地改良法の改正

90年代後半の財政逼迫とともに農業農村整備事業の見直しが行われた。1999年の食糧農業農村基本法の制定によって、新たな政策の枠組みが作られたが、土地改良法についても見直しがされ、農業農村整備事業も新たな展開が図られるようになる。一般の公共事業に対する反省は環境アセスメント、費用対効果に関するものが強く出されていたが、02年に施行された改正土地改良法は新たな基本法の24条で「環境との調和に配慮」することを明記して、公共事業一般の批判に応えようとしている。しかし、土地改良法の改正の背景は、ひとつは財政問題であり、もうひとつはこれまでの「施設設備の整備の事業」が一段落したことにあった。財政問題とは、経済財政諮問会議が「今後の経済財政運営および経済社会の構造改革に関する基本方針」（骨太方針）に示した公共事業への効率性・透明性への対応でもある。第2の一段落とは「土地改良施設により造成された施設は農業水利施設だけで22兆円と試

算され、特に農業水路は全国の平野や山間平地の農地と集落を潤す水循環系を形作っており、その距離は期間的水路だけでも約4万kmに及び、21世紀において食料の安定供給、農業の発展を図っていくためには、その適切な管理更新が必要になっている。」との認識である（農村振興局中島整備部長「農業土木学会誌」70巻5号p5-8)。

　農業生産基盤の整備は一定の水準に達し、施設管理の時代に入ったことが大きな転換点となっている。農水省によれば、水田の整備状況は30a程度の区画整理済みの田は04年に59％に達し、1ha以上の区画整理済み地は17万6千ha、6.8％となっていてあわせて66％を超えている。残された要整備地域は中山間地のみである。法改正の背景でもうひとつ加わっているのは、農村社会の変貌である。施設の管理を事業の中心とする時代にあって、農家のみならず地域全体の理解と協力が必要な時代となっていると指摘している。

　法改正の内容は事業実施にあたって環境との調和を強調しているが、実際の事業関連の柱は次のようなものである。

　(a)事業計画策定にあたって市町村長の「意見の聴取」を「協議」に改め、地域の意向を反映させること。(b)国県営事業については計画概要を広告・縦覧し、意見書の提出が出来るようにすること。(c)土地改良施設の管理に当たって、利益を受けている住民からの費用徴収を行うため知事認可に先立って住民の意見聴取を行うことが出来る。(d)土地改良区が地区外の担い手に対し、規模縮小農家の農地を集積し、直接取得することが出来る。(e)土地改良施設の更新にあたって土地改良区が申請できることとする。(f)国県営事業の廃止ができる、というものである。

　土地改良法は生産基盤・施設の整備から施設の管理に大きく舵を切ったのである。

（2）投資計画をなくした土地改良長期計画

　土地改良法の改正に伴い、同法に基づいて策定されていた土地改良長期計画は03年から07年までの5年間を計画期間とする計画が、03年10月に閣議決定されている。新たな計画では「いのち」「循環」「共生」の視点に立って、

従来の事業費を内容とした計画から「達成される成果」に重点を置いた計画としている。

新たな土地改良長期計画は第一期を07年に終えたが、従来の土地改良長期計画と比べ投資計画がないため、進捗の度合いは測れず、成果がはっきりしていない。単なる作文となっている。国の経済社会発展計画等で投資計画が示されなくなったのは、80年代後半、宮沢内閣のときからで、政策の不透明さを象徴するものとなった。公共事業は道路整備計画をはじめそれぞれの長期計画に投資計画を明らかにしていたが、特定財源問題を含め金額を明示することが、この時期から困難となってきたのである。事業の内容も質的に変わったのである。

第2期の土地改良長期計画は08年から12年までの期間で、現在実施に入っている。ここでは05年に策定された食料農業農村基本計画に基づき、「自給率向上に向けた食料供給力の強化」「田園環境の再生・創造」「農村協働力」の3つの視点から事業を進めるとした。それぞれの目指すべき成果と事業量はつぎのようなものである。

①自給率向上に向けた食料供給力の強化

ア．経営体の育成と質の高い農地利用集積を行い、農地の利用集積率を7割以上に引き上げ、新たに農業生産法人を130設立。このため7.5万haの畑地において区画整理、農業用用排水施設の整備を行う。また、農業経営基盤強化のため、3.7万haの畑地で農業用用排水施設の整備を実施する。

イ．すでに整備されている施設の安定的な用水供給機能を290万ha確保し、約1.5万haの農業用排水路と約1,600箇所の施設の機能診断を実施する。

ウ．農用地の確保と有効利用によって耕地利用率を105％以上に向上させ、5万haの水田で汎用化を実施する。耕作放棄地の発生防止と優良農地の確保のため、200万haの農用地で、農地・農業用排水等の保全管理にかかわる協定に基づく地域共同活動で保全管理をはかる。

②田園環境の再生・創造と共生・循環を活かした農村づくり

田園環境の創造の地区を1,700地区。このうち生物多様性に配慮した生態系のネットワーク830地区を目指す。

農村生活環境の向上として農業集落排水汚泥のリサイクル率を70％に、汚水処理人口普及率を93％、農業集落排水処理人口400万を目標とする。

③農村協働力を生かし、集落等の地域共同活動を通じた農地・農業用水等の適切な管理

　目指す成果は集落等の協定に基づく地域共同活動の地域数を3万とし、参加者を220万人・団体で、約200万haの農地の適切な管理を行う。

　第2期の長期5カ年計画は、第1期に比較し、事業量を減らし、村づくり、協働体の形成など集落機能を活用し、成果をあげることを期待している。一方で企業の農業参入を認め、他方で崩れつつある集落機能に寄りかかるなど、安上がりの保全管理を求めている。

　都市部はもとより、農業地帯や中山間地域においても集落機能が崩れつつあるとき、農業生産基盤の保全管理は本当に確保できるのだろうか。米政策が終焉を迎えるなか、水田からの撤退が明確化し、水田の汎用化を長期計画で掲げている。出ては消えていく水田の汎用化事業は本当に長期計画となるのだろうか。

	90	95
〈農業生産基盤整備〉	672,961	133.8
1．国営かん排	137,117	175.0
2．水資源開発後援	13,225	141.1
3．補助かん排	73,312	155.0
4．圃場整備	132,735	135.1
5．諸土地改良	72,481	60.4
6．畑地帯総合	59,741	202.0
7．農地再編開発	114,620	93.7
8．農地整備公団	※2 19,326	150.4
〈農村整備〉	256,004	251.7
1．農道整備	136,550	148.5
2．農業集落排水	31,098	677.9
3．農村総合整備	82,636	147.1
4．中山間総合整備	※3 48,203	352.9
5．農村地域環境整備	※4 7,184	236.3
6．農村振興整備	※5 22,445	
〈農用地等保全管理〉	98,233	176.4
1．農地防災等	84,820	184.6
2．土地改良設備管理	7,213	127.9
3．その他	5,740	130.2
合　計	1,027,199	1,718,322
	100.0	167.2

資料：「国の予算」より。
注）1．経営体育成基盤整備に変更。
　　2．緑資源公団に変更。
　　3．93年度から事業の発足（金額は発
　　4．94年度からの事業（同上）。
　　5．2000年度から発足（同上）。
　　6．07、08年度は農道整備は農業生産

（3）農業農村整備事業の変容

　農業の公共事業は91年以来農業農村整備事業として行われている。すでに

第3部　農業政策の変容

図表12　農業農村整備事業の推移

97	2000	02	04	05	06	07	08	09
108.0	97.3	78.5	66.7	67.1	66.1	※6　85.8	85.6	87.5
141.7	145.6	152.4	131.0	139.5	143.8	140.9	158.0	133.3
125.2	125.7	115.0	90.0	87.3	86.4	83.0	—	—
98.7	74.1	53.9	50.1	43.5	41.6	48.6	54.3	47.5
119.0	90.7	※1　81.3	68.6	64.1	60.2	56.2	57.4	48.7
59.9	56.7	8.7	11.0	12.4	13.5	19.7	20.2	15.9
146.7	164.0	128.1	86.5	89.4	86.8	81.1	84.3	66.9
68.2	57.6	20.4	18.9	20.1	16.9	10.4	10.7	14.4
139.8	127.6	102.4	89.7	85.5	82.9	—	—	—
122.4	179.9	132.4	100.0	78.0	60.8	37.9	13.7	12.4
109.8	99.0	66.1	52.6	38.4	26.5	22.3	22.5	17.1
505.2	498.1	365.5	200.6	135.7	67.3	60.6	52.1	40.0
104.2	63.1	35.5	22.3	17.9	11.4	4.7	3.1	2.9
141.8	166.3	139.2	117.6	103.6	84.1	67.5	73.6	53.8
151.2								
	100.0	89.2	142.8	121.5	167.8	170.1		
134.3	155.3	128.1	121.9	127.9	130.2	—	—	—
134.3	150.8	126.5	119.7	126.9	129.6	116.2	—	—
158.6	260.4	196.9	190.4	188.4	186.4	178.1	222.6	221.0
115.8	102.2	74.8	78.5					
1,348,842	1,268,319	993,333	825,089	777,136	728,585	674,497	667,736	5,772,220
131.3	123.4	96.7	80.3	75.6	70.9	65.6	65.0	56.1

足時のもの）。

基盤整備事業に移る。農免道路を含む。

　見てきたように、90年代後半からは財政逼迫のなか、2000年に入って土地改良法の改正やら土地改良長期計画の変更までして生き残りをかけている。図表12を見てみよう。90年度以後の事業費の推移は、最も膨らんだのはUR対策のときの95年で、財政構造改革の始まる97年から伸びはなくなっている。地方分権一括法以後の2000年から急激な縮減が始まり、今年は2,129億円に

まで下がっている。今年は極端にしても10年近く減り続けているのである。
　農業農村整備事業は、農業生産基盤整備、農村整備、農地保全管理の3つの事業から構成されていたが、08年に生産基盤整備事業と農地保全管理をひとつにまとめ、農村整備事業と二本立てとなっている。事業内容の変化はことのほか著しい。

①農業生産基盤整備事業

　農業生産基盤整備事業はUR対策を機に大きく拡大した。それだけ90年代後半からの縮減の度合いは激しいものとなっている。そのなかでも国営かんがい排水事業は90年代と比較しても09年で1.58倍の事業を続けている。大河川の水利の整備は国のみができるものであり、義務でもあろう。それに比べ、農地の再開発を行う農用地整備公団や未墾地開発は縮小され、後の再開発は2000年に新規事業をなくしている。国営で行われるかんがい排水事業は水田の基幹部分の充実を図るもので、水資源開発公団とともに継続していかなければならないところであろう。しかし、県営などの補助かん排、諸土地改良事業などは縮小してきている。特に圃場整備事業は、これまで21世紀型圃場整備や低コスト稲作で大区画圃場整備事業を行ってきていて、加えて農地流動化策を組み合わせ、受益者負担軽減策も導入して積極的に行ってきたものである。しかし、この事業は新たな基本法検討の際、つぎのように指摘を受ける。

　「圃場整備率の向上、基幹かんがい排水施設の整備は効率的な機械の導入とあいまって、単位面積あたりの投下労働時間を短縮させ、生産性の向上に寄与した。しかし、構造改革との関係では圃場整備等は農業構造の改善を進めるにあたっての基礎的な条件整備となるものだったが、作業の省力化により小規模兼業農家の営農の継続が可能になり、必ずしも農業構造の改善につながらないという側面を有した。」ここから排水対策、圃場整備からの転換を示唆し、現在の問題として農家の負担感が高まり事業の円滑な実施が困難になっていると報告している。米政策転換の要請のなかで補助かんがい、排水対策は大きく後退し、土地改良総合整備事業と圃場整備事業は経営体育成基盤整備事業へ吸収されるようになる。かんがい排水対策とともに、水田の

汎用化をはかる排水特別対策事業も米政策の転換とともに06年になくなっている。かんがい対策は農業用水から都市用水への需要、畑地かんがいへの需要に応じるものとなり、農業用から他用途への利用に移ってきている。04年からは水利システムの更新・整備を行う事業が新設されているが、汎用田への転換は排水・用水改良あわせて年間1万haほどの実績があるのである。担い手への農地集積事業も受益者に対する事業費の10％相当額以内の無利子貸付などができ、土地改良区が行う農地集積事業も発足しているが、水田に関連する事業の撤退が目立ち、将来を危惧させるほどになってきている。

水田に変わる生産基盤整備事業は畑地帯総合整備事業である。03年の土地改良長期計画においても「畑地帯における農業用用排水施設の整備による農業経営基盤の強化を、効率的かつ安定的な農業経営が農業生産の相当部分を担う事業」と位置づけている。集落を単位とした「担い手育成型」と「担い手支援型」の2つの事業で進められているが、07年からこれも縮小してきている。

農業生産基盤整備事業は都道府県や市町村の単独事業としても行われているが、小規模かんがい排水や圃場整備事業は生産者に近い段階で行われている。ここでも地方債の条件が地方自治体の負担になることから減少が続いている。

②農村整備事業

農村整備事業が大きく伸びるのは90年代からでUR対策とともに急成長している。

しかし、この事業はまさに財政事情に翻弄され、90年代以後は縮小してきている。以下では中心的な事業であった農村整備事業と農道整備事業、農業集落排水事業について触れておこう。

農村総合整備事業は当初、圃場整備事業で非農用地の創設換地が出来るなどがあって、農外への土地利用転換を可能にしたことから始まっている。その後この事業は、農村の土地利用区分を明確にしながら、都市住民への農村環境受け入れを中心としたものに変わり、農用地区域でも土地利用計画の策定を含めた地域開発で、非農地への転用を進めたのである。98年の田園整備

事業や2000年には農村総合整備統合補助事業、集落地域整備統合整備事業も出来ている。02年以後は村づくり交付金で「美しい村づくり統合補助事業」など、定額補助金からなるメニュー方式の事業となっている。農業、林野、水産を含めた地域活性化対策の事業ではあるものの、農業総合整備事業は骨太方針を経て廃止されている。農村整備事業の中では94年に始められた中山間地域総合整備事業が継続して行われているが、04年までの受益面積は用水改良水田2,917ha、畑地改良59ha、排水改良水田565ha、畑299haと多岐にわたっている。2000年には直接支払い制度も始まっている。

　農道整備事業は65年にいわゆる農免道路（農林漁業用揮発油税財源身替農道整備事業）が創設され、70年には広域営農団地育成を理由に広域農道が制度化している。77年には一般道、団体営農道も加わり、農道整備4事業として実施されている。もちろん91年からは適債事業とされ、国庫補助率、地方債充当率とも高くなり、拡大することとなった。しかし、2000年以後は減り続け、07年には185億円と200億円を下回り、農免道路も特定財源の一般財源化とともに廃止されている。農道整備事業は主要4事業で受益面積の8割が行われているものの、生産基盤整備で見れば、圃場整備事業、土地改良総合整備事業、畑地帯総合整備事業などで、田・畑の整備と一緒に行われ、農村総合整備事業でも行われている。農業基盤整備基礎調査報告書によると集落道の整備面積は4％ほどに過ぎない。農道整備は生活道というより生産関係の水田、畑に付随した事業で行われている。都道府県・市町村の単独事業として行われている場合、地方債や地方財政措置が充実していたが、地方財政の後退からは伸びていない。

　農業集落排水事業も変化の激しい事業である。73年に農村総合整備事業の一工種として創設され、83年に「農業集落排水事業」として実施されるようになった。93年から都道府県・市町村が事業主体となって4つの事業が行われた。事業は適債事業として行われ、地方債の充当率、元利償還にあたっても優遇されている。事業は環境問題の関心とともに拡大し、土作りリサイクル事業や処理水のため池、水路などへの植生配置などを入れている。05年には老朽化施設の更新事業を入れているが、現在は縮減の対象となり減り続け

ている。事業費の減少とともに統合補助事業、PFIを活用する事業も取り入れている。最近の長期計画では位置づけされているものの、伸びてはいない。

　施設管理事業については改正土地改良法と長期計画で重点項目として挙げられている。しかし、本年に農業白書でも明らかにされているように農業水利施設等の老朽化は進んでおり、長寿化が必要とされ、適切なストックマネージメントが必要となっている。地域の住民と農業者を含めた協働体の活動を期待しているようだが、経費の節減のみで農業施設を守れるのか疑問である。他方、農業への企業の参入を促進し、徐々に土地利用型農業へも企業の進出が始まっているが、農業者による長い間にわたる土地投資の恩恵を受けている。施設の更新に企業は応じるだろうか。10年度農業予算の公共事業は急激な変化となったが、すでにその流れは出来ており、削減は突発的なものではない。だが、長寿化への投資は年々増え、多様な農業従事者によって施設の整備は可能なのか、そこが問題となろう。

4．農政の方向は変わるか

　政策の変更は半年では容易に変わらない。マニフェストにかかわる政策への試みも肝心の戸別所得補償事業がモデルとなって、次年度から本格実施となっている。10年8月末現在、農林水産業の概算要求では農業者戸別所得補償制度で9,160億円を盛り込んでいる。米に加え畑作物（麦、大豆、てん菜、でん粉原料用ばれいしょ、なたね）で実施するとしているが、特別会計との整合性をはかったものだ。米の所得補償は1,980億円、当年産の販売価格が標準的な販売価格を下回った場合には、差額を補塡する「米価変動補塡交付金」も措置するとしている。また、畑作物の補償では麦、大豆、てん菜、ばれいしょの面積払いの単価を5,000円上積みするという。金額的には膨らんで見えるものの、予算が決定してからでなければ、詳細はつかめない。本年の場合、補正予算で低迷気味の米価でどのような補塡措置が出来るかが、問題となろう。

　APEC後、10年秋に菅総理の発言により問題となっているTPPは、国内対

策として農業については専業農家対策が課題とされている。米の専業は10ha以上なければ不可能。他の畜産・酪農・果樹・青果等は年々規模拡大を迫られ、専業農家の戸数は減っていくばかりとなろう。気象と地理的条件を考慮しても、複合的農業・集落営農的農業が必然な日本農業を"専業"の名で崩壊に導くことになるのではないか。その意味では政権が変っても農業政策の質的な転換は一切行われていない。地域の後退はとどまるところはないだろう。地域の保全は農業のみならず、林業、漁業を含めた第１次産業への人が住みつける恒久対策が求められている。

第2章　農業予算の理念と構成の変化

1．経済構造の変化と農業政策

　農業政策は1930年代の金融大恐慌と農業恐慌を経て、世界的に農産物価格支持政策等が景気調整的財政政策として定着し、福祉国家の政策の一部となった。現在でもアメリカを始めとした先進国で所得政策等となって続けられている。日本でも60年代の経済成長の過程で社会福祉政策の進展とともに農業基本法の制定などにより、農業政策の充実が見られた。しかし、80年代前後のITを中心とする産業構造の転換を機に、農業労働力の第2次産業との景気調整機能が薄れるとともに、農産物への自由化圧力に加え、農業予算そのものの縮減が求められるようになる。

　86年のいわゆる前川レポートで、日本経済を国際協調のための経済構造にすることを目標に、輸出志向から内需拡大によって輸入増加を図り、貿易収支拡大の均衡を図るというものであった。ここで同時に、財政赤字の縮減を狙った財政再建が行われた。国鉄、健保、米の3Kが対象となり、米は食管赤字の縮小を余儀なくされるのである。

　89年ソ連・東欧の崩壊が起こるが、日本ではバブルのなか日米構造協議が持たれ生産拠点の海外への移転が進むなかでアメリカの要求を入れ金融システムから取引慣行にいたる改変を約束し、90年から10年間に430兆円の成長にかかわらない社会資本への投資を「公共投資基本計画」に基づいて行うこととした。社会主義体制の崩壊とともに各国とも福祉国家の解体が速まってくる。

　90年代を迎えると、生産拠点の海外移転と産業空洞化に対し、輸入の代替を主張しグローバリズムを主張する経済界の意見が強くなる。他方、公的部門のスリム化、福祉政策の見直しが始まる。農業では92年に新農政が出され、

農業政策の対象を認定農業者と法人に絞ることを決め、自由化後の農業政策の方向を整えている。ガット・ウルグアイラウンド農業合意後、ウルグアイラウンド農業対策が実施されるが、これは米対策というより農村の社会資本整備を中心とした公共事業となった。

日本経済が構造改革に踏み込むのは97年あたりからで、経済同友会の「市場主義宣言―21世紀へのアクションプログラム」や99年閣議決定された「経済社会のあるべき姿と経済新生の政策指針について」で、国内産業の高コスト構造の是非と公的部門のスリム化、住宅、医療、生活文化などに民間の参入が求められるようになる。また、自由と競争を通じて達成される効率こそが生産性向上や経済成長の維持を可能にする「基本正義」とされた。報告書にかかわる構造改革部会の示した方向は「企業が国を選ぶ時代」との認識であり、日本における事業環境を国際的に見て魅力あるものとすることとされた。

90年代の農業政策はUR対策後の96年、食管法に変わり食糧法が制定され、米の販売と流通が規制緩和の流れのなかで大幅に緩和され、米の需給調整は生産調整と備蓄にゆだねられるが、生産調整はとも補償が、備蓄・買入れも徐々に縮小されるようになる。99年には農基法に変わり「食料・農業・農村基本法」が成立している。

90年代後半から雇用は建設業とサービス業に移り、地方分権一括法の施行がされるが、財政逼迫にもかかわらず所得税を初め減税が行われた。2000年以後はサービス業が大きく伸び医療・介護にも進出してくる。介護では民の収入を官が保険料を徴収する状態となる。2001年小泉内閣となり、構造改革はより本格化し、医療・保育・福祉への民間事業者の活用がさらに強調される。医薬部外品販売、一定のもとにおける株式会社の農地取得の解禁、職業紹介の地方公共団体・民間への開放。製造現場への労働者派遣の解禁などが進められた。2002年には地方交付税のモラルハザード論が出され、財源保障機能の検討が出されてくる。2004年からの三位一体改革では空洞化する地方への関心は薄れ、都市への再投資が検討されるようになる。2006年には郵政事業と道路公団の民営化が行われている。

2000年以後の農政は03年の食糧・農業・農村基本法の改正と食糧法の改正

がされ、米のあるべき姿に沿った「米政策改革」が行われ、計画流通米の廃止と一層の流通の緩和が行われる。生産調整は終了のめどをつけ、品目横断的経営安定対策で関税撤廃に備える体制を作ることになる。2009年には農地法改正で借地による農地利用の開放と株式会社等の農業への参入を認めている。

日本経済の構造改革は97年の財政構造改革と同時に、経済界が輸出産業中心の企業で占められたことが象徴するように、輸出による成長を狙いとしている。国内的には劣位産業は輸入に任せ、国内は都市中心サービス産業中心で、地域に向けられてはいない。農業政策は92年来、担い手に焦点を当て、この階層への直接支払い制度に活路を見出し関税交渉の体制を整えている。2010年までの農政の過程はその道筋である。

以下では主として2000年以後の農業予算に焦点を合わせ、まず80年代からの農業予算の変容を簡単にたどっておこう。

2．農業予算の構造変化

（1）食管赤字の削減と公共事業の拡大—80年代
①逆ザヤの解消

80年代前後からの農業予算の構成推移は図表13のようなものである。食管と農業基盤整備事業、それに農業構造改善事業や流通対策など一般事業の3部門で、その構成比はほぼ3分の1づつに分かれていた。農業予算が変わるのは80年代の財政再建からで、わずか10年足らずで米関係の比率は急激に下がっている。狙いは食管による売買逆ザヤの解消であった。逆ザヤは86年に解消し以後政府買入価格は低下し続け、政府売り渡し価格は横ばいとなる。同時に自主流通米の助成費を削り、生産調整の奨励補助金も節減の対象とされる。米の所得並みの水準から稲作所得率は87年に34.9％、92年には22.1％へと3分の2に下がっていた。財政再建で農業予算は89年までで約8,000億円ほど減少し、その7割は米関係経費の縮減によるものであった。食管と生産調整の縮小は激しい。以後、米関係経費は3,000億円から4,000億円の幅で動くことになる。

図表13 農林予算における食管、公共事業、一般事業の構成の推移

(単位：億円, %)

項目 年度	農業予算	食管関係 食管繰入 (A)	食管関係 稲作転換 (B)	農業基盤整備 (C)	割合（%）生活流通対策費 (D)	農業構造改善 (E)	農業保険 (F)	金融 (G)	経営対策 (H)	生産対策 (I)	農村振興対策 (J)
1975	20,000	40.6	5.3	20.5	11.8	4.1	4.1	1.9			
1980	31,083	19.6	9.7	28.9	10.5	6.5	9.4	3.4			
1985	27,174	16.8	8.8	32.3	9.5	7.3	5.8	5.9			
1990	25,188	9.2	6.9	40.7	7.7	7.3	5.5	5.8			
1991	25,716	8.1	6.7	41.6	9.8	7.3	5.5	5.2			
1992	27,798	7.4	5.2	46.4	9.6	7.6	5.0	5.0			
1993	37,360	5.6	2.7	44.4	7.7	8.2	3.9	4.3			
1994	33,558	5.7	2.2	43.7	8.5	8.4	4.5	5.1			
1995	34,251	5.3	2.6	50.7	9.4	9.4	4.5	3.7			
1996	30,947	5.7	4.3	49.9	9.8	8.5	4.9	4.4			
1997	29,226	5.9	4.6	46.1	10.9	9.0	5.0	4.2			
1998	32,771	9.6	1.0	42.6	12.2	10.2	5.5	4.5			
1999	29,390	8.3	0.9	45.6	11.3	9.6	4.7	4.0			
2000	29,481	8.3	2.5	43.0					16.6	12.4	4.7
2001	26,976	9.2	3.3	39.9					17.5	14.1	4.6
2002	25,462	11.3	3.8	38.1					17.8	14.6	3.9

資料：農林水産省「農林水産予算の説明」（各年度版）より作成。農業予算は農林水産予算合計より林野庁、水産庁予算を除いた数字。補正後予算である。

②備蓄の失敗と価格調整からの撤退

　93年暮れのガット・ウルグアイラウンド農業合意後、UR対策が出されるが、米への直接の政策はなく、公共投資基本計画に基づく農村整備を中心とした公共事業となり、米の予算縮減を埋めることとなった。96年食管に変わり食糧法が成立するが、政府による米の管理は備蓄と輸出入の管理となる。しかし、この備蓄システムは発足時早々から躓く。流通規制の緩和により価格調整は困難になる。97年には計画流通米が廃止される。かわって価格下落対策が「稲作経営安定対策」で行われる。過去3ヵ年の取引価格を基準とし、

低落の80%をカバーするもの。参加者は基準価格の2％を拠出する。国の助成は徐々に支援に変わっていく。さらに2000年から担い手への下落対策を90％補塡としている。

③生産調整はとも補償などで節減

　生産調整の見直しでは奨励補助金の節減が求められた。「転作奨励金からの脱却」である。93年から基本額より加算額に重点が置かれ、とも補償では生産者に拠出を求めることとなる。所得補償がここでも受益者負担を求める支援策となる。生産調整も97年とも補償を「米需給安定対策」として食管特別会計に移している。生産調整の中心は転作部分が課題となり、畑作対策となった。2001年度は転作面積が100万haを超え、飼料稲を転作に加え始めている。2002年には思うように進まぬ生産調整の見直しとして生産調整研究会の中間発表がされる。2003年「米政策改革大綱」が出て、生産調整は転作中心となり2007年ないし2008年までに生産者団体にゆだねるとされた。食管関係費は2001年には農業予算の12%までに削減されている。

④農業の公共事業の拡大

　農業の公共事業は80年代末から90年代にかけて輸出に見合う内需の拡大を求められ、急増してゆく。90年、それまでの農業生産基盤整備事業は農業・農村整備事業となり、日米構造協議によって作られた公共投資基本計画の下で適債事業とされる。それまで補助金と地方交付税の費用単価や事業費補正によって行っていた事業が、地方債充当95％、償還にあったっては地方交付税措置が担保されることとなった。米関係経費の削減部分を超えて農業の公共事業は伸び、93年度からのUR対策も手伝って95年には農業予算の50％以上を示すようになる。農業・農村整備事業は農業の生産性向上よりも生活環境整備にかかわる農業集落排水整備事業、農道整備事業など農村整備事業に焦点が当てられていた。

　農業予算は90年代も米関係の削減を公共事業で体面を保つこととなるが、これも97年の財政構造改革とともに縮小が始まる。この間で農業の公共事業で増えたものは、農村整備事業関係で、とくに農業集落排水事業は98年には90年の7倍以上となっている。生産基盤整備事業は国営かんがい排水事業に

力が注がれ、ついで圃場整備事業が95年度以後に伸びている。公共事業の見直しは補助金の見直しとともに行われ、統合補助金、交付金が導入されるようになった。

（２）「米政策改革」と農政の転換
①「食糧安定供給関係費」

2003年は「米政策改革対大綱」が出され、食糧・農業・農村基本法が改正されている。続いて2004年には食糧法の改正があって、農業政策の転換が行われる。と同時に農業予算の構成も大きく変わることとなる。農業予算は新基本法に沿って、食糧の安定供給の確保に直接資する経費として「食料安定供給関係費」と「公共事業費」、一般事業費で示されることとなる（図表14）。これまでの食糧関係費は80年代から縮減を繰り返し、生産調整のとも補償も食管特別会計に移され食料関係予算の縮小が目に付くようになっていた。食料安定供給関係費は、従来の一般会計から食管特別会計の調整勘定への繰り入れ分と生産調整である水田農業構造改革対策費に加えて、農業生産振興費、

図表14　農林水産予算の重要経費の推移

（単位：億円）

	農林水産業予算	公共事業費	うち農業農村整備事業	一般事業費	食料安定供給関係費
2003年度	31,114	14,378	(8,789)	6,814	9,922
04	30,522	13,712	(8,345)	7,024	9,785
05	29,362	12,814	(7,756)	6,992	9,556
06	27,783	12,090	(7,278)	6,814	8,875
07	26,927	11,397	(6,747)	6,975	8,555
08	26,370	11,074	(6,677)	6,714	8,582
09	25,605	9,952	(5,772)	6,993	8,659
10	24,517	6,563	(2,129)	6,355	11,612
11	22,712	5,194	(2,129)	5,931	11,587

資料：図表13に同じ。

農業経営対策費、農林漁業金融費、水産業振興費が含まれるものである。05年からは農業食品産業強化対策費が入ってくる。中心は米にあるが、農業政策の大きな変化そのまま反映されるので、この経費を主体にして06年までと以後を分けてみていくこととしたい（図表15）。

図表15　食料安定供給関係費（2003～06年度）

(単位：100万円)

	03年度	04	05	06
1. 食品産業強化対策費	—	—	54,501	52,981
2. 食管特別会計調整勘定へ繰入れ	330,039	228,900	207,800	199,800
3. 農業生産振興費	53,516	61,108	44,145	50,738
4. 水田農業構造改革対策費	※120,390	151,968	161,623	159,252
5. 農業経営対策費	68,798	62,668	32,947	9,659
6. 農林漁業金融費	51,804	59,171	47,371	42,266
7. 水産業振興費	26,524	26,330	29,741	24,215
その他	94,612	92,318	92,616	92,657
合　計	745,685	682,372	670,746	631,570

資料：『国の予算』各年度版より。補正後の数字である。

　米対策の大転換となった「米政策改革大綱」は、第1は生産調整の配分を面積から生産量に変えたこと。第2に豊作等による過剰米の発生に当たっては、生産者個人の責任で飼料化等の方法により処分することにしたこと、である。生産調整研究会の「米作りのあるべき姿」とは、生産者が主体となって消費者の需要に応じて作ることで、99年の経済審議会報告の農業版である。

　生産調整は稲作補償的なとも補償は廃止され、転作加算と担い手を考慮した助成となる。しかも転作助成は地方分権化を理由に「産地づくり交付金」とし、交付金の配布も都道府県・市町村協議会となった。米価の下落対策として「稲作所得基盤対策」、転作奨励のための「特別調整促進加算」「畑地化推進対策」を用意し、担い手が独自の方針で対処できる制度とした。また、地域ビジョンで担い手に水田を集積させる計画も用意している（図表16）。

　06年からの対策は、それまで以上に担い手に焦点があてられている。麦・大豆の転作に当たって品質向上対策が導入され、買入価格に格差が付けられ

図表16　米関係費（2004～06年度）

（単位：100万円）

	04年度	05	06
1．水田農業経営確立対策	151,968	161,623	159,252
①水田農業構造改革補助金	6,861	16,524	12,506
②水田農業構造改革交付金（産地づくり交付金）	145,078	145,075	146,725
2．生産調整対策（食管会計）	156,832	142,849	72,623
①数量調整円滑化推進事業	2,610	2,599	
②米穀安定供給支援対策事業費補助金	―	3,962	3,962
③稲作経営安定資金助成金	67,796	―	
④稲作所得基盤確保対策交付金		53,750	62,297
⑤担い手経営安定対策交付金		11,500	7,760
⑥過剰米短期融資資金貸付金	75,000	75,000	
⑦流通システム改革促進対策	5,130		
⑧地域水田農業再編緊急対策費補助金	6,305	6,305	
⑨集荷奨励事業費補助金			1,283

資料：『国の予算』数字は補正後。

るようになるが、他方、計画流通米制度の廃止とともに、米販売にかかわる登録制度を届出制度に変えている。これを機にスーパー等での米の購入シェアが増え、03年から08年の6年間で10ポイント以上伸び43％になっている（図表17）。規制緩和の結果である。政府の備蓄は100万tを限度とし、政府の買い入れは販売に見合う量としている。ここで政府による需給調整機能はなくなっている。生産調整と食管特別会計を含めた米対策は3,000億円内に収まっていて、決して伸びてはいない。

　米以外の食糧安定供給関係費は、農業生産振興費は野菜、果実、鶏卵、飼料穀物、加工原料乳等の価格対策であり、図表18のとおり金額の変化は少ない。農業経営対策費は農業委員会費と協同農業という名の普及事業で、06年の三位一体改革の際一般財源化されたため急激な減少となっている。農林漁業金融公庫と水産振興費は定額的な経費となっている。農業食品産業強化対策費は、新たな取り組みとして産直や企業との連携による取り組みである。食料安定供給費以外の主要な事業費を交付金・補助金で見ると図表19の通りで価格政策が目立っている。

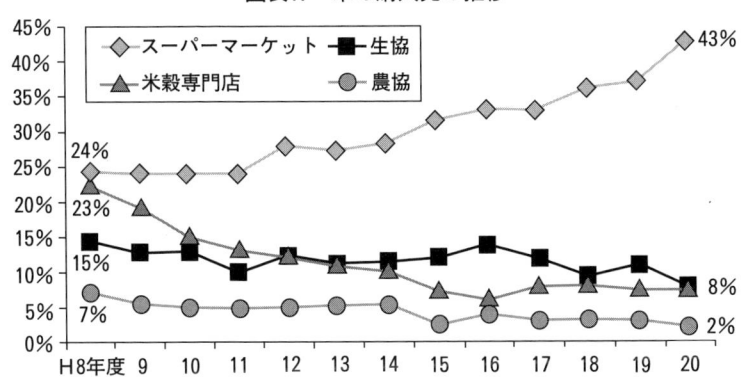

図表17 米の購入先の推移

年度	スーパーマーケット	生協	米穀専門店	農協
H8年度	23%	15%	24%	7%
20	43%	8%	8%	2%

資料：農林水産省「食料品消費モニター調査」、「食糧モニター調査」、㈱インテージ「多様な流通における米の取引動向調査」。

注) 1．平成15年度以降は「食料品消費モニター調査」結果、14年度以降は「食糧モニター調査」結果である。平成14年度をもって「食糧モニター調査」は廃止されているため、15年度以降と14年度前の値は接続しない。平成19年度をもって「食料品消費モニター調査」は廃止されているため、21年度以降の値は接続しない。
2．平成10年度以前は回答方式が複数回答であったため、全体が100％となるように換算している。
3．ラウンドの関係で合計と内訳が一致しない場合がある。

図表18 農業生産振興の主な対策

(単位：100万円)

	03年度	04	05	06
1．農業生産振興費	53,516	61,108	44,145	50,738
①生産振興総合対策	13,242	21,233		
②野菜価格安定及び需給調整対策	9,716	9,249	9,507	9,580
③果実価格安定及び需給調整対策	1,277	1,260	1,953	
④鶏卵価格安定対策	1,402	1,376	1,373	1,337
⑤飼料穀物備蓄対策	1,335	1,235	4,405	4,039
⑥加工原料乳対策	20,068	20,250	20,811	22,551

資料：前表に同じ。補正後の金額である。

図表19　主な交付金と補助金

(単位：100万円)

	03年度	04	05	06	07	08	09	10
（交付金）								
1．指定生乳生産者団体補助交付金	18,054	20,054	19,292	20,259	19,064	19,064	15,718	14,118
2．国内糖調整交付金	11,055	11,055	10,626	10,275	8,180	6,180	7,030	7,953
3．牛肉等関税財源畜産業振興対策	104,808	97,341	98,614	77,034	73,856	60,747	58,290	51,848
4．中山間地域等直接支払交付金	23,000	17,220	22,157	22,146	22,146	22,146	23,446	26,473
（補助金）								
1．野菜価格安定対策費	9,610	9,157	9,424	9,526	12,054	11,716	9,362	9,060
2．鶏卵価格安定対策	1,402	1,376	1,373	1,337	1,248	1,248	1,248	1,353
3．国産農作物競争力強化対策費					31,099	94,508	83,477	38,492
4．担い手育成確保対策					10,526	19,002	31,787	9,928
5．バイオマス利用等対策							15,453	4,189

資料：『補助金総覧』各年度版より。09、10年度は当初。

②公共事業費

　農業の公共事業費は97年以後削減が続いている。土地改良法は99年の新たな基本法の制定とともに、02年改正され、水田の基盤整備も圃場整備を含めほぼ3分の2を超えたとして、一区切りとした。土地改良は環境保全を重点に置き、管理保全の事業が中心とされていた。土地改良長期計画もこれまでの10年から5年計画となり、投資計画はなくなっている。三位一体改革のなかでは補助金の整理合理化で統合補助金化が行われており、農業集落排水事業をはじめ、農村振興整備統合補助事業、集落地域整備統合補助事業など農村整備関係の事業が関係省庁との連携を強くしている。農業の公共事業は、土地改良事業がストックマネイジメントに変わったこともあり、保全管理のみが伸びている。農村整備事業は3年間で半減するなど後退が著しく、特に農道整備、農業集落排水事業の削減は厳しくなっている。

（3）価格政策から品目横断的経営安定対策へ

　「米政策改革大綱」による米対策は07年から担い手に収斂した政策に移行

する。いわゆる品目横断的経営安定対策（のちに水田畑経営安定対策）で、WTO発足とともに農政が模索していた担い手への直接支払い制度の導入であり、来るべき関税交渉に耐えられる対策とされたのである。

①様相を変えた食料安定供給関係費

07年農林水産予算が縮減されるなかで、食料安定供給関係費は急増している（図表20）。その事業項目も食の安全・消費者の信頼確保対策、国産農産物競争力強化対策（生産条件不利補正対策を含む）、担い手育成・確保対策（収入減少影響緩和対策を含む）、農業経営支援対策などが加わっている。そして何よりも食管特別会計が改まり、「食料安定供給特別会計」となったことである。食管特別会計はこれまで一般会計から調整勘定への繰り入れと業務勘定からなっていたが、06年に成立した品目横断的経営安定対策とともに、これに伴う経営基盤の安定を図る必要から「農業経営安定勘定」と「農業経営

図表20　食料安定供給関係費（2007～09年度）

（単位：100万円）

	07年度	08	09
①農業食品産業強化対策	31,382	37,366	22,688
②主要食糧需給安定対策費等	151,293	147,475	114,176
③食の安全・消費者の信頼確保	25,546	23,660	22,539
④国産農畜産物競争力強化対策	374,568	413,153	332,564
⑤担い手育成確保対策費	98,901	147,856	128,760
⑥株式会社日本政策公庫	38,346	35,236	35,966
⑦水産業振興費	36,306	93,069	40,183
⑧農業経営支援対策費等	113,336	109,784	101,630
⑨食育推進事業費		4,497	4,468
⑩環境保全型農業生産対策		1,275	2,170
⑪食品産業競争力強化対策費		3,841	2,574
⑫農業等国際協力推進費		9,914	9,931
⑬農林水産物・食品輸出促進対策		2,148	2,023
⑭水産物安定供給対策費		32,453	23,175
⑮水産業強化対策費		8,389	7,674
合　計	937,926	1,086,663	865,922

資料：『国の予算』07、08年は補正後。09年は当初。

基盤強化勘定」を付け加えたのである。農業経営基盤強化勘定は1つは自作農創設のため政府が行う農地の買収・売渡し、2つは農地保有合理化法人等の農地集積支援事業、3つ目は農業改良資金等への貸付を行うものである。農業経営安定勘定は農業の担い手に対する経営安定のための交付金の交付事業を行うものである。食糧管理勘定は米麦の売買にかかわる経理であるが、麦についてはこれまでの輸入価格を平準化して助成を行ってきた方式に変え、外麦売払価格変動制（マークアップ）を導入し麦政策の変更も行っている。

　これまでの米関係経費は従来の転作対策で「水田農業構造改革交付金」と米価下落対策としての「稲作所得基盤確保対策」と「担い手対策」、それに非担い手への「稲作構造改革促進対策」が、食管特別会計からの継続で、特別会計で行われてきた。新たな農業経営安定勘定では、麦の売買益相当額や大豆、てん菜、でんぷん原料用ばれいしょ等から徴収する調整金を一本化し、国内の生産量・品質に基づいて交付金として支出するものである（生産条件不利補正対策＝ゲタ）。もうひとつは国が財源を支援し、上記4品目の平均収入の差額の9割の補塡を行うもので、生産者は10％の減収に対応する金額の25％を拠出して行う（収入減少影響緩和対策＝ナラシ）対策である。これら4品目はいずれもこれまでの価格補塡を輸入差益によっていたが、06年の「担い手交付金法」によってこれまでの制度は廃止・縮小されている。水田畑経営安定対策は、米を含めてすべて特別会計で行うこととなっている。その原資は輸入差益が中心となっており、政府の補塡は生産者の拠出を伴う支援対策である。担い手に対する経営安定対策は従来対策である（図表21）。

　他方、07年からの転作は生産者・生産者団体が主体となって行うこととされたが、申請時においてすでに7万haを越す作付けとなり、これを減らすため、飼料米や米粉への転換に加算することとなった。07年では「地域水田農業活性化緊急対策交付金」500億円を補正でつけている。続く08年は同様の趣旨で「水田最大活用推進事業費交付金」381億円と「水田等有効活用促進対策推進交付金」9億1,000万円で、およそ500億円。09年度は「水田等有効活用促進対策交付金推進交付金」389億円に「需要即応型生産流通田体制緊急整備事業交付金」717億8,000万円、「飼料稲有効利用活用緊急対策事業交

図表21　米関係費（2007〜10年度）

(単位：100万円)

	07年度	08	09	10
1．水田農業経営確立対策	199,401	187,100	253,730	(216,729)
①水田農業構造改革補助金	1,732	421	0	
②水田農業構造改革交付金（産地づくり交付金）	147,669	147,790	141,790	
ア．地域水田農業活性化緊急対策交付金	50,000			
イ．水田等有効活用促進対策推進交付金		910	38,914	
ウ．水田最大活用推進事業費交付金		38,100		
エ．需要即応型生産流通体制緊急整備事業交付金			71,781	
オ．飼料稲有効利用活用緊急対策事業交付金			1,243	
2．生産調整対策（特別会計）				
①稲作所得基盤確保対策交付金	12,016			
②担い手経営安定対策交付金	1,317			
③稲作構造改革促進交付金	29,030	32,443	21,760	
3．農業経営安定事業	152,422	209,004	232,426	233,041
①生産条件不利補正対策交付金	152,111	153,152	154,907	154,907
②収入減少影響緩和対策交付金	−	55,516	75,756	76,404
4．所得補償モデル事業				
①水田利用自給力向上事業				216,729
②米戸別補償モデル事業				337,088

資料：『国の予算』『農林水産予算の概要』09、10年度は当初。08、07年度は補正後。
『水田利用自給力向上事業』は転作対策事業の継続である。

付金」12億4,000万円、合計1,110億円を付け加えている。

　米以外の食料安定供給関係費では、農業・食品産業強化対策費で強い農業づくりで担い手の育成が加えられ、農業生産振興費は野菜、鶏卵などの価格安定対策で、従来と変わっていない。新たに付け加わった「食の安全・消費の信頼確保」「国産農畜産物競争力の強化対策」などは植物防疫や輸出など国内外への食品対応の意味を持っている。「農業支援対策費」は農業共済制度の経費である。09年に導入される「食育推進事業費」「環境保全型農業生産対策」は新たな農業へのチャレンジの事業となっている。食料安定供給関係事業は08年度に1兆円を超え、公共事業費に水産林野が含まれていることを考えると農業政策をすべてここに入れ込んだ形となっている。その狙いは担い手と対外的な競争力の強化においているのであろう。

　②公共事業

　公共事業は三位一体改革以後より急減し、そのなかで国営かんばい、かん

がい排水の汎用田化、基盤整備では畑地総合整備事業、経営体育成基盤整備事業でかろうじて縮減を押さえている。農村整備事業では農道整備事業が減り農免道路とともになくなっている。農業集落排水事業は07年以後も減り続け3年間で半分になっている。こうしたなかで他省庁との統合補助金がくまれてきたが、07年から減っている（図表22）。公共事業については地方債と地方交付税にかかわる変化もある。地方交付税の財源保障機能をなくせという意見が経済界から出され見直しが迫られるが、06年に手直しが行われる。いわゆる新型地方交付税で、ここで投資的経費の廃止、統合がされた。農業関係費は都道府県の農業行政費、市町村の農業行政費の測定単価を修正している。新たな事業費補正も行われているが、単位費用は減り続けている。したがって都道府県、市町村とも農業経費の縮減が続いている。

	90	95
〈農業生産基盤整備〉	672,961	133.8
1．国営かん排	137,177	175.0
2．水資源開発後援	13,225	141.0
3．補助かん排	73,312	155.0
4．圃場整備	132,735	135.1
5．諸土地改良	72,481	60.4
6．畑地帯総合	559,741	202.0
7．農地再編開発	114,620	93.7
8．農地整備公団	※2 19,326	150.4
〈農村整備〉	256,004	251.7
1．農道整備	136,550	148.5
2．農業集落排水	31,098	677.9
3．農村総合整備	82,636	147.1
4．中山間総合整備	※3 48,203	352.9
5．農村地域環境整備	※4 7,184	236.3
6．農村振興整備	※5 22,445	
〈農用地等保全管理〉	98,233	176.4
1．農地防災等	84,820	184.6
2．土地改良設備管理	7,213	127.9
3．その他	5,740	130.2
合　計	1,027,199	1,718,322
	100.0	167.2

資料：「国の予算」より。
注）1．経営体育成基盤整備に変更。
　　2．緑資源公団に変更。
　　3．93年度から事業の発足（金額は発
　　4．94年度からの事業（同上）。
　　5．2000年度から発足（同上）。
　　6．07、08年度は農道整備は農業生産

3．マニフェストへの期待と失望

　2009年の衆議院選挙での民主党の大勝はそれまでの自民党農政の転換を求める農業者の意思であったのだろう。対象を担い手に絞り、関税交渉に向けた体制作りで水田畑経営安定対策を用意した。しかし、その結果は転作作物

第3部　農業政策の変容

図表22　農業農村整備事業の推移

(単位：100万円, %)

97	2000	02	04	05	06	07	08	09
108.0	97.3	78.5	66.7	67.1	66.1	※6 85.8	84.7	75.0
141.7	145.6	152.4	131.0	139.5	143.8	140.9	135.9	133.3
125.2	125.7	115.0	90.0	87.3	86.4	83.0	82.9	80.4
98.7	74.1	53.9	50.1	43.5	41.5	48.6	53.2	47.5
119.0	90.7	※1 81.3	68.6	64.1	60.2	56.2	57.4	48.7
59.9	56.7	8.7	11.0	12.4	13.5	19.7	20.2	15.9
146.7	164.0	128.1	86.5	89.4	86.8	81.1	84.3	66.9
68.2	57.6	20.4	18.9	20.1	16.9	10.4	10.4	14.4
139.8	127.6	102.4	89.7	85.5	82.9	―	―	―
122.4	179.9	132.4	100.0	78.0	60.8	37.9	13.0	28.1
109.8	99.0	66.1	52.6	38.4	26.5	22.3	21.5	17.1
505.2	498.1	365.5	200.6	135.7	67.3	60.6	56.8	40.0
104.2	63.1	35.5	22.3	17.9	11.4	4.7	3.1	2.9
141.8	166.3	139.2	117.6	103.6	84.1	67.5	74.3	56.8
151.1								
	100.0	89.2	142.8	121.5	167.8	170.1	175.7	―
134.3	155.3	128.1	121.9	127.9	130.2	―	―	―
134.3	150.8	126.5	119.7	126.9	129.6	116.2	110.2	96.2
158.6	260.4	196.9	190.4	188.4	186.4	178.1	213.1	221.0
115.8	102.0	74.8	78.5					
1,348,842	1,268,319	993,333	825,089	777,136	728,585	674,497	667,736	577,220
131.3	123.4	96.7	80.3	75.6	70.9	95.6	65.0	56.1

足時のもの)。

基盤整備事業に移る。農免道路を含む。09年は農業生産基盤整備に保全を含む。当初予算。

への加算と限られた農家への経営安定対策であった。民主党のマニフェストの第1は、戸別所得補償制度で、加えて、農地制度、直接支払いを通じた集落の活性化、農山漁村の6次産業の実現、食の安心・安全にトレーサビリティ・システムの導入や食品表示の拡大である。

　戸別所得補償制度が出されたのは04年の「農林漁業再生プラン」で、これが求められた背景は食糧法以来の米価の下落、稲作所得の低落があったからである。10年はモデル事業として行われることとなったが、この事業はいわ

ゆる不足払いで、下限価格の設定であり、これまでの米価の下落を一応止める手段になったということに過ぎない。10年産米価は1％引きあがったとの農水省の発表が11年1月にあったが、前年度と価格は変わっていない。不作にもかかわらず上がってはいない。

　米価の下落は食管の際は逆ザヤの解消が要因であったが、食糧法以後は政府の需給調整の失敗であり、もうひとつは流通の自由化にある。財政負担を和らげるため、政府買い入れをやめ、備蓄を実質民間へ移行し、価格調整機能を失ったことにある。それに流通規制の緩和がある。スーパーの米の販売シェアが40％を越えた段階で、生産者米価の季節間変動はなくなっている（図表23の①②）。生産者米価の産地品種別価格と消費者米価の産地品種別価格の動機を見ると前者は価格差が狭まり、後者は広がっている。2010年の戸

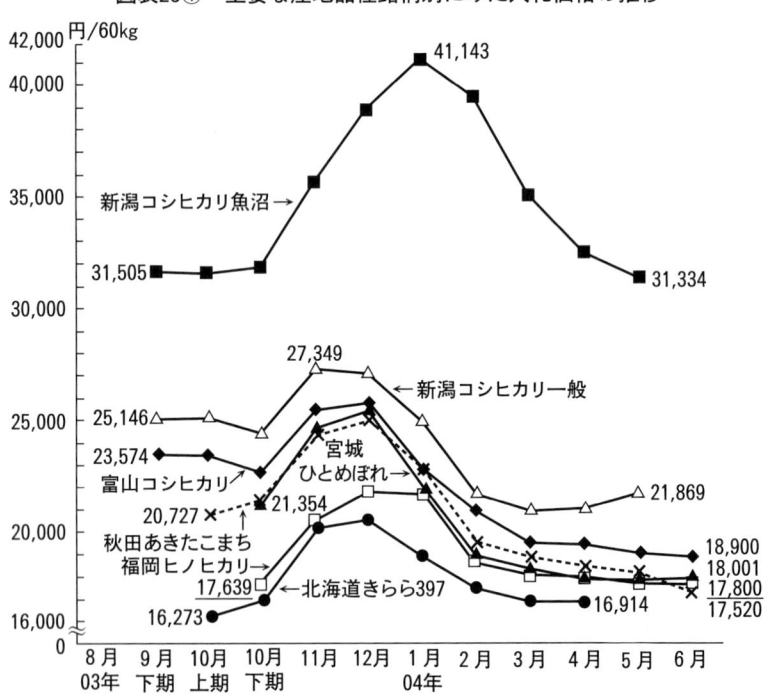

図表23①　主要な産地品種銘柄別にみた入札価格の推移

資料：㈶全国米穀取引・価格形成センター調べ。

第3部　農業政策の変容

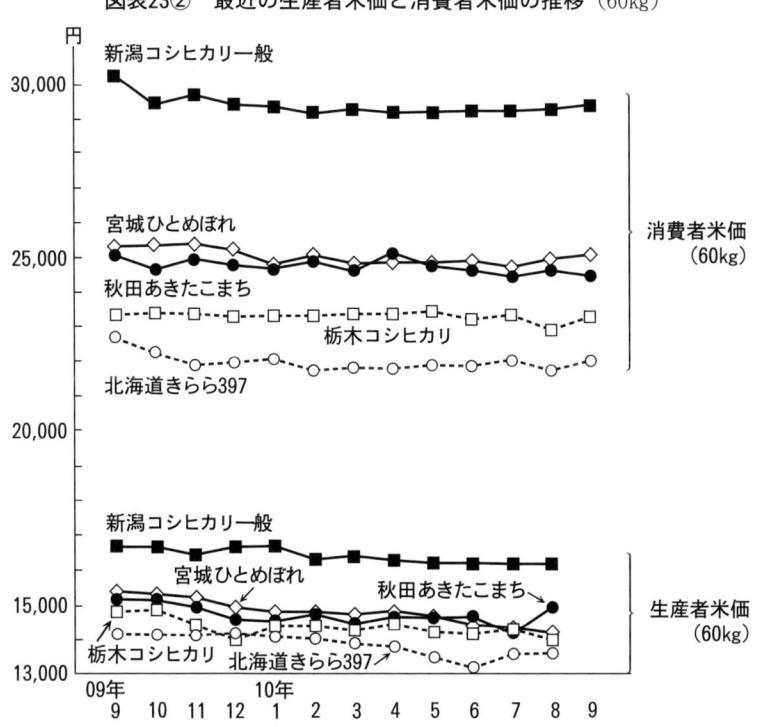

図表23②　最近の生産者米価と消費者米価の推移（60kg）

別所得保障モデル事業は、総額3,000億円を超す事業となったが、農家の売渡価格は60kg当たり1万円を割り、固定分、変動分が10a当たり3万円となった。しかし、この保証は農家についてではなく、スーパーなどの親会社である商社に流れたことになる。米の政府備蓄は市場隔離によるべきであり、流通を商社から農協生産者に変えなければこの政策は意味がない。介護保険と同様、民が収入を得、官が税金で払っている状態である。戸別所得補償費はそのままスーパーなど商社に渡ったのである。転作対策としての「水田利活用自給力向上事業」は「主食用米並みの所得を確保しうる水準を直接支払いで交付する」とし、これまでの政府が二の足を踏んでいた飼料米や米粉用米、WCS米、バイオ燃料米などに8万円を出すこととし、二毛作も対象にしている。産地づくり交付金との格差が生じることから激変緩和措置を余儀

なくされたが、水田の利活用に踏み切り、奨励金を当初の稲作所得並みにしたことは受け入れられたのであろう。

マニフェストでは回転備蓄から棚上げ備蓄への変更があった。しかし、現在では国内産を5年間棚上げ備蓄し、備蓄後非主食用途へ売却することとしている。数量は100万t（年間20万tの買い上げ）別途MA米として77万tがありこれを含めた備蓄にするという。棚上げ備蓄にかかわる財政負担は380億円程度と見積もられ、マニフェストにある300万tには程遠いものである。このような備蓄での需給調整は不可能であろう。

6次産業による産業創出対策は08年度から始まっている。09年までは農商工連携対策として行われていた。10年度の予算は130億円で、昨年より大幅に減っている。特に地産地消、販路の拡大を図る地域の直売所、加工処理施設や欠食予防、学校給食の推進などの事業が4分に1に減っている。変わって資源・環境対策としての食品廃棄物抑制策などの研究に替え、食品産業プロジェクトと食品産業の中小企業への事業となっている。食品製造業者へのHACCP手法の導入、企業体質に強化に変わってきている。地域の雇用創出の考えから遠くなっている。

10年度農業予算の特徴のひとつは公共事業の大幅削減である。09年は6,000億円程度であったが、10年は一挙に2,212億円と過半にもいたらなかった。ストック・マネージメントに移ったというものの、農業白書でも明らかにされているように農業水利施設等の老朽化は進んでいる。地域の住民との協働体の活動を期待しているようだが、経費の節減のみで農業施設を守れるのか疑問である。また、農業への企業の算入が進められているが、現在ある整備された農地は農業者による長年の労働力を含めた投資の結果が今にある。参入する企業が新たな投資はしない。恩恵は企業が全面的に受けている。今後の基盤整備は、農業政策の長期性を占う最も単純なリトマス試験紙となろう。

4．2011年度予算の地平

2011年度の国の予算は総額92兆4,116億円、うち農林水産業費は2兆2,712億

円で2.4％、対前年度比2.9％減となっている。このうち公共事業が１兆7,517億円、食料安定供給関係費は１兆1,587億円とほぼ前年度なみである。公共事業費は5,194億円のうち農業農村整備事業は2,129億円なので昨年と変わらない。

　食料安定供給関係費はその中で、戸別所得補償制度が正式に「米の所得補償交付金」となり1,929億円。これに畑作のそば、ナタネを加えた「畑作物の所得補償交付金」2,123億円。転作対策の「水田活用の所得補償交付金」2,284億円、「産地資金」として地域振興作物、備蓄米の取り組みで481億円となっている。加えて、昨年削られた経営規模拡大のため、農地を借地に出し利用権設定した場合の10ａ当たり２万円の奨励加算が復活し、中山間地直接支払いや農地・水・環境保全支払い交付金も各々270億円、280億円がついている。それに「環境保全型農業直接支援対策」48億円、「甘味資源作物・国内産糖交付金」579億円。いわゆる戸別補償関連のスペンディング政策で8,000億円としている。従来からの直接支払い経費を一括し、まとめたのである。

　マニフェストは矛盾に満ちた提言である。農地政策では改正農地法に沿った方向で農業への企業参入の緩和と一筆管理からゾーニング規制（地域別規制）、「都市・農業地域土地利用計画制度」などの創設を述べている。企業の農業参入でも「所得目標」や「経営規模を設定しない」ことを強調している。経済界の要求に沿ったものである。だからこそTPPに関連する農業政策の中で菅首相が企業への農地の取得を口にするのかもしれない。もっとも理解できないのが国内の農業政策の転換は明確にされているものの、対外的な農産物の輸入障壁等の対策はニュアンスが異なっていたことである。これまでの政権より積極的だったのである。「農林水産物の国内生産の維持拡大および農山漁村の再生と世界貿易機構（WTO）における貿易自由化協議や各国との自由化貿易協定（FTA）締結の促進とを両立させる。」といい、FTAでの推進を明確にしている。TPPはこれを飛び越えた自由化となるが、今のところはっきりしない。

　90年代以後の農業政策は担い手への直接支払いを基本に関税交渉に応じようとしてきた。しかし、経済政策自体が国内の空洞化を埋め合わせる政策が

ない中で、食糧自給力の向上とはならない。空洞化を埋めるため、第1次産業をはじめとした地域政策振興が必要になっているのである。

第3章
民主党の財政運営と安倍政権の財政出動

１．財務省の手の内で

（１）「新しい公共」から消費税増税へ

　2009年秋、民主党政権誕生とともに10年度補正予算案が組まれた。三位一体改革後のデフレ経済にあって、瞬時に雇用対策で6,140億円、環境対策で7,768億円、景気対策で１兆1,742億円、それに住宅対策4,000億円、生活の安心7,849億円と、大判振舞いだった。その新たな民主党政権が鳩山首相の下に打ち出したのが「新しい公共」だった。

　それは「支え合いと活気のある社会」をつくるためNPOなどの市民団体、地域組織、企業や事業体、政府が参加し協力して、役割に沿って行動する社会であった。そのため公務員制度改革により社会全体から専門性が高く、有為な人材を登用して行政の質を高め、税金の無駄使いを根絶するとともに、事業仕分けなどの予算編成手法を活用し財源の適切な配分をするとしたのである。鳩山首相に替わった菅首相もこれを引き継ぎ、国民のためのサービスを市民、企業、NPO等が提供していくことは、国民の満足度、幸福度を高めることになるし、結果として歳出の削減にもつながる、と主張した。

　長く続く不況の下で財政逼迫からの脱却を「コンクリートから人へ」で、公共事業費の削減と仕分けによって財源を捻出し、こども手当て、教育、社会保障の充実に振り向けようとしたのである。仕分けと同時に地方交付税を増額し、地域主権戦略会議を立ち上げ、ひも付き補助金から一括交付金への転換を図り、小泉内閣の三位一体改革以来、財政逼迫の続く地方財政への支援を行おうとしたのである。

　しかしこれは各省庁からの反発を受けた。国の予算の配分は政・財・官をグループとした省庁縦割りの利益集団によって握られていて、一朝一夕で変

えられるものではなかった。一括交付金も公共事業がらみの分野で一部実現を見たものの、中途半端なものとなった。

　国の財政赤字は国債の発行が常態化し「国債に抱かれた財政」となる70年代後半から急激に進んでおり、その原因は好況時であっても国税の増税をほとんど行わず、減税を繰り返してきたことによる。最近でも三位一体改革の好況時でも減税をしているのである。民主党政権も社会保障・福祉・地域主権を言いながら、財政再建の基本である法人税、所得税の増税には触れてはいない。10年度、11年度予算においても赤字国債依存の予算編成となり、過去最大規模の赤字予算にしている。11年3月の東日本大震災は赤字国債依存の財政運営を当然のごとくにし、こともあろうに目に見えて膨らむ社会保障費を消費増税によるという財務省の年来の宿願を受け入れている。貧乏人が貧乏人を救うという前代未聞の税制改革で、それも5％の税率引き上げのうち、1％しか社会保障に充当されないのである。

　日本の社会保障は田中内閣の70年代初めから始まるものの、保険と国の役割など制度そのものが定まっていないうえ、税源が不安定なことに問題がある。社会保障の基本的な考え方は所得の再配分にあり、富裕な企業や高額所得者から低所得者への富の還元である。1989年まで社会主義国、資本主義国とも多かれ少なかれこのことに努力を重ねてきていた。しかし、89年以後、新自由主義の流れのなかで各国共に福祉政策は後退してきている。特に日本においては所得の再配分機能が後退し続けているのである。

　民主党政権は10年度予算からこども手当てなど現金給付中心の社会保障費を増やし、地方交付税でも10年度は6.8％増、11年度予算では一括交付金を都道府県へ5,120億円、市町村に2,012億円を出しているが、東日本大震災にかかわる税制改革では13年から25年間2.1％の付加税、個人住民税均等割り1,000円を10年間、法人税は30％から25.5％へと減税し、12年から3年間、税額に10％の付加税を課すという、実質減税としている。決して所得の再配分とはなっていない。税源、予算配分とも財務省の手の内で財政運営をしたのである。

（2）アベノミクスによる財政出動

　民主党政権から安倍内閣に代わると金融緩和、財政出動、成長戦略を三本の矢とする政策を掲げ、2％の物価引き上げ目標、国債買取基金10兆円増額、貸し出し基金110兆円を設定し、民主党の時と同じように10兆円の大型の補正予算を打ち出した。しかし、このうち1兆1,185億円は、復興財源で前年度剰余金の受け入れ、7兆8,000億円は赤字国債によるもので、歳出面では公務員給与の3,328億円の削減を含んだ見かけは大型だが厳しい内容の補正予算である。

　13年度予算は92兆2,611億円で補正予算を加えると15カ月103兆円の大型予算である。税収は43兆円とし、国債を42兆8,510億円としているものの、年金特例公債金2兆6,110億円を加えれば、歳入の5割を超える赤字国債依存となっている。13年度予算は社会保障関係費29兆1,224億円、生活保護費のカットや年金減額を13年10月より1％行うことにしている。それに対して、公共事業費が5兆2,843億円、防衛費も400億円増の4兆7,538億円、文教科学振興費0.8％減の5兆3,187億円となっている。税制では法人税は3,320億円の減税、資産税は増税となっている。東日本大震災の復興予算も19兆円から25兆円と膨らませている。

　13年度予算は国債のうち86％が赤字国債だが、12年11月の三党合意で12年度から3年間赤字国債発行を可能とする国会の議決を行っている。戦後直ぐにできた財政法四条の国債不発行主義など、各政党とも、まったく念頭から消えている。しかも地方財政では地方交付税を1.2％減としていて、地方公務員の給与を7.8％引き下げその分を公共事業に回すのである。これは地方交付税で賃金引下げを強要するという暴挙であり、地方交付税の国税一定率の充当の原則を破棄したものである。戦前から続く世界に冠たる財政調整制度もここにきて大きな危機を迎えている。

　アベノミクスなどといわれているが、その内容は90年代から続く財界、特に輸出産業が求める財政運営そのものである。法人税、高額所得者の優遇が続き所得の再配分は消費税増税でますます後退し、地域間格差と所得格差は開くばかりである。東日本大震災の復興を見ても『ショックドクトリン』の

描く復興事業さながらに大手デベロッパー一本やりの復興事業で住民不在となっている。

2．完全自由化を前提とした農政

（1）民主党政権下の農業予算

　民主党の政権下ではどのように農業予算は変わったのであろうか。農業予算は2005年から1年1,000億円ほど減っている。もっとも特徴的なことは10年に民主党政権になるとともに、農業の公共事業が対前年比34.1％の減となり、12年度には5,000億円を切るようになっている。「コンクリートから人」である。

　農林予算の中心は食料安定供給関係費となっているが、その内容は年々変わっている。中心事業は戸別所得補償制度の導入である。民主党が戸別所得補償制度を打ち出したのは04年の「農林漁業再生プラン」で、これが受けた背景は食糧法以来のWTOを意識した農業政策の結果で、米価の低落、政策の受益者を担い手としたことであった。しかし、この10年度の戸別所得補償制度は財務省・農水省の抵抗にあい初年度はモデル事業、11年度、12年度については、財務省の『国の予算』では農業経営関係費として扱われ、内容の説明すらされていない。しかし、食料安定供給関係費のうちで、10年度予算では5,614億円、11、12年度は6,919億円、6,884億円とその中心を占めている。10年度にはじめられたモデル事業はその内容は水田利活用自給力向上事業2,167億円、米戸別所得補償モデル事業3,371億円、の2つの事業で、前者は水田転作として麦、大豆、米粉用米、飼料用米への面積当たり奨励金で、新規需要米として行う米粉用米、飼料用米に10a当たり8万円、麦、大豆、飼料作物は3万5,000円を交付する事業である。

　後者の米の所得補償制度は標準的な生産費を60kg当たり1万3,703円、販売価格が費用を下回った1,700円（10a当たり1万5,000円）を直接払いとし、生産者に支払う。販売額がそれより下がった場合は変動交付金として補填し、60kg当たり1万3,700円を補償することとした。それまで行われていた品目

横断的経営安定対策は水田・畑作安定対策2,330億円として、収入減少影響緩和対策では担い手への拠出と9割補償を行っている。一方は全農家を対象、他方では担い手に絞ってという、ちぐはぐな対策で、後者は自民党農政の継承である。11年度は農業者戸別所得補償制度として8,002億円となっているが、特別会計の水田・畑作安定対策を入れているので、同額の予算といえる。加えて11年度は畑作物の所得交付金をそば、なたねを加え一般化し、米価変動補填金1,391億円を次年度に振り替えているので、実質削減となっている。12年度は6,901億円だが、これも前年度実績の数字である。

米の戸別所得補償は10年度には米の価格が下がり、60kg当たり3,000円ほどの補償となった。こめの販売価格はスーパー、コンビニなどが流通の50%のシェアを握り、結果的には補填された補償額は介護保険と同じく、スーパー、コンビニとその親会社である商社の収入となり、官が税金から支払ったこととなっている。11年度以後は3・11の影響から米の販売価格が上がっているものの、価格水準からすると2ha以上の農家、法人、集落営農組織でなければメリットは出ていない。また、10a当たり8万円の交付金は一時期、飼料米、米粉用で対応があったものの、MA米の値上がりもあって加工用米の価格があがり、少なくなっている。

その他の農業予算では、六次産業化の予算が話題になったものの、10年度130億円、12年度には財政資金を使ったファンドの創設で300億円、漁業に95億円付いているに過ぎない。野菜、畜産、酪農に対する価格対策はほとんど変わらず、輸入差益を原資とする農産物価格補償の交付金が実績に応じて出されているに過ぎない。なお、一括交付金は農業の場合は公共事業がらみの施設整備関係で、「強い農業作り交付金」として出されている。

(2) 公共事業の復活と「攻めの農業」―安倍農政

12年暮の総選挙後、安倍内閣は1月にすぐ補正予算を示す。農業関係は1兆39億円。うち公共事業が5,512億円と農業の基盤整備事業が出てくる。また、一括交付金として行われていた強い農業作り交付金に215億円追加している。TPPを意識した「攻めの農業」として、再生エネルギー対策で21億

円、六次産業化事業に40億円の財政資金を出すことにしている。また、円安による農業経営環境悪化に対して燃油、飼料対策に560億円、畜産経営安定対策に334億円などを用意している。もっとも大きな変化は、3年間抑えられてきた公共事業を再び呼び戻したことである。

続いて出された13年度農林水産予算では5.7％増の2兆2,976億円である。補正を加えた15カ月予算としては3兆3,015億円と、対前年度比50％増となる。その概要は図表24のようになっているが、公共事業が2.5倍近くなっている。非公共事業も15カ月では24％近い増、ただ、補正予算を除いた非公共事業は97％と減っている。

図表24　平成25年度農林水産予算

区　分	24年度予算額	25年度概算決定額A	（24年度補正追加額）補正額B	A＋B
	億円	億円	億円	億円
農林水産予算総額	21,727	22,976	10,039	33,015
（対前年度比）	－	105.7％	－	152.0％
1．公共事業費	4,896	6,506	5,512	12,018
（対前年度比）	－	132.9％	－	245.5％
一般公共事業費	4,703	6,314	5,055	11,369
（対前年度比）	－	134.2％	－	241.7％
災害復旧等事業費	193	193	457	649
（対前年度比）	－	100.0％	－	337.2％
2．非公共事業費	16,831	16,469	4,528	20,997
（対前年度比）	－	97.9％	－	124.8％

注）1．金額は関係ベース。
　　2．計数整理の結果、異動を生じることがある。
　　3．計数は、四捨五入のため、端数において合算とは一致しないものがある。
　　4．上記には、東日本大震災復興特別会計への繰入れ分（津波対策33億円）を含む。

農林水産予算は3年を経て公共事業を柱とした予算に戻っている。一般事業は前年度並みの予算であり、TPP参加を前提とした予算といえる。

農林水産省は「攻めの農林水産業推進本部」を1月に立ち上げている。その第1は「需要フロンティア」といい、今後10年で農林水産物の輸出額を

4,500億円から1兆円にしようとするもの。第2は「バリューチェーン」で、13年2月に農林漁業成長産業化ファンドを設立、六次産業化事業体が地域を引き込み地域の活性化を図ろうとするものである。第3は農業の構造改革を加速化するもので、大規模経営体への農地の集積、耕作放棄地の解消を行うもので、企業と農業者、農協を使ってファンドを作り、安上がりの地域起こしをしようというものである。戸別所得補償対策は前年並みとなっており、次年度で担い手に集約していこうという。農業ではアベノミクスは見当たらず、成長戦略はない。

　安倍内閣の財政出動は戦前の財政運営に似ており、しかも経済政策は小泉内閣に酷似している。

第4章　安倍政権下における農業政策
　—TPP妥結を前提

1．90年代以後の農業の変貌

　90年代以後、ガット・ウルグアイラウンド農業合意以後の日本農業は、米を含めた自由化の下、急激な変貌を遂げている。5年ごとに行われる農業センサスを見ても、60年には農家戸数606万戸、耕地面積532万haであったのが、90年には383万戸、470万haに減っている。60歳以上の農業就業者が46％を占め、2000年には70歳の農業就業者が頂点となると予測している。農家の小規模化が進み、兼業農家によって農業は支えられるようになった。生産組織参加者が増加し、オペレーター従事者が増えてきている、と内面からの脆弱性を指摘している。90年センサスを分析した高橋正雄は日本農業の担い手を論ずる場合、「農家らしい農家だけを対象とするだけでは問題は解決しない」と結論している（「90年農林業センサス」21p）。

　95年センサスは米の自由化の進行の中で、その後退が明らかとなっている。このセンサスの分析を行った故宇佐美繁は、5ha以上の農家数が1910年とほぼ同数の3万5,000戸となったことを明らかにしたが、同時に経営面積が減少し、わずか5年間に433万haとなった。そのうちで樹園地の減少が著しく、遊休地が目立つようになっている。畜産は豚、鶏で企業的経営が中心となり、酪農は10年間で30％もの農家の減少を生じている。都道府県でも有畜複合経営の農家が急減し、価格変動によって農家数が大きく変化する段階に入った。農家の小家族化と同時に女性と青年層の農業離れが激しく、女性がまったく農業に関与しない農家が30％を超え、稲作経営にあっては60歳未満の男子専従者は4.9％に過ぎない。宇佐美は「農業そのものの解体から進んで農村そのものの解体となっている。」（95年センサスp.10）といって、農業資源減少が始まったことを明らかにした。

2000年センサスの分析は、新たな基本法の下で行われたが、分析の視点が農業経営の多様性や集落に当てられ、従来のような農業構造の動向を捉えるものとはなっていない。

　2005年のセンサスは2000年初めの農政転換を反映し、2年の「米政策改革大綱」、5年の食糧・農業・農村基本計画の見直しとともに、「品目横断的経営安定対策」などを内容とする「経営安定対策等大綱」が示され、農政が担い手育成、経営体自体に着目し始めたことを示すものであった。2005年までの5年間は販売農家が16％減、その農地面積も10％減じている。自給的農家は12％増となり、農家以外の事業体は52.6％の増となっている。経営耕地面積は全体で400万haを割るまでになっている。農地面積の減少が農家戸数の減少を上回っている状態で、農業の解体が進化していることを示している。この流れは90年代前半に西日本の山間地から始まり、いまや北海道、東北、北陸を除く各地で見られる実態となった。増加するのは農家以外の農業の事業体で北陸、岐阜、兵庫、島根など、集落営農の多い地域に見られるようになっている。他方、農産物販売額と経営体との関係で見ると、都府県では50％を越える階層が1,000万円から1,500万円の販売額を、北海道では50％を超える階層が、販売額3,000万円〜5,000万円の規模となっており、全経営体の10％足らずで4〜5割の生産額のシェアとなっている。規模拡大は進んでいる。また、こうした経営体による農家レストラン、貸し農園、農家民宿なども目立つようになってきている。さらには集落営農にもこうした傾向が見られるようになっている。構造的な変化から言えば、農家の小規模化、昭和一ケタ台のリタイアが本格化し、労働力の補塡が間に合わず、農家以外の事業体の増加となっているのである。特に北陸では借地増加の8割はこうした事業体となっている。こうした事業体の農業経営の上層部の形成は、地域間の格差を生み限界集落出現等の課題も出てきている。

　2010年のセンサスは2005年のセンサスより農業労働力の減少と高齢化が目に付き、農業就業人口は261万人と300万人を割り込み、基幹的農業従事者も51万人となった。家族ぐるみで自家農業を支える構造はなくなり、就業人口の平均年齢は65.8歳と年金支給年齢を超え、70歳以上の農業者は農業就業人

口の2分の1となり、高齢化はより進んだ。2010年から自給的農家が、農産物の35.5％を産出し、土地持ち非農家は17万3,000戸となった。ただ、農業経営体の借り入れ農地面積は106万3,000ha、法人による借入農地は2万2,600haに及んでいる。いわゆる農家以外の事業体は5年間でほぼ倍の24万haから43万haへと経営面積を拡大し、北海道では30ha以上で67.1％を占めるまでとなっている。

　都府県でも5ha以上が東北・北陸で40％となっている。一方、農地の受けてのいない集落が全体の3分の1を占めるほどある。また、耕種作物以外の畜産などでは企業化・法人経営が進み、肥育牛、豚、鶏などが際立っている。農産物販売額の個別経営体ごとの増大とともに農協からの離脱も多くみられるようになる。5,000万円以下では60％、5,000万円〜1億円では50％、1億円〜3億円で38.3％、3億円〜5億円26.5％、5億円以上19.4％となっている。

　改めて90年代前後と現在の農業生産額等の推移を見ると、1984年には11兆7,000億円だったものが、2012年には8兆5,000億円と25％の減となっている。その内訳は米が3.9兆円（全体の34％）から2兆円（24％）とほぼ半減しており、畜産は3.3兆円（28％）から2.6兆円と金額は減っているものの、比率は30％と第1の農産物となっている。野菜は2兆円（17％）から2.2兆円と伸びており、その比率も26％となった。当然のことながら農業所得は1990年の6兆円から3兆円と半減している（図表25）。農地面積は2010年で459万ha、うち担い手が利用する面積は49.1％である。他方、耕作放棄地は2010年39万6,000haと90年代の2倍近くなっている。耕作放棄地のうち販売農家所有のものが31％、自給的農家所有が23％、土地持ち非農家が46％を占めている。農家の小規模化と高齢化がもたらす結果ともいえよう。92年の新農政以後、政策の対象とされてきたのが認定農業者だが、2011年では23万7,000人、法人は1万5642、うち農事組合法人は3,578、特例有限会社8,338、株式会社3,462となっており、2009年の農地法改正以後4年間で1,392法人が農業に参入し、農地法改正前の5倍の速さとなっている。農業への参入者は2012年の一年間で、5万6,000人となっているが、これは青年新規就農交付金による効果であり、

第3部　農業政策の変容

新規参入者は3,000人ほどである。

　新農政以後の農政の展開は明らかに国内農業資源の減少となってきており、農家経営を否応なく圧迫してきている。一部では企業的経営の出現も見られるものの、日本の農業の特徴である多品目少量生産、かつ集落機能に相互依存した農家経営の後退が著しくなってきている。

図表25　農業構造の変化

農業産出額の推移

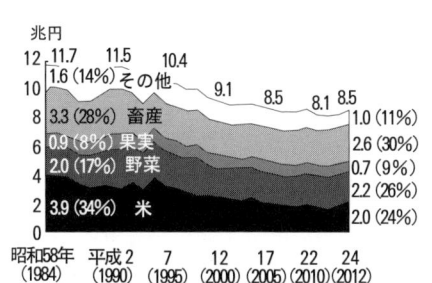

兆円
- 昭和58年（1984）：11.7　1.6（14%）その他、3.3（28%）畜産、0.9（8%）果実、2.0（17%）野菜、3.9（34%）米
- 平成2（1990）：11.5
- 7（1995）：10.4
- 12（2000）：9.1
- 17（2005）：8.5
- 22（2010）：8.1
- 24（2012）：8.5　1.0（11%）、2.6（30%）、0.7（9%）、2.2（26%）、2.0（24%）

資料：農林水産省「生産農業所得統計」
注）1．その他は、麦類、穀類、豆類、いも類、花き、工芸農作物、その他作物、加工農産物の計。
　　2．（　）内は農業産出額に占める割合。

農業生産額と農業所得（農業純生産）の推移

凡例：中間投入等／農業所得／農業所得のうち経営補助金

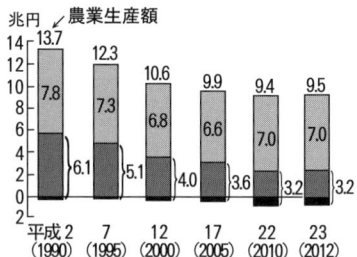

兆円　農業生産額
- 平成2（1990）：13.7（中間投入等）、7.8（農業所得）、6.1
- 7（1995）：12.3、7.3、5.1
- 12（2000）：10.6、6.8、4.0
- 17（2005）：9.9、6.6、3.6
- 22（2010）：9.4、7.0、3.2
- 23（2012）：9.5、7.0、3.2

資料：農林水産省「農業・食料関連産業の経済白書」
注）「中間投入等」は、中間投入（生産に要した財（資材等）やサービスの費用）、固定資本減耗及び間接税額の合計。

2．関税撤廃を前提にした農業政策

（1）農業予算の構成を変更

　農業構造の急激な変化は農業政策そのものに起因している。ガット・ウルグアイラウンド農業合意以後の日本の農業政策は、正に新自由主義的な経済政策の下で動いている。96年、50年近く続いた食管法が食糧法となり、政府による米の管理は備蓄と輸出入の管理のみとなった。97年に自主流通米に替わる計画流通米が廃止となり、米価格が下がったときには生産者の拠出を求め、当初は下落幅の8割、後9割の補塡をすることとした。他方、備蓄対策は93年の凶作に回転備蓄で150万tを設定したが、これは失敗し、少量の棚

上げ備蓄に変わるようになる。

　生産調整も転作奨励金からの脱却をもとめられ、生産調整をする人とやらぬ人との間を調整する「とも補償」でも、関係する生産者の拠出が求められるようになる。97年には生産調整の事業は食管特別会計に移され、転作中心の事業となる。その面積も100万haを超えている。2003年「米政策改革大綱」が出され、生産調整は転作中心となるが、食料関係費は、ほぼ農業予算の3分の1を占めていたものが12％にまで縮減される。この大綱が出た直後、99年に成立した食料・農業・農村基本法の改正が早くもなされ、04年には食糧法も改正される。ここで農業予算の構成が大きく変わることとなる。

　新たな経費の構成は「食料安定供給費」と「公共事業費」「一般事業費」で示された。「食糧安定供給関係費」は食管特別会計費の調整勘定繰り入れ分と生産調整事業費である水田農業構造改革対策費、農業生産振興費、農業経営対策費、農林漁業金融費、水産業振興費が含まれることとなった。

　「米政策改革大綱」は具体的に米の生産調整の配分を面積から量とすること、この対策によって過剰米が生じたときは生産者自ら飼料化して処分すること。さらに今後のあるべき米作りを「生産者が主体となって消費者の需要に応じて作ること」とされた。米生産の責任は生産者にありというのである。生産調整では生産者拠出による「とも補償」を廃止され、転作加算と認定農業者と法人を対象とした助成を残している。しかもこの転作助成は「産地づくり交付金」となって、都道府県、市町村の事業となる。他方で米価の下落対策として担い手への「稲作所得基盤対策」をつくっている。

　06年からの米対策では麦、大豆などの転作に当たって品質向上対策が導入され、買入価格に格差がつけられるようになる。この大綱は米の転作や生産調整のみならず、米の流通制度を大きく緩和させた。登録制から届出制への緩和である。一言で言えば、大綱による米対策は、担い手に着目した「品目横断的経営安定対策」（のちに「水田畑経営安定対策」）にあり、個別品目ごとの価格対策から担い手の経営に着目した直接支払い制度としたのである。そのため野菜をはじめ果実、鶏卵、飼料穀物の備蓄、加工原料乳対策、牛肉等関税財源畜産物振興対策費などもすべて価格政策から経営に対する補助の制

度に転換したのである。その財源は関税益を原資とし、生産者からの拠出をも求めるもので、国による経費節減であり、安上がりの農政である。

(2) 政策を担い手に集約し、経費節減を強化

　価格対策から経営体への補塡の移行は、EU、アメリカ間での農産物への関税と補助をめぐる対立も影響していた。WTO以後も農産物の関税障壁をめぐる交渉はなかなか進まず、アメリカの価格補助、EUの課徴金などが問題となったが、品目ごとの価格政策から経営体への補塡に切り替えたのである。日本もそれに合わせてこうした方向の転換を図ったが、日本の場合はもともと価格政策も十分ではなく、直接支払いなどのシステムもばらばらな中で単なる経費節減の手段としかならないのである。

　07年以後の農林予算の推移は図表26のようになっている。自民党の09年までと民主党の10年から12年、それに13年からの安倍政権にあっても、逓減の方向は改まってはいない。民主党政権下の農林水産予算では公共事業の大幅削減が目立っているが、安倍政権以前の農政の展開を最も変化の激しい、米関係費を中心に概観しておこう。

　07年から09年の米関係費は図表27のようになっている。「水田農業構造改革交付金」は転作対策で一般会計から出される交付金である。転作対策は生産者と生産者団体が主体となって行うこととされたものの、07年から過剰米が生じたため、飼料用米、米粉用が必要となり500億円が加わり、08年にも500億円、09年には1,110億円を足している。

　次の「生産調整対策費」はこの年から特別会計に移され、担い手への品目横断的経営安定対策が「水田畑経営安定対策」という名称になって「農業経営安定事業費」には入り、同じように特別会計になっている。しかも前述したように、この原資は輸入差益が主となっており、政府の補塡は生産者の拠出を伴う支援事業である。09年の当初は1,524億円であったものが、09年には2,324億円にまで膨らんでいる。これは米価格の下落が激しく、たとえ9割の補塡であっても増加せざるを得なくなったものである。なお、新たに予算を構成することとなった「食糧安定供給関係費」(図表28)は08年以後、

図表26　農林水産関係予算の推移

区　分	(2007年度) 19年度	(2008年度) 20年度	(2009年度) 21年度	(2010年度) 22年度	(2011年度) 23年度
農林水産関係予算総額	(▲3.1) 26,927	(▲2.1) 26,370	(▲2.9) 25,605	(▲4.2) 24,517	(▲7.4) 22,712
(1)公共事業関係費	(▲5.7) 11,397	(▲2.8) 11,074	(▲10.1) 9,952	(▲34.1) 6,563	(▲20.9) 5,194
(2)非公共事業	(▲1.0) 15,530	(▲1.5) 15,296	(2.3) 15,653	(14.7) 17,954	(▲2.4) 17,517
食料安定供給関係費	8,555	8,600	8,679	11,612	(▲0.2) 11,587
一般農政費	6,975	6,696	6,974	6,342	(▲6.5) 5,931
農業関係予算	[6,916] 20,431	[6,844] 20,045	[5,936] 19,410	[2,250] 18,324	[2,244] 17,672
林業関係予算	[2,923] 3,947	[2,779] 3,854	[2,709] 3,787	[1,970] 2,874	[1,890] 2,720
水産業関係予算	[1,558] 2,549	[1,452] 2,471	[1,308] 2,408	[843] 1,819	[742] 2,002
農山漁村活性化交付金	[－] －	[－] －	[－] －	[1,500] 1,500	[318] 318

注）1．予算額は当初予算額で、上段の（ ）書きは対前年度増▲減率、〈 〉書きは農林水産関で内数である。
　　2．20年度、23年度においては、食料安定供給関係費と一般農政費の間で組み替えたの
　　3．23年度及び24年度予算は、一括交付金等への拠出額を除く。
　　4．計数は、それぞれ四捨五入によっているので端数において合計と合致しないものが

図表27　米関係費（2007～2009年度）

（単位：100万円）

	2007年度	2008年度	2009年度
1．水田農業構造改革対策費			
①補助金	4,767	421	0
②交付金	149,401	147,669	141,790
（産地づくり交付金）	50,000	(910)	(38,914)
		(38,100)	(71,781)
2．生産調整対策（特別会計）	42,363	32,444	21,760
①稲作所得基盤確保対策交付金	12,016		
②担い手経営安定対策交付金	1,317		
③稲作構造改革促進交付金	29,030	32,443	21,760
3．農業経営安定事業（特別会計）	152,422	209,004	21,760
①生産条件不利補正対策交付金	152,111	153,152	154,907
②収入減少影響緩和対策交付金	－	55,516	75,756

資料：『国の予算』より作成。

第 3 部 農業政策の変容

(単位：億円．%)

(2012年度) 24年度	(2013年度) 25年度	(2014年度) 26年度	
(▲4.3) 21,727	(5.7) 22,976	23,267	(1.3) 292
(▲5.7) 4,896	(32.9) 6,506	〈28.3〉 6,578	(1.1) 72
(▲3.9) 16,831	(▲2.1) 16,469	16,689	(1.3) 220
(▲4.7) 11,041	(▲4.5) 10,539	〈45.2〉 10,507	(▲0.3) ▲33
(▲2.4) 5,790	(2.4) 5,930	〈26.6〉 6,183	(4.3) 253
[2,243] 17,190	[2,741] 17,128	[2,804] 17,396	[63] 267
[1,848] 2,608	[1,896] 2,899	[1,913] 2,916	[17] 17
[709] 1,832	[741] 1,820	[740] 1,834	[▲1] 14
[96] 96	[1,128] 1,128	[1,122] 1,122	[▲6] ▲6

係予算に占める構成比、[ ]書きは公共事業関係費

で、過年度についても組替後の計算としている。

がある。

図表28　食料安定供給関係費（2007〜2009年度）

(単位：100万円)

	2007年度	2008年度	2009年度
①農業食品産業強化対策費	31,382	37,366	22,688
②主要食糧需給安定対策費等	151,293	147,475	114,176
③食の安全・消費者の信頼確保	25,546	23,660	22,539
④国産農畜産物競争力強化対策	374,568	413,153	332,564
⑤担い手育成確保対策費	98,901	147,856	128,760
⑥株式会社日本政策公庫	38,346	35,236	35,966
⑦水産業振興費	36,306	93,069	40,183
⑧農業経営支援対策費等	113,336	109,784	101,630
⑨食育推進事業費		4,497	4,468
⑩環境保全型農業生産対策		1,275	2,170
⑪食品産業競争力強化対策費		3,841	2,574
⑫農業等国際協力推進費		9,914	9,931
⑬農林水産物・食品輸出促進対策		2,148	2,023
⑭水産物安定供給対策費		32,453	23,175
⑮水産業強化対策費		8,389	7,674
合　計	937,926	1,086,663	865,922

資料：『国の予算』07、08年は補正後。09年は当初。

農業食品産業競争力強化対策費などで「強い農業つくり」を、さらには担い手育成事業を加え、その後も農業等国際協力推進費、食育推進事業費、環境保全型農業生産対策、食品産業競争力強化対策、水産分野における公共事業も加わり、1兆円を超える規模となって、食料供給にとどまらない内容となっている。

(3) 戸別所得補償の導入と転作の見直し

　政権は民主党に変わり農業政策は大きく変わった。民主党の財政運営は国債依存からの脱却を掲げていたこともあり、各省庁の予算は縮減されている。その中で特に公共事業予算については手厳しく、農林水産予算でも公共事業関係は大幅な切捨てが行われた。図表26にあったように、2010年の農林水産予算では、公共事業は対前年比で3分の2となっている。続く11年も20％の減となり、2008年の過半の5,200億円ほどになっている。しかし、食糧安定供給費は10年から3年間、いずれも1兆1,000億円を上回る規模となっている。その中心はいうまでもなく、図表29にみるように、米の戸別所得補償による

図表29　米関係費（2010〜2012年度）

(単位：100万円)

	2010年度	2011年度	2012年度
1．水田利活用自給力向上 （米・大豆・新規需要米等への生産助成）	216,729	228,431	228,431
2．米戸別所得補償	337,088	192,900	192,900
（定　額）	337,088	192,900	192,900
（変　動）	139,088		(29,400)
推進費			
3．水田・畑作経営所得安定対策（特会）	233,041	212,302	212,302
①生産条件不利補正対策（固定）	102,333		
収量（成績）	52,574		
②収入減少影響緩和対策 （差額の9割を補塡）（国3：加入者1）	76,404		722
4．加算措置			
①品質管理		15,000	
②規模拡大加算		10,000	15,000
③再生利用加算		4,000	
④緑肥輪作加算		1,000	

資料：『国の予算』より作成。

ものである。「米政策改革大綱」以来、農政は価格政策から担い手への直接支払いに転換していたが、対象からはずされた農家はもちろんのこと、直接支払いとなっている担い手農家にとっても所得の減少を止められるものではなかった。しかも、直接支払いは農家の拠出を求めることから所得の増加とはならない。米対策については生産調整下で米の補助金は年々減少し、転作物への奨励金もゲタとナラシに分けられ、ここでも低下していくこととなった。

ところで10a当り1万5,000円の戸別所得補償は、定額で支払われ、その額は平均生産費プラス労賃部分の8割を保証するもので、60kg当り1万3,700円となる。しかも所得補償を加えてもこの基準額を超えない場合は変動部分を補填することとした。そのための基準額は経営規模2haの農家にとっては労賃部分を補い若干の余剰をもたらすものであった。1ha前後の農家にとってもコスト部分はカバーする額であった。戸別所得補償は11年の東日本大震災とともに米需給が逼迫し、生産者米価が上昇したことから変動部分は補正予算に回され、100億円を超える削減となっている。その埋め合わせとして11年には諸加算として品質、規模拡大、再生利用、緑肥輪作などの事業で10a当りの加算が300億円ほど作られている。12年の品質加算は150億円にとどまっている。

転作関係の経費はそれまで中心となっていた麦、大豆、飼料作物は10a当り3万5,000円、新たに導入された新規需要米として米粉用、飼料米、バイオ燃料米それにWCS用稲は10a当り8万円、そば、菜種、加工用米は2万円となった。さらに、二毛作助成として戦略作物と主食用米を組み合わせた場合は、10a当り1万5,000円を加えている。転作作物のうちでも米粉、飼料用米は米の多様な需要に応ずる必要が言われていたにもかかわらず、それが民主党になってはじめて実現を見たものである。

民主党農政の目玉は戸別所得補償と転作への新たな対応にあった。しかし、戸別所得補償は基準額を据え置いたため、変動部分とともに削除され、その補填を各種加算で補おうとしたのだ。これは成功とはいえない。こうした中で、驚くべきは特別会計行われていた「水田畑作経営所得安定対策」、品目横断的経営安定対策がこの名前となった事業が、生産条件不利補正対策と収入

減少影響緩和対策として2,000億円を超える事業として存続していることである。生産条件不利補正対策は面積単位に応じた固定支払いと品質別生産量に応じた支払いとなっている。収入減少影響緩和対策は米を含めた対策への加入者が、国との負担割合1：3で負担し、交付金を受けるもの。これは民主党の目的とした農政とは別の、自民党の政策そのものである。単なる自民党農政の継続でしかない。農家の選別方法も改まってはいない。予算は2,000億円台を確保しており、民主党の農業政策が一時しのぎの政策となってしまった要因は、この辺りにあったのだろう。

(4) 地方自治体の農林水産予算も縮減

　国の農業政策の方向は徐々に縮減していく方向にある。地方自治体においてもこの方向に変わりはない。都道府県・市町村の農業関係予算の概要を見ると（図表30）、都道府県では7年の2兆5,955億円（全体の5.5%）から11年2兆3,661億円（4.6%）と2,000億円以上の削減となっている。市町村につい

図表30　農林水産業費の

	2007年度		2008年度		2009年度	
	都道府県	市町村	都道府県	市町村	都道府県	市町村
農業費	481,779	456,798	446,986	455,636	459,363	479,375
	18.6	36.2	18.4	36.8	17.5	36.5
畜産業費	106,352	53,831	101,283	50,261	94,917	48,903
	4.1	4.1	4.2	4.1	3.6	3.7
農地費	1,049,533	512,146	957,028	468,616	938,065	486,626
	40.4	39.4	39.3	37.9	35.7	37.1
林業費	664,454	152,451	648,996	145,381	833,205	165,432
	25.6	11.7	26.6	11.8	31.7	12.6
水産業費	293,444	123,509	281,200	117,288	299,698	131,798
	11.3	9.5	11.5	9.5	11.4	10.0
合　計	2,595,562	1,298,735	2,435,493	1,237,182	2,625,248	1,312,134
	100.0	100.0	100.0	100.0	100.0	100.0

資料：『国の予算』より作成。

ても1兆2,987億円から11年1兆1,741億円となっている。立ち入って農林水産業費のうち、農業費、畜産業費、農地費別に見てみよう。農林水産業費全体の比率からみると2％ほど上がっている。変化の激しいのは畜産業費と農地費で、特に農地費は1兆円を超える額で、90年代はいずれの都府県においても農林水産業費の6割を超える比率であったものが、12年では7,562億円（32.5%）となって、40％も減ってきている。また、畜産業費は比率としては4％とわずかな金額だが、7年は1,000億円から12年の879億円と削減されている。農業の公共事業は土地改良事業が柱だが、バブル崩壊後の80年代から進められてきた土地基盤整備事業などは事業実施後ほぼ30年を経て、更新整備の時期になってきつつある。水路の明渠から暗渠へ、一筆の区画の拡大とともにパイプによる水路の整備がされたが、これが老朽化に入っているのに手当ては何もされていない。これからの問題であろう。

市町村の農林水産業予算は都道府県の半分ほどだが、13年の農業白書によれば、その決算額は国・都道府県の下請け的事業となっているのにもかかわ

推移（目的別）

（単位：100万円，％）

2010年度		2011年度		2012年度	
都道府県	市町村	都道府県	市町村	都道府県	市町村
426,376	455,770	423,060	458,655	479,319	489,756
18.9	36.7	17.9	39.1	20.6	40.2
139,654	47,997	97,130	41,258	87,965	41,483
5.9	3.9	4.1	3.5	3.8	3.4
822,975	448,777	750,485	424,018	756,218	436,011
34.8	36.2	31.7	36.1	32.5	35.8
721,768	175,646	850,815	147,628	714,763	135,415
30.5	14.1	36.0	12.6	30.7	11.1
251,858	113,184	244,647	102,639	290,104	116,925
10.7	9.1	10.3	8.7	12.5	9.6
2,362,630	1,241,374	2,366,137	1,174,198	2,328,369	1,219,590
100.0	100.0	100.0	100.0	100.0	100.0

らず、2001年の56％ほどとなっている。そのうちで農業費は比較的高く7年に4,569億円、35％を占め、12年でも同額（40.1％）となっている。畜産業費は北海道・都府県でも撤退が増加しており、市町村における比率も4.1％から3.4％と下がっている。農地費は5,521億円から4,360億円となって減っている。農林水産業費の減少は事業そのものの後退の証であり、14年度の農業白書によれば、２年を100として、地方自治体で担当する農林水産業関係の職員数は71となってきており30ポイントも減っている（図表31）。

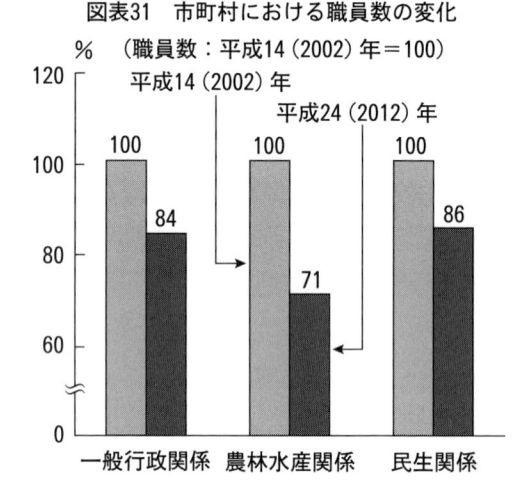

図表31 市町村における職員数の変化
（職員数：平成14（2002）年＝100）

	一般行政関係	農林水産関係	民生関係
平成14（2002）年	100	100	100
平成24（2012）年	84	71	86

資料：総務省「地方公務員給与実態調査」
注）１．各年４月１日現在の数値。
　　２．特別区及び一部事務組合を含む。

3．「攻めの農業水産業」──安倍農政の４つの政策

（1）14年、戸別所得補償を廃止して

　民主党に変わって政権についた安倍第２次内閣の農政のキャッチフレーズは「攻めの農林水産業」である。しかし、13年度の予算は民主党政権下でほぼ固まっており、戸別所得補償などは農家の一定の支持があったことから廃止とはせず、継続となった。ただし、戸別所得補償の名称は使わず、直接交付金としている。また、補正にまわす米価下落の際の米価変動補填交付金も13年はそのまま残している。特別会計の「畑作物の直接支払い交付金」（ゲタ）と「米・畑作物の収入減少影響緩和対策」（ナラシ）によって生ずる差額の90％は、担い手の拠出と国による支出で補填することとしている。これは前の自民党のときからやっていたことである。転作にかかわる「水田活用の直接

支払交付金」は麦、大豆、飼料作物は10 a 当り 3 万5,000円、WCS用稲は10 a 当り 8 万円、加工用米が 2 万円、飼料用米、米粉用米、は収量に応じ最高10万5,000円まで出ることとなった（図表32、33）。

図表32　米関係費（2013～2014年度）

（単位：100万円）

	2013年度	2014年度
1．新たな経営所得安定対策		
①畑作物の直接支払交付金（ゲタ）（特会）	212,319	209,268
②個目・畑作物収入影響緩和対策（ナラシ）（特会）	72,443	75,136
③米の直接支払交付金	161,250	80,625
④直接支払推進費	12,437	10,251
⑤米価変動補填交付金（25年産）	8,400	20,000
⑥水田活用の直接支払交付金	251,714	277,026
うち産地交付金	53,923	80,365

資料：『国の予算』より作成。

図表33　経営所得安定対策等の概要（平成26年度概算決定）

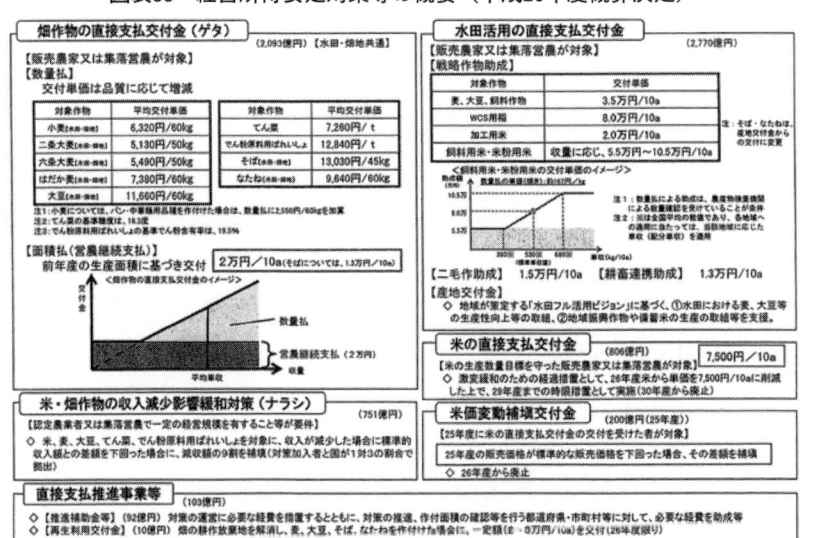

本格的な「攻めの農業」とは言いながら13年はほとんど新しさとてなく、14年度にいたって手直しを行っているのである。
　その第1は戸別所得補償を廃止し、新たな経営所得安定政策としたこと。戸別所得補償制度は10a当り7,500円の半額とし、17年で廃止する。代わりの新たな経営所得安定対策とは、従来から特別会計で行われてきた品目横断的経営安定対策であり、畑作物の直接支払い交付金はいわゆるゲタで、14年度はすべての販売農家と集落営農対象とするが、15年度からは認定農業者・集落営農などに狭めようとしている。ナラシに当る米・畑作物の収入減少影響緩和対策も14年度はすべての販売農家と集落営農としているが、15年度からは認定農業者と集落営農に限られることになる。
　第2は日本型直接支払い制度で、北海道・都府県の水田と畑への補助金である。これは中山間直接支払い、環境保全型農業直接支援を除くと多面的支払い、資源向上支払いを目的に、今後心配される農地の老朽化に伴う整備を地域にゆだねようとの意図もうかがえる補助金である。地域の共同活動を生かして、水路・農道の整備をさせようとするものである（図表34）。ただ、この補助金は直接支払いで個人対象としているので、協同活動へのインパクトになるのか疑問である。実際は戸別所得補償が半額となり、あまった金額の配分として措置したもので、継続性はない。
　第3は「水田フル活用米対策」の見直しで、14年に改められたのは飼料用米・米粉用米が収量に応じ10a当り5.5万円から10.5万円と高くなったことである。加えて産地交付金として、地域の裁量で麦・大豆を含む産地作りに向けた取り組みに対し、飼料用米、米粉用米などで専用品種への取り組みに対し、10a当り1万2,000円を交付し、加工用米に対しては3年間の取り組みを条件に10a当り1万2,000円を追加交付するというもの。なお、備蓄米については10a当り7,500円を交付している。以上3つの対策事業はいずれも民主党政権下の対策の手直しである。したがって全体の金額としても大きく変わっていない。
　第4の柱は「農地中間管理機構」の設立と充実である。これに関連して、「国家戦略特区」のおける農業委員会の排除と企業による農地の取得である。

図表34 多面的支払いの概要（平成26年度概算決定）

(単位：円/10 a)

都府県	①農地維持支払	②資源向上支払（共同活動）(注)	計	③資源向上支払（長寿命化）	①、②及び③に取り組む場合
田	3,000	2400 [4,800]	5,400 [4,800]	4,400	9,200
畑	2,000	1,440 [1,080]	3,440 [3,080]	2,000	5,080
草　地	250	240 [180]	490 [430]	400	830

北海道	①農地維持支払	②資源向上支払（共同活動）(注)	計	③資源向上支払（長寿命化）	①、②及び③に取り組む場合
田	2,300	1,920 [1,440]	4,240 [3,740]	3,400	7,140
畑	1,000	460 [360]	1,480 [1,360]	600	1,960
草　地	130	120 [90]	250 [220]	400	620

注）現行の農地・水保全管理支払の5年以上継続地区又は③の資源向上支払（長寿命化）に取り組む場合は75%単価（[ ]の単価）を適用。

14年度から取り組まれる「農地中間管理機構」は農水省の構想ではこれまで都道府県にあった農地保有合理化法人を改め、直接都道府県・市町村の下におき、行政的な権限を強化し、行政機関が直接農地の買い入れ・売り渡し、借り入れ・貸付けをするというものである。このような機構を設立する構想は1960年代後半にあったが、農地法が堅固な時代で実現には至らなかった。今回の農地中間管理機構も十分練られたものではなく、機構の性格も農地の権利移動に関する機関であり、農業経営へどのようにアプローチするかは明確になっていない。また、現在行われている農水省の説明でも、10年以上の権利設定の必要性を言い出したりしている。1960年以後の、これまでの農地の流動化では農家が「借りやすく、貸しやすく」をモットーとしていたのが、急に長期貸付を要求したりしている。10年以上の賃貸では今までの農地法の範疇であり、しかも10年以上の賃借権の設定は耕作権が生じ、農地所有者の

権利は弱まり、新たな地主の形成になりかねない。これも明治への回帰となろう。しかも、これまでは農業委員会や農協を加えた農業団体等民間組織との協力の下で、個人経営や集落営農に結び付けて農地の移動は取り組まれていたが、これは排除されている。一番大切はソフト部分がいまだに抜け落ちている。

　それに引き換え、9年の農地法改正後、企業による農業への参入が目立ってきているなかで、この機を捉えて財界が農水省の意図する担い手への農地集積とともに増大する耕作放棄地対策、後継者不足対策とは別の要求がされるようになっているのである。企業による農業への参入の要求は、90年代の初めから牛肉・オレンジに続き米が自由化されるとともに始まり、ほぼ20数年を経て農業生産法人への参加はもちろん、利用権による農地利用が可能となってきている。しかしいまや財界を通じた企業の農業への要求は、より細部にいたっており、しかもいまだに続いている。たとえば、企業が借り入れた農地でのハウスの設置、加工施設の建設、集出荷施設建設のための転用許可の適用除外。それに最も力を入れているのが、本来、農業経営のためには、現在のように賃借料が低いときは利用権設定による借り入れが最も合理的であるにもかかわらず、農地取得を要求しているなどである。「農地中間管理機構緒」設立に当っての財界の要求は機構からの農地の借り手として企業を入れること。農地権利移動に関わる農業委員会の権能、農業委員会の構成の検討および農業委員会の存廃に及ぶ検討を要求している。また、今回の機構の設立を機に農地信託事業の民間への開放、農業生産法人のより一層の要件緩和をも求めている。これらは農業団体からの反発もあったことから、国は「国家戦略特区」で認めることとしている。たとえば、農業委員会の関係でいえば、農業委員会の合意があれば、農地の権利移動の許可事務を市町村が行うことができる。また、農家レストランを農用地区域内で認め、農業生産法人の要件緩和についても出資金2分の1以下で常時農業従事者は一人としている。農業生産法人の要件緩和によって、企業による農地取得はより容易となってくるのである。企業の狙う農地の利用権を超える農地の取得は、農地の次の利用手段である転用を予定した行動であろう。農業の後退が明ら

かとなっているなか、ますます農用的農地は減少することとなろう。

（２）財界の要求がそのまま政策に
　第２次安倍内閣の農政は「攻めの農林水産業」として打ち出されたが、その内容は７年の「米政策改革大綱」に基づいた担い手育成政策への回帰、加えてTPPを前提とした受け皿対策である。TPPへの参加は当初農水省自体が疑問を投げかけたこともあり、積極的な動きではなかったが、第２次安倍内閣では農政の基調が企業・財界からの要請によって行われるようになり、一変したのである。
　農政への提言・要請は首相直轄の産業競争力会議、規制改革会議などで行われている。ここでまず問題とされたのは、10年に導入された戸別所得補償だった。米問題は産業競争力会議で検討され、農業分科会の主査新浪剛史による「農政への基本原則と補助金等の改革」が出されている。その内容は、①経営所得安定対策の見直しに当たっては、生産性向上、経営規模の拡大、六次産業を含む経費の多角化、輸出の拡大をもって行い、補助金等の政策についてはゼロベースで見直す。②市場機能の発揮による農産物の需給バランスの適正化を行い、生産調整は中期的に廃止していく。16年には米の生産数量の配分を廃止する。仮に米の過剰が生じても政府は市場への介入は行わない。③転作関係の直接支払い交付金についても生産性向上を目的とした措置として見直す。農業を成長産業として見直し、補助金に依存しない農業改革のため10ａ当り１万5,000円の直接交付金は14年度から廃止する。④農業収入の過度な変動に当たっては全額国庫負担での補助金ではなく、農家に相応の負担を求める。⑤米のコストを１万6,000円から４割削減すること。補助金の交付は必要な生産コストを引き下げた農業経営者を対象とすること。
　まさに新自由主義そのものの主張である。規制緩和を柱に農政を資本主義初期の時代に回帰させるというのである。EUの農業政策、1930年代から続くアメリカの価格支持政策をどのように理解しているのだろうか。米は補助金ゼロにして自由に作らせ、競争にゆだねることが狙いとなっている。TPP交渉では、MA米の増枠がささやかれているが、産業競争力会議の生産者米

価1万6,000円をコスト削減4割した価格はちょうど1万円、今のSBS米の価格に等しい。

　他方、規制改革会議では主として財界人を含めた農業ワーキンググループが検討を行い、主として農地に関わる事項を取り上げている。その目的は農地の企業による取得である。農地信託事業の民間への開放、農業生産法人の要件緩和と農地リース条件などのあり方の変更である。企業が利用権を取得しても農用地区域内の農地については利用が制限されているのでその除去の要求が出されている。前述したような事務所、トイレなどの設置のための転用許可基準の適用除外や農地賃借権における農業委員会の権限の見直しなど、農地法そのものの根幹に触れるものが多い。これらはすべて安倍農政に取り入れられほぼ実現を見ている。

　ワーキンググループはその上、全国・都道府県農協中央会の位置付けや農協全国連の組織の検討を求めている。これは農村から協同組合をなくそうとする動きにほかならず、すでに生協・漁協への対応では明らかにされてきた方向でもある。農協関係の検討項目は①中央会制度の廃止、②全農の株式会社化、③JAの信用・共済事業の見直し（農林中金・全共連の窓口の代理店化）、④理事会の見直し（理事の過半を認定農業者および経営のプロとするなど）、⑤JAや連合会の組織形態の弾力化、⑥組合員のあり方（准組合員の事業利用は正組合員の2分の1を超えてはならない）、⑦他団体とのイコール・フィッティングなどである。これは農協組織・経営に関わる全面否定であり、農協も日本農業での役割を終えたということになる。農村市場は企業がまもなく席巻することになるのだろう。

　農業委員会を始め農協など農業団体は、1900年以来、東畑精一に言わせれば「政府の別働体」として農業政策の中で一定の役割を果たしてきたのだが、食糧が外国に依存することとなって、農業政策の必要性がなくなれば、必然的にいらなくなるのである。今後は農業が儲かる仕事とすることが出来る農業者と企業が続けることになるのだろう。そうした方向に舵を切ったのである。

4．米政策の転換と流通の変貌

(1) お米屋さんの自由化から

　農業政策の終焉が目に見えるようになってきた。主要穀物の生産から流通を市場に委ね生産者にとっては再生産を確保するのも困難な低価格となり、消費者にとっては手の届かない価格となって、ついに市民の直接抗議が米屋の打ちこわしとなったのが、大正の米騒動であった。日本の農業政策はそこから始まるが、そのこともあって日本の農業政策は第1が米価格政策であり、数次の試行錯誤の結果、戦時下の1942年に食管制度が成立し、生産から流通まで国の管理の下に置き食糧危機を切り抜けている。しかし、68年から始まる米の生産過剰から生産調整・転作の実施に及び1995年を持って食管制度は廃止となり、96年食糧法に転じている。

　食糧法は国による米の管理からの撤退であり、徐々に自由流通に戻すこととなり、食管制度成立の逆の道をたどることとなった。したがって、食糧法下のこの20年間の米政策は、国の米政策消滅の過程でもある。

　食糧法制定とともに着手されたのが流通面の自由化であった。卸・小売の許可制から登録制とされた。許可制のもとでは販売地域の指定がされ、米小売店の販売量が決められている中で、スーパーなどは米小売店の「のれんわけ」でしか米は売ることが出来なかった。もちろん許可制から登録制への移行は、スーパー・コンビニ等からの要求によるものでもあった。しかし、ここで政府は小売について、競争原理を理由に誰でもどこでも売れるようにしたが、卸については参入を緩和したものの、制度として残したのである。米流通での政府米の後退とともに2004年には自主流通米に変わる計画流通米も廃止され、流通制度もより緩和されて販売は届出制となったのである。流通はより自由になるが、同時に価格形成のための価格センターも廃止されている。

(2) 備蓄の失敗と指標価格の廃止

　食糧法の目的は米価格の安定にあったが、国の関与は備蓄と輸出入の管理による価格調整とされた。政府による備蓄が92年の凶作時150万tとされた

が、うち50万tは全農とされ政府の負担軽減が図られたが、思うようには進捗しなかった。一方、過剰米に関わる調整保管については、生産者からとも補償として60kg当り200円を拠出する互助制度が導入されたが、その後、政府の備蓄は5年間で100万tを備蓄する制度としたのである。年間20万tの備蓄にとも補償として10a当り1,500円の拠出となり、しかも備蓄の主体は民間とされた。価格調整のための備蓄措置は、政府米に対する自主流通米の流通を確保するため流通コストの補塡をしていたが、90年に価格形成機構、95年価格形成センターが設置され、生産者米価の指標価格が提示されていた。2004年この指標価格が価格センターとともに廃止されたが、2007年には生産者米価は平均生産費の水準となっている。このようななかで2004年から、生産調整参加者には「稲作所得基盤確保対策」が導入され、担い手に対しては「経営安定対策」として価格の補塡がされ、米、麦、大豆などの主要作物については基準収入と当年産作物収入との差額の90％の補塡としたのである。しかし、このような「経営安定対策」では価格の低落を止めることは出来ず、農業生産の先細り感はぬぐわれぬものとなってきた。この状況を打破することを目途としたのが、民主党の戸別所得補償であった。

　2010年の戸別所得補償と生産調整に関わる諸政策の転換は、品目横断的経営安定対策とは異なる政策であった。戸別所得補償は基準価格を平均生産費とし再び指標価格として機能することとなった。しかも少なくとも2ha以上の米作農家にとっては、労働費を回収できる価格となり一服感を与えることも出来たのである。

（3）米流通の実態と米価格

　最近の米価格は2010年の戸別所得補償以後、上昇に転じている（図表35）。だが、それまでは93年の凶作後60kg当り2万4,000円から低落が続き半額近くなっている。戸別所得補償導入の年は、田植え前から10年産米の価格下落がささやかれ、結果的には所得補償を加えて前年並みの価格となり、誰のための交付金であったか疑問視されるような状態であった。このような状態となったのは流通の変容にある。

図表35　各年産米のコメ価格（単位：60kg当たり、円）

2005年産までは、価格形成センターの全銘柄平均価格
2006年産以降は、相対取引価格の平均値

　現在の消費者の米買入れ状況を図表36でみてみよう。生産者からの縁故米などを除くと流通量の8割はスーパーなど量販店である。お米屋さんは2.6%、生協も8％で10％に満たない。しかもいずれの量販店も大手商社の下にあり、米は大手商社の傘下にある。「米政策改革大綱」のころは、スーパーは28％ほどであったが、わずか数年で大きくシェアを伸ばしたのである。
　しかもこれらの商社は既存卸との資本参加などにより、米卸との関係を強め、たとえば三菱商事は神明、ミツハシ、伊藤忠は第一食糧、三井物産は三井食品、豊田通商は中外食糧などの卸を傘下にしている。
　米の価格形成は価格センター廃止のあと、市場価格は形成されていない。いわゆる相対価格は全農が田植え後に行う仮渡金決定のとき、暫定的に決める品種ごとの予想価格で、生産状況や在庫状態を勘案し、全農が示す価格である。したがって、生産者米価は生産者自身による販売、農業生産法人等による直売、生産者から農協を通じたこれまでのような販売、卸が集荷し販売、などさまざまな様相を呈してきている。米の品種もコシヒカリは全国で生産が可能であるため、作付けの38％となっており、いわゆるササ、コシ系で上

図表36　精米購入時の動向、入手経路（複数回答）

(％)

	デパート	スーパーマーケット	ドラッグストア	ディスカウントストア	コンビニエンスストア	生協（店舗・共同購入を含む）	農協（店舗・共同購入を含む）	米穀専門店	産地直売所	生産者から直接購入	インターネットショップ	家族・知人などから無償で入手	その他
平成23年度	0.7	45.9	3.7	4.2	0.4	8.6	1.4	3.8	1.3	6.8	6.4	23.5	2.2
平成24年度	1.0	45.1	4.3	3.4	0.3	7.8	1.8	4.2	1.8	7.0	7.4	22.9	2.0
平成25年度	0.7	47.4	3.8	2.8	0.3	7.1	1.6	3.8	1.8	6.8	10	20.8	1.6
平成26年4月	1.2	47.5	4.5	3.9	0.7	7.6	1.6	3.7	1.6	7.8	6.4	18.6	1.9
5月	1.6	50	4.7	2.3	0.02	8.0	1.4	2.6	1.7	7.3	9.4	17.1	1.8

出典：米穀安定供給確保支援機構「米の消費動向調査結果」。
注）1．平成23・24・25年度は各年4月から翌年3月までの平均値。
　　2．26年5月分の有効調査世帯数は1,395世帯。

位20品種を占め作付けの90％という集中した内容になっており、早生種、中生種、晩生種と長期にわたる生産とはなっていない。必然的に集荷も早生種の収穫時に集中し、価格が短期に、しかも大幅に変動するような、急迫販売的になってきている。生産者米価の年間を通じた変化は、2004年以前は図表37のように、出来秋から暮にかけて徐々に上がり、歳が明けると端境期に向かって下がったものである。しかし現在は図表38にあるように、出来秋の9月がピークで後は下降している。産地間の格差も縮小してきている。14年産の魚沼産のコシヒカリは北海道の米に抜かれるという「新潟米の販売問題」が起きたが、これは卸が高値の米を嫌った結果で、まさにバイイングパワー全開の状態が米取引の場である。

　一方で小売価格は図表39のようになっている。13年産米は豊作で在庫増となっているというので低落の傾向があるが、5kgで2,000円の幅に入っている。60kg2万4,000円となる。生産者米価と消費者米価の平均を比較すれば、2010年前後から2倍となっており、これは大正の米騒動のときの比率の等しい。自由な流通の結果であった。19世紀イギリスで穀物条例を論じたチャー

第3部　農業政策の変容

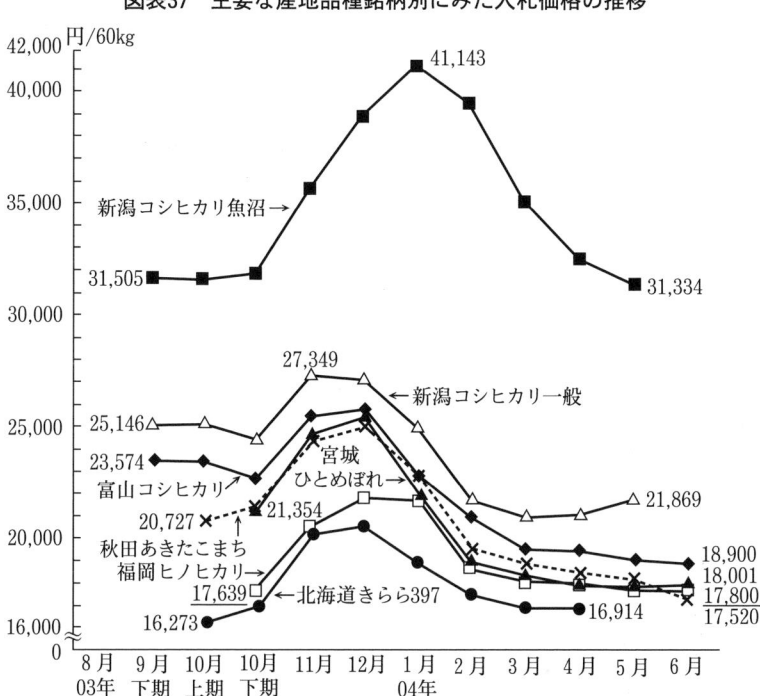

図表37　主要な産地品種銘柄別にみた入札価格の推移

新潟コシヒカリ魚沼→　41,143
31,505　　　　　　　　　　　　　　　　　　31,334

27,349　←新潟コシヒカリ一般
25,146
23,574　富山コシヒカリ↗　宮城ひとめぼれ→
20,727×
秋田あきたこまち　21,354
福岡ヒノヒカリ↗　17,639□　←北海道きらら397
16,273　　　　　　　　　　　　　　　16,914
　　　　　　　　　　　　　　　　　　　　　　21,869
　　　　　　　　　　　　　　　　　　　　　　18,900
　　　　　　　　　　　　　　　　　　　　　　18,001
　　　　　　　　　　　　　　　　　　　　　　17,800
　　　　　　　　　　　　　　　　　　　　　　17,520

8月　9月　10月　10月　11月　12月　1月　2月　3月　4月　5月　6月
03年　下期　上期　下期　　　　　04年

資料：㈶全国米穀取引・価格形成センター調べ。

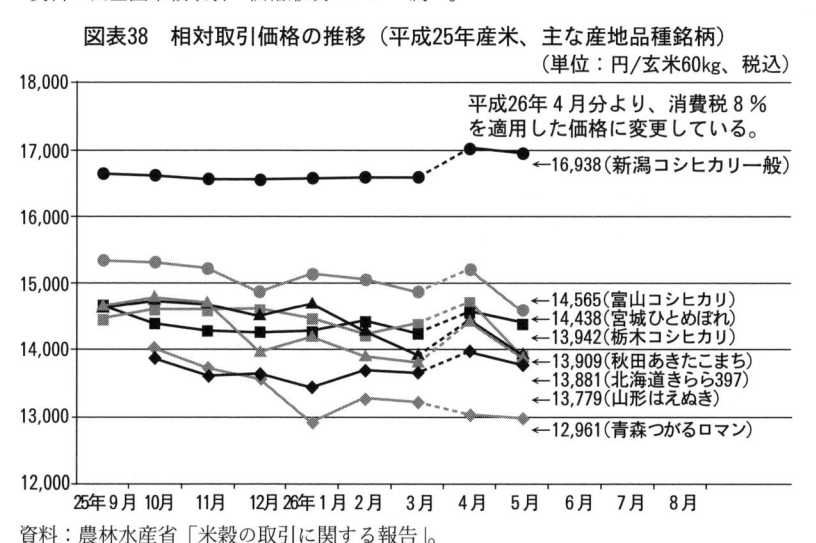

図表38　相対取引価格の推移（平成25年産米、主な産地品種銘柄）
（単位：円/玄米60kg、税込）

平成26年4月分より、消費税8％を適用した価格に変更している。

←16,938（新潟コシヒカリ一般）
←14,565（富山コシヒカリ）
←14,438（宮城ひとめぼれ）
←13,942（栃木コシヒカリ）
←13,909（秋田あきたこまち）
←13,881（北海道きらら397）
←13,779（山形はえぬき）
←12,961（青森つがるロマン）

25年9月　10月　11月　12月　26年1月　2月　3月　4月　5月　6月　7月　8月

資料：農林水産省「米穀の取引に関する報告」。

図表39 小売価格の推移

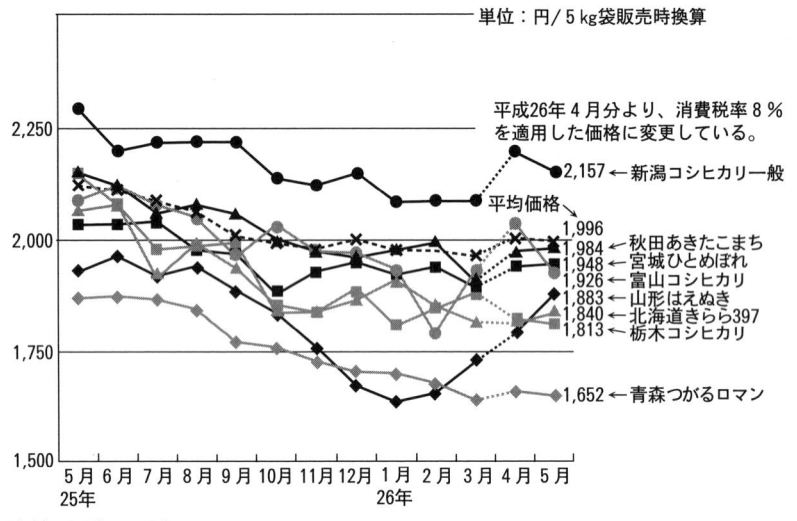

単位：円/5kg袋販売時換算

平成26年4月分より、消費税率8%を適用した価格に変更している。

2,157 ← 新潟コシヒカリ一般
平均価格
1,996
1,984 ← 秋田あきたこまち
1,948 ← 宮城ひとめぼれ
1,926 ← 富山コシヒカリ
1,883 ← 山形はえぬき
1,840 ← 北海道きらら397
1,813 ← 栃木コシヒカリ
1,652 ← 青森つがるロマン

資料：図表38に同じ。

　ルス・スミスは「穀物価格は常に消費者にとって高く、生産者にとっては低くなっている。」といったが、まさにその状態となってきている。これをより進めようというのが安倍農政である。

（4）必要な備蓄と指標価格の明示

　現在、米に関わる収入減少影響緩和対策（ナラシ）では当年の販売額が標準的収入を下回ったとき、その差額の9割を生産者自らの拠出と国で補充することとしている。米のみならず他の農作物に対してもこの方法によっているが、この方法はすでに民主党政権前の自民党政権下で失敗している事業である。いわんや米対策では穀物価格の重要性に鑑み早急に改めなければならない対策である。少なくとも再生産可能なコストを考慮した指標価格を明示すべきである。現行のような相対価格での米取引は米価格の乱高下を招くばかりでなく生産者にとっても消費者にとっても好ましいものではない。備蓄については、政府備蓄を財政上の理由から民間備蓄に変え価格の調整機能を失ったことは大きな失政である。政府備蓄を確保し、価格調整機能を取り戻

さなければならない。また、米の自由化とともに輸入し続けているMA米は世界的な米需給逼迫の中でTPPを機に廃止すべきである。なぜならMA米は、主食用米のほか加工用、飼料用米に供されており、現在、生産調整、転作で作られている飼料用、米粉用米と競合しているからである。また、主食用のSBS米10万tが国内産米価に少なからず影響を与えているからである。

　そして、少なくとも今すぐにでもやるべきはMA米の数量削減である。MA米は当初国内生産1,000万tに近い時、その8％に当る77万となったが、すでに国内生産量が760万tと減ってきており、早急に縮小すべきなのである。

TPPと農協改革——おわりに

1．日米の協議事項と農業の現実

　TPP交渉は日米首脳会談で決着がつかず、15年5月の連休後に持ち越され、農業5品目もその中にあるという。伝えられる協議内容から見て国会決議を守ったとは言えない内容である。そこで現段階の農業の現実を見ておこう。

（1）MA米の量的拡大
　まず、米について。アメリカ産米を主食用として20万t規模で輸入枠を拡大（15年1月25日　日本経済新聞ほか）。これとは別にSBS米5万tを特別輸入枠として新設。また同量の主食用米を備蓄米として買い入れる案を検討中という（15年2月1日　日本経済新聞ほか）。都合30万tのアメリカ産米の輸入枠の拡大であり、早くもオーストラリアをはじめ、ベトナムなどにも同様の扱いを求められる状態と言う。
　現在、MA米は年間77万t輸入されており、その47％がアメリカ産となっている。ガット・ウルグアイラウンド農業合意時の国内生産量の8％として入れられている。当時の消費量は一人当たり年間75kg、現在は57kgと減少してきている。作付面積も210万haを超えており、生産量は1,000万tであった。しかし、2015年の生産目標数量は750万tと250万tも減っている。次頁の図表1にあるように、9年から13年の累計381万tの処理状況から見ると飼料用米48％、加工用24％、援助用19％、主食用9％となっており、このため主食用米が低迷するなか、餌米、加工用米、くず米の値崩れは激しい。

図表1

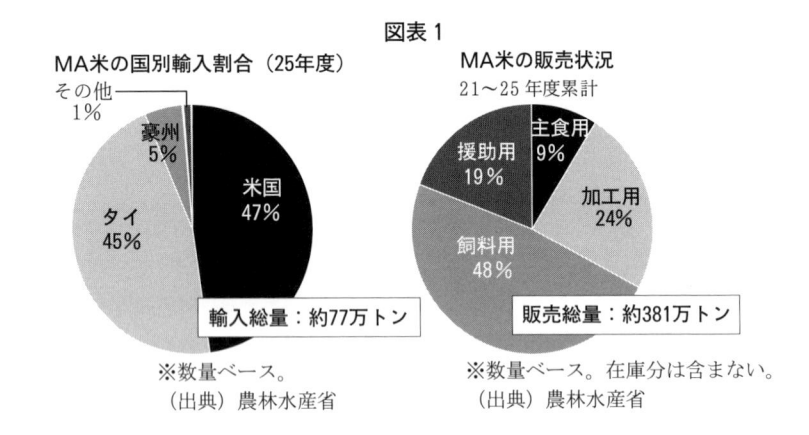

MA米の国別輸入割合（25年度）
- その他 1％
- 豪州 5％
- タイ 45％
- 米国 47％
- 輸入総量：約77万トン

※数量ベース。
（出典）農林水産省

MA米の販売状況
21～25年度累計
- 主食用 9％
- 援助用 19％
- 加工用 24％
- 飼料用 48％
- 販売総量：約381万トン

※数量ベース。在庫分は含まない。
（出典）農林水産省

　とくに生産者米価は、14年産米から戸別所得補償はなくなり10a7,500円の直接支払いとなり、指標価格もなくなったので、14年産米は60kg1万1,000円台となっている。しかし、消費者米価は2万3,000円を超えるようになっている。米は1996年の食糧法から誰でもどこでも売れるようになり、現在では、農家・農協などの直販を除く実際流通する量の8割はスーパー・コンビニが支配している。米卸は総合商社によって支配されているので、総合商社が生産者・消費者米価を決めているのである。今年7月から米の市場を開設するというが、全農の株式会社化問題と併せると、県間競争がよりひどくなり、値下げ競争となる。そのなかで、輸入米の拡大はより一層の米価の引き下げ要因となる。

　規制改革会議では現行の米価を4割引き下げ、1万円米価を提言していたが、すでに実現している。最近時、12年産の生産費調査で見ると15ha以上の農家ですら60kg当り1万1千円かかっている。戸別所得補償の指標価格は1万3,700円だったが、これは当時2ha規模の農家の生産費だった。このままでは米の自給すらおぼつかなくなろう。

（2）牛肉のみではない影響

　牛肉の関税は日豪EPA後、発効時に20％（27.5％を軸に検討）引き下げ、10年後に20％ていどに、15から20年かけて10％前後にする方向で調整すると報

じられている(15年2月26日　日本経済新聞)。14年度の牛肉の主な輸入国はオーストラリア53.6%、アメリカ34.8%、ニュージーランド5.5%、メキシコ3.7%、カナダ2.4%となっている。その品質と価格の概要は図表2のようになっている。アメリカ産の牛肉は日本の畜産・酪農と直接競合関係にある。しかも、今の日本における畜産・酪農経営は、米との関係で言えば、飼料用米や稲のWCS(稲発酵飼料)の主要な受け手であり、輸入増は耕畜連携や循環型農業を根底から崩すこととなる。現在のセーフガード発動水準は前年度の輸入量の117%を超えた場合は関税率50%としているが、アメリカの要求する発動水準の引き上げは輸入量をより増大させることとなる。

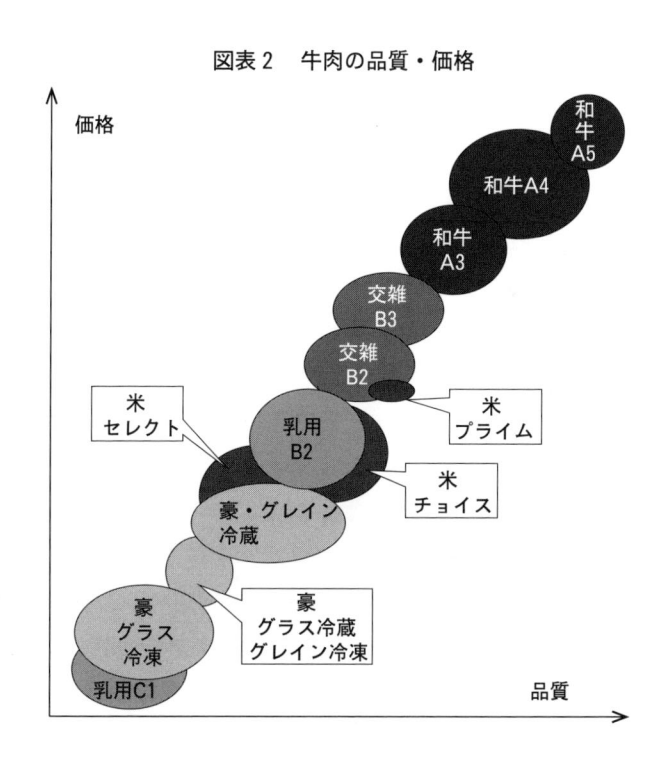

図表2　牛肉の品質・価格

(3) 経営の厳しい酪農

乳製品については、生乳は国産乳が充てられているものの、経営は輸入飼料価格の動向に左右され、とくに近年UAE連邦、中国の輸入量が急増する

なかで円安も相俟って、酪農経営を圧迫している。チーズ・バターは畜産事業団が一括輸入しているものの、需要に対して輸入に頼ってきている。TPPでは、チーズについては無税または低関税で輸入する特別枠を設定。バターは国ごとの特別枠を設定し、輸入枠に上乗せする案が検討されているという（15年1月31日　毎日新聞）。2013年度の生乳生産量は745万t、輸入はナチュラルチーズが22万7,000t、バター4,000t、脱脂粉乳3万2,000tとなっており、内外価格差は加工原料向け国内生乳取引価格が最近時kg当り63円、国際価格は24円で2.5倍となっている。国内産加工原料乳価格は関税割り当てによって保護されているものの、不足払いはかなり引き上げなければならなくなる。飼料価格の高騰と乳価の低迷、他方で和牛価格の高騰もあって酪農家が乳用雄子牛からほぼ1頭10万円高い交雑種の黒毛和牛に変え、乳用子牛の確保が難しくなっている。酪農家の戸数も14年には1万8,600戸となり、10年前から見ると1万戸減ってきている。酪農に関してアメリカは、ニュージーランドとは競争にならず、日本には液状化したホエイの輸出拡大を意図していると言われている。これも日本の酪農にとって容易なことではない。

（4）差額関税なしとなる豚肉

　国内生産額6,000億円、生産量91万tある豚肉は、内外価格差2.2倍の下、差額関税で守られている。それは次頁の図表3にあるように、輸入価格がkg64.53円以下の場合重量税482円、輸入価格が524円以上の場合4.3％の従価税となっている。日豪EPAではこれを、従価税4.8から2.2％に削減したうえ、輸入枠を5,600tから1万4,000tに引き上げたのである。

　TPP交渉では、4.3％の従価税は長期間かけ撤廃（15年1月30日　日本経済新聞）、kg当り482円の重量税を10年以上かけて50円まで引き下げる（15年2月2日　日本経済新聞）。セーフガードについてはkg当り100円程度引き上げることを検討（15年2月2日　同）とされている。豚肉の輸入価格は高価格部位と加工需要の多い低価格物との組み合わせで輸入されており、kg当り524円が分岐点価格とされている。差額関税は個々で輸入を防いでいるのだが、これをはずした場合、低価格部位の輸入が増え、国内生産は困難になる。

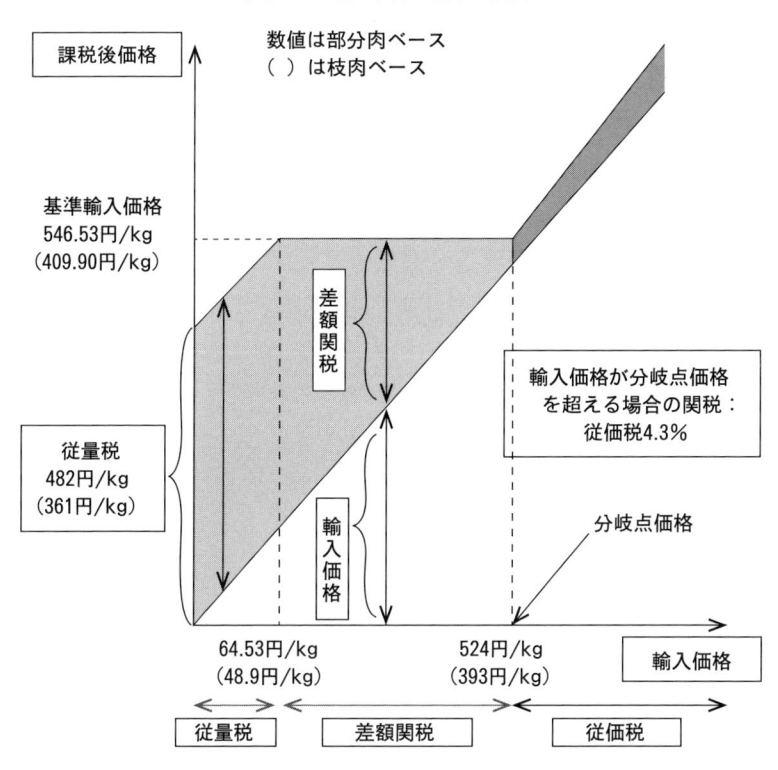

図表3　差額関税制度の概要

```
課税後価格 ↑      数値は部分肉ベース
                  （　）は枝肉ベース

基準輸入価格
546.53円/kg
(409.90円/kg)
                  差額関税
                                      輸入価格が分岐点価格
                                      を超える場合の関税：
                                      従価税4.3%
従量税
482円/kg
(361円/kg)        輸入
                  価格
                                      分岐点価格

         64.53円/kg        524円/kg           → 輸入価格
         (48.9円/kg)       (393円/kg)
         ←従量税→←差額関税→←従価税→
```

（5）丸裸となる甘味資源とその他の作物

　さとうきび（甘しゃ糖）、ビート（てん菜）、でん粉は沖縄、北海道、南九州の地域特産物として長く振興されてきた作物である。14年度の生産量はさとうきび119万 t 、てん菜は357万 t 、でんぷん原料用かんしょは南九州で13万6,000 t 、北海道のばれいしょでんぷんは83万 t である。内外価格差は砂糖が 3 倍強、でんぷん原料作物は国内産kg当り49円に対し33円である。関税率は粗糖がkg当り71.8円、砂糖は103.1円で輸入糖からの調整金を財源に生産者・製造業者に対し、清算経費と販売価格の差額相当部分の交付金を交付している。サトウキビは t 当り 1 万6,420円、てん菜に t 当り7,260円、でん粉用馬鈴薯 2 万6,000円等となっている。関税益と調整金が交付金の財源

となっている。しかし、日豪EPAでは高糖度粗糖について、一般粗糖と同様、無税としている。調整金は砂糖で500億円。でん粉は140億円を徴収しているが、甘味資源作付け交付金で150億円、国内産いもでん粉交付金30億円を出している。無税となると調整金がなくなり、交付金がきつくなり、生産の維持はきわめて困難となろう。

　甘味資源のほか麦については小麦・大麦とも90％が輸入となっている。第２次関税率もkg当り小麦55円、大麦39円となっていて、国家貿易を前提とした供給管理システムの維持が必要とされている。

　重要５品目に関する日本のマスコミの報道は小出しに行われているが、牛肉、豚肉、乳製品、米などで、低・無関税枠を設定し、枠を超えた場合関税を引き上げる案を提示しているとの情報もある。形としてはセーフガードをとり、国内的にはそれぞれ緊急的な措置を講ずることによって当面切り抜けようとしているようである。

　二国間協議は５月連休が目標とされていたが、アメリカ国内の事情から結論はでていない。アメリカ国内では雇用の悪化と産業の空洞化から反対も強いからだ。しかし日本では消費者の反撥はみられない。日本の農業は衰退に追い込まれることは明らかである。農協改革もここが前提となっている。

２．農協改革——今こそ協同の力を

（１）農業と農協の変容

　農協改革とは企業が求めている農業への最後の要求である。すでに生協は協同組合として行っていた共済事業を分離させられ、漁協は信用・共済事業を漁信連等に統合している。両協同組合ともに信用・共済事業で欠損を補っていたが、それが出来なくなって、経営は苦しくなってきている。農協改革に当っては14年５月、在日米国商工会議所（ACCJ）が農協の信用・共済事業の管轄を農水省から金融庁への移管を提言している。狙いは農協の資金にあることはいうまでもないが、農協から両事業を分離すれば、両事業によって経営を保っている農協はひとたまりもない。これは企業の狙いでもあろう。

農協改革は農協廃止なのである。

　どうしてこのような事態となったのだろうか。これまでその経過をみてきたが、ここでもう一度、農業と農協の最近の状況を振り返ってみよう。

　93年、ウルグアイラウンド農業合意により米は自由化されるが、それより先92年「新農政」で農業政策の対象を認定農業者と法人としていた。農業統計も50ａ以上ないし農業所得30万円以上の農業者を対象とし、それ以下は取り上げられない。政策は農産物価格支持政策から直接支払政策への転換と言われたが、この直接支払いはヨーロッパとは比較にならないもので、前年度との収益格差の90％を補填、しかも受益者負担を伴うものである。90年代を通じ、国の農業予算は過半が農業の公共事業となり、都道府県にいたっては８割以上が公共事業となった。その後農業予算は国のみならず、県市町村においても財政再建・地方分権化と町村合併で減り続けている。一方、米の価格は流通規制の緩和と政府の備蓄からの撤退により下がり続けている。他方では農業への企業の参入要求とともに、農地法改正の圧力が強まり、2009年の農地法改正となった。最近は農地の取得の要求となって、企業の農業参入が目立つようになっている。

　これに対し農協はどのように対処したのか。80年代半ばから行われた金融自由化に伴う農協合併に象徴されるように、たとえば資金量1,000億円、組合員3,000人以上の組合を、県内20とするなど、合併中心に組織内の合理化を進めてきた。農協合併は1953年、戦後の市町村合併が一段落したところで、それにあわせて始められたが、その後の経過を見ると行政単位の農協合併は思わしくなく、広域営農団地的条件がそろったところに成功例が見られていた。にもかかわらず、強引な資金量等による合併は、協同組合的活動を喪失することとなったのである。その後90年代に行われた経済、信用・共済など連合会事業の２段階制への移行、金融面からの農協支所の統廃合など、組織内の経営面からの整理合理化のみが進められてきた。職員の削減を伴う整理合理化は協同組合としての機能を低下させ、組合員との接点を失わせるものと成ったのである。

（2）求められている協同組合活動と農協

　この間の協同組合の動きはどのようなものだったろうか。80年代後半、国際協同組合連盟ICAのレイドロー会長は「西暦2000年における協同組合」で、食糧問題へ取り組むべきこと。労働者協同組合による雇用問題の解決をし、協同組合のコマーシャル、商品ペースからの離脱と地域協同組合作りを提言している。資本主義の社会、とくに株式会社などが奥村宏の言うように「自然人の平等な参加が保障されない組織」[1]となり、個性を保持した協同組合が脚光を浴びてきたのである。実際、80年代から90年代にかけ有機農業の進展や消費地と産地をむすぶ協同組合提携、産直などが盛り上がりを見せている。

　しかし、農協は株式会社の農業への参入、農地法改正にも明確な反対もせず、流通規制の緩和に対しては市場機能が後退しつつあるなかで、食管法の下にあるときと同様に三段階制による、農協・経済連・全農の販売を続け、一部の農協を除いて、ネット販売など消費者と生産者を直接むすぶ方法などには転換できなかった。生協も店舗販売の不振から宅配やネット販売に一部は転換しているが、日生協は2005年「日本の農業に関する提言」を行い、関税引き下げによる内外価格差の縮小を歓迎し、農業の構造改革と生産性の向上を求め、企業と同様の農業観を明らかにしている。農協も生協も協同組合と組合員がおかれている位置も状況も摑まえられなかったのである。

（3）足元を見つめなおして、協同組合一致した方向を

　全中は農協法改正案が国会に出される前から改正農協法に沿った対応を明らかにしている。しかし、多くの識者が示すとおり、この法案は矛盾だらけにもかかわらずまともな議論がされているとはいえない。全中は国会に対しても組合員に対しても、改正案の矛盾と少なくともこれから5年後の農協の方向を明示すべきであろう。その際、これまでの農協運営の事業ごとの問題点を組合員の立場でまとめ、改善の方向を打ち出すことが必要である。

　たとえば経済事業について、全農の株式会社化で解決できるのかである。流通の形態はすでに大きく変わっている。市場流通ではない。米をみれば分かるように、指標価格もなく、政府備蓄もない中で価格の安定が図られるは

ずがない。全農の価格形成力はなく、県間競争に終始している。国への要求事項を明確にし、農協の直販、協同組合間提携、ネット販売などを全国規模で行うシステムを作り出すことであろう。全農はそのセンターの役割をすべきで、そのためには信用・共済事業の電算機システムの統一を早急に図る必要があろう。

　信用共済事業については金融庁管理下への移行を在日米国商工会議所に求められている中で、改めて協同組合金融としての役割を明示すべきであろう。金融の基本である当座貸越に基づく、若年層向けの半年ほどの貸付制度などをつくるべきで、北海道における組合員勘定などをより普及すべきである。要は組合金融として、農林中金は二度とリーマンショックのようなことは起こさないこと、なによりも組合員をサラ金地獄にはさせない決意を示す必要があると考える。全共連は農協共済が生命共済と損害共済を合わせ持つ事業であり、この特性を生かした新たな商品を開発すること。厚生連病院を持つ系統組織の一員として、医療・福祉と連携した共済を作る努力をすべきであろう。

　また、農協の営農活動や生活活動については合併・合理化のもとでかなり縮小されてきている。営農については政府の認定農業者・法人育成に肩入れしていることからそのほかの農家へ目が向けられなくなっている。営農指導員の数も減っているが、15haの米農家の生産費が1万1,000円台の中で生産がかろうじて保たれているのは、集落営農組織が中心となって生産の共同が残されているからである。専作化傾向が進むなかで営農グループの維持育成をもう一度見直し、活性化することが大事である。生活活動は農協の地域協同組合化の引き金となった事業である。生活指導員は地域の相談員として福祉・医療・老人介護・自然食品などの先駆者で、今でも普及に貢献している。この事業ほど地域協同組合として欠かせないものはない。これらの事業を再認識し、その充実を図るべきである。この機会に地域に根ざした協同組合の方向を組織の中と外に向けても明らかにすべきなのだ。

　農協はこれまで連合会は事業上の変革を自ら行ったことはない。しかし、農協段階では時代に沿った、地域にあった変化を見せている。日本の協同組

合は太平洋戦争後、産業組合法を廃止し、生活協同組合、農協、漁協などと機能別に分かれて協同組合をつくっている。しかし、現在、協同組合は、農協を始め、生協などもそれぞれの地域に従来の機能を超えた協同組合活動が生まれてきつつある。産直に加えて生協と農協、都市農協と産地農協との提携などもさまざま見られるようになってきている。故河野直践は『産消混合型協同組合』[2]を提唱したが、すでに同趣旨の法人組織も出てきている。日本の協同組合は発足時より官によって指導されて来ているが、協同組合の理念はあくまで参加型経済組織であり、農協の准組合員制度などはそれを表現している。今、協同組合は企業からの攻撃に曝され、各協同組合とも事業規制が強まり、経営は苦しさを増している。ここで各種協同組合がまとまり、それぞれの協同組合の事業の幅を広げ複合的な協同組合となるか、あるいは各種協同組合法を一般法として、協同組合の一本化を求め、企業に対抗するべきである。

［注］
（１）奥村宏『株式会社に社会的責任はあるのか』岩波書店、2006年
（２）河野直践『産消混合型協同組合』日本経済評論社、1998年

あとがき

　戦争が終わって間もないころ、私は父と兄に連れられ、借りた荷車に物々交換の衣服等を積み、一日がかりで近郊の農村へ食糧の買出しに何度か行った。翌年、小学校に入学したが、学校給食で出される脱脂粉乳のミルクを生まれたばかりの妹に、ビンに詰めて家に持ち帰ったりもした。遠足では芋が弁当の子もいて、離れて木陰で食べていたのを記憶している。農業関係で働くことを決めたのは20歳代に、むのたけじや大牟羅良らの東北の農家の生活状態を伝える記事がきっかけだったが、無意識に少年期の記憶が誘ったのかもしれない。

　農業団体に入って50年、農業・農協の現実を見て、つくづく農業・食糧政策に継続性がなく、いかにその場限りの施策であったかと痛感している。

　日本の農業政策は米価と農地が柱で、その起因は大正時代の米騒動と小作争議にあり、この2つの課題への処置が政策となっている。欧米の現在の農業政策は1930年代と第二次世界大戦を通じ、食糧自給論の下に農家への価格保証、所得補償を一般化しているが、日本には食糧自給論はない。食糧自給のため、価格政策・所得政策を強化し農用地を確保することをしていない。

　戦後70年あらゆる制度が戦前に戻りつつあるが、農協をなくし、農業政策をなくすことは、奇しくも明治期の米穀商人と地主による農村支配に通ずるもので、商社と企業がそれに替わるものである。農業と消費者が立ち上がって欲しいと希うのみである。

　この本は、鎌倉孝夫埼玉大学名誉教授の推めと時潮社の相良景行社長父子の熱意により生み出されたものである。これら諸論文の掲載と諸研究会等でご支援を頂いた方々、とくに梶井功東京農工大名誉教授、谷口信和東京大学名誉教授、自治労総研と研究会の方々、全日農の斉藤孝一会長、事務局の林伸子さんに厚く感謝申し上げます。

　2015年5月

初出一覧

農協改革とTPP交渉―書き下ろし

第1部 農業予算と地方自治
  第1章「求められる政策転換」『農村と都市をむすぶ』(全農林) 1998年4月号
  第2章「三位一体改革にゆれる地方自治体」『農村と都市をむすぶ』2004年4月号
  第3章「縮小される自治体農政」『農村と都市をむすぶ』2007年4月号
  第4章「農業所得の減少と地域間格差―始まった集落の消滅」『地財レポート』(自治労総研) 2008年
  第5章「ストックマネジメントとなった農業の公共事業」『農村と都市をむすぶ』2010年10月号

第2部 政策転換となった政策と内容
  第1章「地方分権化と農業・農地・食糧自給」『自治総研』(自治労総研) 1999年9月号
  第2章「株式会社の農業全面参入と農地の土地商品化」『自治総研』2009年6月号
  第3章「消費税増税問題と農業―農業の位置づけに関連して」『地財レポート』(自治労総研) 2012年
  第4章「TPP問題と日本農業」『自治総研』2011年6月号

第3部 農業政策の変容
  第1章「農業政策の再構築は出来るか―民主党マニュフェストと農業政策」『地財レポート』2010年
  第2章「農業予算の理念と構成の変化」『日本農業年報57号』2011年(農林統計協会)
  第3章「民主党の財政運営と安倍政権の財政出動」『社会主義』(社会主義協会) 2013年4月号
  第4章「安倍政権下における農業政策―TPP妥結を前提」『地財レポート』2014年

TPPと農協改革――おわりに―書き下ろし

著者略歴：石原健二（いしはら・けんじ）
1939年生まれ。埼玉大学文理学部卒業。全国農協中央会に勤務。農政課長、営農部長、中央協同組合学園部長を経て、1996年東京大学より農学博士授与。1999年㈳国際農林業協力協会常務理事。2002年立教大学経済学部教授（2007年退任）

主な著書
『いまこめが危ない』1983年、柏書房
『お米紀行』1992年、三樹書房
『農業予算の変容』1997年、農林統計協会
『農業政策の終焉と地方自治体の役割』2008年、農山漁村文化協会
『農業政策の変遷と自治体』2009年、イマジン出版株式会社

危機に立つ食糧・農業・農協
―消えゆく農業政策―

2015年6月25日 第1版第1刷 定価＝3000円＋税
著　者　石　原　健　二　Ⓒ
発行人　相　良　景　行
発行所　㈲　時　潮　社
174-0063 東京都板橋区前野町4-62-15
電話 (03) 5915-9046
FAX (03) 5970-4030
郵便振替　00190-7-741179　時潮社
URL http://www.jichosha.jp
E-mail kikaku@jichosha.jp

印刷・相良整版印刷　製本・仲佐製本
乱丁本・落丁本はお取り替えします。
ISBN978-4-7888-0702-0

時潮社の本

地域財政の研究

石川祐三 著

Ａ５判・上製・184頁・定価2500円（税別）

人口の減少，グローバル化の進展，地方財源の不足。日本の厳しい未来を見すえて，競争に立ち向かう地域の視点から，地方財政の今を考える。

資本主義活性化の道
――アベノミクスの愚策との決別――

山村耕造 著

Ａ５判・上製・200頁・定価1800円（税別）

アベノミクスの落日がじょじょに浮かび上がる日本。「この道」の行き着く先は前代未聞の大不況か？そうした今こそ資本主義の構造全般を大胆に改革すべき好機、と著者は提言する。

神が創った楽園

オセアニア／観光地の経験と文化

河合利光 著

Ａ５判・並製・234頁・定価3000円（税別）

南海の楽園は、西洋諸国による植民地化や外国の観光業者とメディアにより構築された幻想だろうか。本書は、観光地化やキリスト教化を通して変化したその「楽園」を、オセアニア、特にフィジーとその周辺に生きる人びとの経験と文化から考える。

自己回復と生活習慣

平塚儒子 編

Ａ５判・並製・256頁・定価2500円（税別）

誰もが健康に生きることを望み、日々を過ごしている。さらに、人間が生来的に持つ自己回復（治癒）能力は生活環境の激しい変化のなかで疲弊し、本来のちからを発揮するに至ってはいない。本書は人が持つ潜在的な能力に着目し、現代のなかで、どのように生活を再構築すれば健康を取り戻すことができるかについて多方面から積み重ねた論考である。